Java Web
入门很轻松
（微课超值版）

云尚科技◎编著

清华大学出版社
北京

内容简介

本书是针对零基础读者编写的 Java Web 入门教材，侧重实战，结合流行、有趣的热点案例，详细地介绍了 Java Web 开发中的各项技术。全书分为 17 章，内容包括搭建 Java Web 开发环境、Web 服务器的搭建、HTML 与 CSS 网页开发基础、JavaScript 脚本语言、JSP 基础语法、JSP 内置对象、JavaBean 组件、Servlet 技术、过滤器与监听器技术、Java Web 中的数据库开发、表达式语言 EL、XML 技术、JSTL 技术、Ajax 技术的应用、Struts2 框架的应用、Hibernate 框架的应用。为了提高读者的项目开发能力，第 17 章以热点项目"银行业务管理系统"为例进一步讲述 Java Web 在实际项目中的应用。

本书提供了大量案例和完整的项目案例，不仅帮助初学者快速入门，还帮助其积累项目开发经验。读者通过微信扫码可以快速查看对应案例的视频操作，随时解决学习中的困惑；还可以快速获取书中实战训练题的解题思路和源代码，通过一步一步引导的方式，检验自己对本章知识点的掌握程度。本书还赠送了大量超值的资源，包括精品教学视频、教学幻灯片、案例源代码、教学大纲、求职资源库、面试资源库、笔试题库和小白项目实战手册；并且提供技术支持 QQ 群，专为读者答疑解难，降低学习编程的门槛，让零基础的读者轻松跨入编程领域。

本书封面贴有清华大学出版社防伪标签，无标签者不得销售。
版权所有，侵权必究。举报：010-62782989，beiqinquan@tup.tsinghua.edu.cn。

图书在版编目（CIP）数据

Java Web 入门很轻松：微课超值版 / 云尚科技编著. —北京：清华大学出版社，2022.1（2023.1 重印）
（入门很轻松）
ISBN 978-7-302-59574-8

Ⅰ．①J… Ⅱ．①云… Ⅲ．①JAVA 语言—程序设计 Ⅳ．①TP312.8

中国版本图书馆 CIP 数据核字（2021）第 238557 号

责任编辑：张　敏
封面设计：郭二鹏
责任校对：胡伟民
责任印制：丛怀宇

出版发行：清华大学出版社
网　　址：http://www.tup.com.cn, http://www.wqbook.com
地　　址：北京清华大学学研大厦 A 座　　邮　编：100084
社 总 机：010-83470000　　邮　购：010-62786544
投稿与读者服务：010-62776969, c-service@tup.tsinghua.edu.cn
质量反馈：010-62772015, zhiliang@tup.tsinghua.edu.cn
印 装 者：小森印刷霸州有限公司
经　　销：全国新华书店
开　　本：185mm×260mm　　印　张：21.5　　字　数：580 千字
版　　次：2022 年 3 月第 1 版　　印　次：2023 年 1 月第 2 次印刷
定　　价：79.80 元

产品编号：084864-01

前 言 PREFACE

Java 是 Sun 公司推出的能够跨越多平台的、可移植性较高的一种面向对象的编程语言，也是目前较先进、特征较丰富、功能较强大的计算机语言。利用 Java 可以编写桌面应用程序、Web 应用程序、分布式系统应用程序、嵌入式系统应用程序等，它是应用范围较广泛的开发语言，特别是在 Web 程序开发方面。目前学习和关注 Java Web 的人越来越多，但很多 Java Web 的初学者都苦于找不到一本通俗易懂、容易入门和案例实用的参考书。本书将兼顾初学者入门和学校采购的需要，满足多数想快速入门的读者，从实际学习的流程入手，抛弃繁杂的理论，以案例实操为主，同时将案例习题、扫码学习、精品幻灯片、大量项目开发等实用优势融入其中。

本书内容

为满足初学者快速进入 Java Web 语言殿堂的需求，本书内容注重实战，结合流行、有趣的热点案例，引领读者快速学习和掌握 Java Web 程序开发技术。本书的最佳学习模式如下图所示。

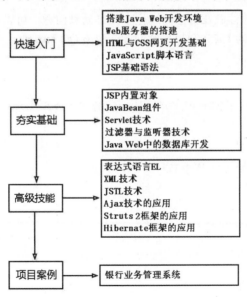

本书特色

由浅入深，编排合理：知识点由浅入深，结合流行、有趣的热点案例，涵盖了所有 Java Web 程序开发的基础知识，循序渐进地讲解了 Java Web 程序开发技术。

扫码学习，视频精讲：为了让初学者快速入门并提高技能，本书提供了微视频，通过扫码可以快速观看视频操作，它就像一个贴身老师，解决读者在学习中的困惑。

项目实战，检验技能：为了更好地检验学习的效果，每章都提供了实战训练。读者可以边学习边进行实战项目训练，以强化实战开发能力。通过实战训练的二维码可以查看训练任务的解题思路和案例源代码，从而提升开发技能和锻炼编程思维。

提示技巧，积累经验：本书对读者在学习过程中可能会遇到的疑难问题以"大牛提醒"和"经验之谈"的形式进行说明，辅助读者轻松掌握相关知识，规避编程陷阱，从而让读者在自学的过程中少走弯路。

超值资源，海量赠送：本书还赠送了大量超值的资源，包括精品教学视频、教学幻灯片、案例源代码、教学大纲、求职资源库、面试资源库、笔试题库和小白项目实战手册等。

教学幻灯片　　　　　案例源代码　　　　　教学大纲

求职资源库　　　面试资源库　　　笔试题库　　　小白项目实战手册

名师指导，学习无忧：读者在自学的过程中如果遇到问题，可以观看本书的同步教学微视频。本书的技术支持QQ群为1023600303，欢迎读者到该QQ群获取本书的赠送资源和交流技术。

读者对象

本书是一本完整介绍Java Web程序开发技术的教程，内容丰富、条理清晰、实用性强，适合以下读者学习使用：

- 零基础的编程自学者。
- 希望快速、全面掌握Java Web程序开发的人员。
- 高等院校的教师和学生。
- 相关培训机构的教师和学生。
- 初中级Java Web程序开发人员。
- 参加毕业设计的学生。

鸣谢

本书由云尚科技的Java Web程序开发团队策划并组织编写。本书虽然倾注了众多编者的努力，但由于编者水平有限，书中难免有疏漏和不足之处，敬请广大读者指正。

编　者

目 录 | CONTENTS

第1章 搭建 Java Web 开发环境 ·············001
1.1 Web 开发技术 ·············001
1.1.1 静态Web开发技术 ·············001
1.1.2 动态Web开发技术 ·············002
1.2 认识 Java Web ·············002
1.2.1 Java语言介绍 ·············002
1.2.2 Java Web体系介绍 ·············003
1.3 JDK 的安装与配置 ·············003
1.3.1 JDK的下载 ·············003
1.3.2 JDK的安装 ·············004
1.3.3 JDK环境配置 ·············005
1.3.4 测试开发环境 ·············006
1.4 我的第一个 Java 程序 ·············007
1.5 选择 Java 开发工具 ·············008
1.5.1 Eclipse的下载 ·············008
1.5.2 Eclipse的安装与配置 ·············009
1.5.3 用Eclipse创建Java项目 ·············009
1.5.4 创建Java类文件 ·············010
1.5.5 编写和运行Java程序 ·············011
1.6 新手疑难问题解答 ·············012
1.7 实战训练 ·············012

第2章 Web 服务器的搭建 ·············013
2.1 Web 开发背景知识 ·············013
2.1.1 Web浏览器 ·············013
2.1.2 远程服务器 ·············013
2.1.3 Web应用程序的工作原理 ·············014
2.1.4 Web服务器简介 ·············014
2.2 Tomcat 的下载与安装 ·············015
2.2.1 了解Tomcat版本的区别 ·············016

2.2.2　安装Tomcat解压版 …………………………………………………… 017
　　2.2.3　安装Tomcat安装版 …………………………………………………… 018
　　2.2.4　环境变量的配置 ………………………………………………………… 020
2.3　Tomcat 的启动与关闭 ………………………………………………………… 021
　　2.3.1　在服务器中启动与关闭 ………………………………………………… 021
　　2.3.2　在Eclipse IDE中启动与关闭 …………………………………………… 022
2.4　修改 Tomcat 端口号 …………………………………………………………… 025
　　2.4.1　在服务器中修改端口号 ………………………………………………… 025
　　2.4.2　在Eclipse IDE中修改端口号 …………………………………………… 025
2.5　将 Web 项目部署到 Tomcat 中 ……………………………………………… 025
　　2.5.1　在服务器中部署Web项目 ……………………………………………… 026
　　2.5.2　在Eclipse IDE中部署Web项目 ………………………………………… 026
2.6　新手疑难问题解答 ……………………………………………………………… 030
2.7　实战训练 ………………………………………………………………………… 031

第3章　HTML 与 CSS 网页开发基础 …………………………………………… 032

3.1　HTML 标记语言 ………………………………………………………………… 032
　　3.1.1　第一个HTML文档 ……………………………………………………… 032
　　3.1.2　HTML文档的结构 ……………………………………………………… 033
　　3.1.3　HTML常用标记 ………………………………………………………… 034
　　3.1.4　HTML表格标记 ………………………………………………………… 038
　　3.1.5　HTML表单标记 ………………………………………………………… 039
　　3.1.6　超链接与图像标记 ……………………………………………………… 044
3.2　HTML5 新增内容 ……………………………………………………………… 045
　　3.2.1　新增的元素 ……………………………………………………………… 045
　　3.2.2　新增的input元素类型 …………………………………………………… 048
3.3　CSS ………………………………………………………………………………… 051
　　3.3.1　CSS规则 ………………………………………………………………… 051
　　3.3.2　CSS选择器 ……………………………………………………………… 051
　　3.3.3　在页面中调用CSS ……………………………………………………… 056
3.4　新手疑难问题解答 ……………………………………………………………… 059
3.5　实战训练 ………………………………………………………………………… 059

第4章　JavaScript 脚本语言 ……………………………………………………… 061

4.1　JavaScript 概述 ………………………………………………………………… 061
　　4.1.1　JavaScript能做什么 ……………………………………………………… 061
　　4.1.2　JavaScript的主要特点 …………………………………………………… 062
4.2　JavaScript 的语言基础 ………………………………………………………… 062
　　4.2.1　JavaScript的语法 ………………………………………………………… 062

4.2.2　JavaScript中的关键字 …………………………… 063
　　4.2.3　JavaScript中的数据类型 ………………………… 064
　　4.2.4　变量的定义及使用 ……………………………… 065
　　4.2.5　运算符的应用 …………………………………… 067
4.3　流程控制语句 …………………………………………… 070
　　4.3.1　if条件判断语句 …………………………………… 070
　　4.3.2　switch多分支语句 ………………………………… 071
　　4.3.3　while循环语句 …………………………………… 072
　　4.3.4　do…while循环语句 ……………………………… 072
　　4.3.5　for循环语句 ……………………………………… 073
4.4　函数的应用 ……………………………………………… 074
　　4.4.1　函数的定义 ……………………………………… 074
　　4.4.2　函数的调用 ……………………………………… 076
4.5　事件处理 ………………………………………………… 078
　　4.5.1　认识JavaScript中的事件 ………………………… 079
　　4.5.2　JavaScript的常用事件 …………………………… 079
　　4.5.3　事件处理程序的调用 ……………………………… 081
4.6　常用对象 ………………………………………………… 082
　　4.6.1　window对象 ……………………………………… 082
　　4.6.2　string对象 ………………………………………… 085
　　4.6.3　date对象 ………………………………………… 087
4.7　新手疑难问题解答 ……………………………………… 088
4.8　实战训练 ………………………………………………… 088

第5章　JSP基础语法 …………………………………………… 089

5.1　JSP概述 ………………………………………………… 089
　　5.1.1　JSP简介 ………………………………………… 089
　　5.1.2　JSP运行机制 …………………………………… 089
5.2　JSP基本语法 …………………………………………… 090
　　5.2.1　声明 ……………………………………………… 090
　　5.2.2　表达式 …………………………………………… 091
　　5.2.3　脚本小程序 ……………………………………… 091
5.3　JSP指令标记 …………………………………………… 092
　　5.3.1　page指令 ………………………………………… 092
　　5.3.2　include指令 ……………………………………… 093
　　5.3.3　taglib指令 ………………………………………… 094
5.4　JSP动作标记 …………………………………………… 095
　　5.4.1　param动作标记 …………………………………… 095
　　5.4.2　include动作标记 ………………………………… 095

		5.4.3 forward动作标记	096
		5.4.4 plugin动作标记	098
		5.4.5 useBean、getProperty与setProperty动作标记	099
	5.5	JSP注释方式	100
		5.5.1 HTML/XHTML注释	100
		5.5.2 JSP注释	100
		5.5.3 Java注释	100
	5.6	新手疑难问题解答	101
	5.7	实战训练	101

第6章 JSP内置对象 … 103

	6.1	JSP内置对象概述	103
	6.2	request对象	103
		6.2.1 访问请求参数	104
		6.2.2 在作用域中管理属性	106
		6.2.3 获取客户端信息	107
	6.3	response对象	107
		6.3.1 处理HTTP头文件	108
		6.3.2 重定向页面（友情链接）	109
		6.3.3 将页面保存为Word文档	111
		6.3.4 设置输出缓冲	112
		6.3.5 设置Cookie信息	112
	6.4	session对象	114
		6.4.1 创建及获取客户的会话	114
		6.4.2 从会话中移动指定的绑定对象	115
		6.4.3 销毁session	115
		6.4.4 会话超时的管理	115
		6.4.5 session对象应用实例	115
	6.5	其他内置对象	116
		6.5.1 application对象	116
		6.5.2 out对象	118
		6.5.3 exception对象	120
		6.5.4 page对象	121
		6.5.5 config对象	122
		6.5.6 pageContext对象	122
	6.6	新手疑难问题解答	123
	6.7	实战训练	123

第7章 JavaBean组件 … 125

	7.1	JavaBean介绍	125

- 7.1.1 JavaBean概述 ··················· 125
- 7.1.2 JavaBean的规范 ················· 126
- 7.1.3 JavaBean的创建 ················· 126
- 7.2 使用 JSP 和 JavaBean ················· 128
  - 7.2.1 通过JSP标签访问JavaBean ········· 128
  - 7.2.2 在JSP中调用JavaBean ············ 129
- 7.3 设置 JavaBean 的范围 ················ 130
  - 7.3.1 页面范围 ······················ 130
  - 7.3.2 请求范围 ······················ 131
  - 7.3.3 会话范围 ······················ 132
  - 7.3.4 Web应用范围 ··················· 132
- 7.4 设置 JavaBean 的属性 ················ 133
  - 7.4.1 根据所有参数设置 ··············· 134
  - 7.4.2 根据指定属性设置 ··············· 135
  - 7.4.3 根据指定参数设置 ··············· 136
  - 7.4.4 根据指定内容设置 ··············· 137
- 7.5 获取 JavaBean 的属性值 ··············· 138
- 7.6 移除 JavaBean ······················ 140
- 7.7 新手疑难问题解答 ···················· 140
- 7.8 实战训练 ·························· 140

第8章 Servlet 技术 ···················· 142

- 8.1 Servlet 简介 ······················· 142
  - 8.1.1 工作原理 ······················ 142
  - 8.1.2 生命周期 ······················ 143
  - 8.1.3 实现MVC开发模式 ················ 144
- 8.2 Servlet 常用的接口和类 ··············· 145
  - 8.2.1 Servlet()方法 ·················· 145
  - 8.2.2 HttpServlet类 ·················· 145
  - 8.2.3 HttpSession接口 ················ 146
  - 8.2.4 ServletConfig接口 ·············· 147
  - 8.2.5 ServletContext接口 ············· 147
- 8.3 创建和配置 Servlet ·················· 148
- 8.4 使用 Servlet 获取信息 ················ 150
  - 8.4.1 获取HTTP头部信息 ··············· 150
  - 8.4.2 获取请求对象信息 ··············· 151
  - 8.4.3 获取参数信息 ·················· 152
- 8.5 在 JSP 页面中调用 Servlet 的方法 ······· 154
  - 8.5.1 通过表单提交调用Servlet ········· 154

		8.5.2　通过超链接调用Servlet ·· 157
8.6	新手疑难问题解答 ·· 158	
8.7	实战训练 ·· 159	

第9章　过滤器与监听器技术 ·· 161

9.1	认识过滤器与监听器 ·· 161
	9.1.1　过滤器简介 ·· 161
	9.1.2　监听器简介 ·· 161
9.2	过滤器接口 ··· 162
	9.2.1　Filter接口 ··· 162
	9.2.2　FilterConfig接口 ·· 162
	9.2.3　FilterChain接口 ··· 163
9.3	创建和配置过滤器 ·· 163
9.4	监听器接口 ··· 165
	9.4.1　认识监听器接口 ·· 165
	9.4.2　监听对象的创建与销毁 ··· 166
	9.4.3　监听对象的属性 ·· 167
	9.4.4　监听session内的对象 ··· 168
9.5	创建和配置监听器 ·· 168
9.6	Servlet 3.0的新特性 ··· 169
	9.6.1　注解 ·· 169
	9.6.2　异步处理 ·· 174
	9.6.3　上传组件 ·· 176
9.7	新手疑难问题解答 ·· 178
9.8	实战训练 ·· 178

第10章　Java Web中的数据库开发 ··· 180

10.1	JDBC的原理 ·· 180
10.2	JDBC的相关类与接口 ·· 182
	10.2.1　DriverManager类 ··· 182
	10.2.2　Connection接口 ··· 183
	10.2.3　Statement接口 ··· 183
	10.2.4　PreparedStatement接口 ·· 184
	10.2.5　ResultSet接口 ·· 184
10.3	JDBC连接数据库 ·· 184
	10.3.1　加载数据库驱动程序 ·· 185
	10.3.2　创建数据库连接 ··· 185
	10.3.3　获取Statement对象 ··· 185
	10.3.4　执行SQL语句 ·· 185

	10.3.5	获得执行结果	185
	10.3.6	关闭连接	186
10.4	操作数据库	186
	10.4.1	创建数据表	186
	10.4.2	插入数据	188
	10.4.3	查询数据	188
	10.4.4	更新数据	190
	10.4.5	删除数据	191
10.5	新手疑难问题解答	192
10.6	实战训练	193

第 11 章　表达式语言 EL　194

11.1	EL 简介		194
	11.1.1	EL 的基本语法	194
	11.1.2	EL 的特点	194
	11.1.3	禁用 EL	195
	11.1.4	EL 中的关键字	195
	11.1.5	EL 变量	196
11.2	EL 运算符		197
	11.2.1	EL 判断对象是否为空	197
	11.2.2	通过 EL 访问数组数据	198
	11.2.3	在 EL 中进行算术运算	199
	11.2.4	在 EL 中进行关系运算	200
	11.2.5	在 EL 中进行逻辑运算	201
	11.2.6	在 EL 中进行条件运算	202
11.3	EL 隐含对象		202
	11.3.1	认识 EL 隐含对象	202
	11.3.2	pageContext 隐含对象	203
	11.3.3	与范围有关的隐含对象	204
	11.3.4	param 和 paramValues 对象	205
	11.3.5	header 和 headerValues 对象	206
	11.3.6	cookie 对象	207
	11.3.7	initParam 对象	207
11.4	新手疑难问题解答		208
11.5	实战训练		209

第 12 章　XML 技术　210

12.1	XML 概述		210
	12.1.1	XML 概念	210
	12.1.2	XML 与 HTML 的区别	210

12.1.3　XML文档结构 …… 211
12.2　XML 基本语法 …… 211
12.2.1　文档声明 …… 211
12.2.2　标签（元素） …… 212
12.2.3　标签嵌套 …… 212
12.2.4　属性与注释 …… 212
12.2.5　实体引用 …… 213
12.3　XML 树结构 …… 213
12.4　XML 解析器 …… 214
12.4.1　XML文档对象 …… 214
12.4.2　解析XML文档 …… 215
12.4.3　解析XML字符串 …… 216
12.5　新手疑难问题解答 …… 218
12.6　实战训练 …… 218

第 13 章　JSTL 技术 …… 220
13.1　JSTL 简介 …… 220
13.1.1　JSTL概述 …… 220
13.1.2　导入标签库 …… 220
13.1.3　JSTL的分类 …… 221
13.2　JSTL 环境配置 …… 223
13.3　表达式控制标签 …… 224
13.3.1　<c:out>标签 …… 224
13.3.2　<c:set>标签 …… 225
13.3.3　<c:remove>标签 …… 227
13.3.4　<c:catch>标签 …… 227
13.4　流程控制标签 …… 228
13.4.1　<c:if>标签 …… 228
13.4.2　<c:choose>标签 …… 229
13.4.3　<c:when>标签 …… 229
13.4.4　<c:otherwise>标签 …… 229
13.5　循环标签 …… 230
13.5.1　<c:forEach>标签 …… 230
13.5.2　<c:forTokens>标签 …… 231
13.6　URL 操作标签 …… 232
13.6.1　<c:import>标签 …… 232
13.6.2　<c:url>标签 …… 233
13.6.3　<c:param>标签 …… 234
13.6.4　<c:redirect>标签 …… 235

13.7 新手疑难问题解答 ... 236
13.8 实战训练 ... 236

第 14 章 Ajax 技术的应用 ... 237

14.1 Ajax 概述 ... 237
14.1.1 什么是 Ajax ... 237
14.1.2 Ajax 的工作原理 ... 238
14.1.3 Ajax 的优缺点 ... 238

14.2 Ajax 技术的组成 ... 239
14.2.1 XMLHttpRequest 对象 ... 239
14.2.2 XML ... 239
14.2.3 JavaScript 语言 ... 239
14.2.4 CSS 技术 ... 240
14.2.5 DOM 技术 ... 240

14.3 XMLHttpRequest 对象的使用 ... 240
14.3.1 初始化 XMLHttpRequest 对象 ... 240
14.3.2 XMLHttpRequest 对象的属性 ... 241
14.3.3 XMLHttpRequest 对象的方法 ... 242

14.4 Ajax 异步交互的应用 ... 243
14.4.1 什么是异步交互 ... 243
14.4.2 异步对象连接服务器 ... 244
14.4.3 GET 和 POST 方式 ... 246
14.4.4 服务器返回 XML ... 248
14.4.5 处理多个异步请求 ... 250

14.5 新手疑难问题解答 ... 252
14.6 实战训练 ... 252

第 15 章 Struts2 框架的应用 ... 254

15.1 Struts2 概述 ... 254
15.1.1 Struts MVC 模式 ... 254
15.1.2 Struts 工作流程 ... 255
15.1.3 Struts 基本配置 ... 255

15.2 第一个 Struts2 程序 ... 257
15.2.1 创建 JSP 页面 ... 257
15.2.2 创建 Action ... 258
15.2.3 struts.xml 文件 ... 259
15.2.4 web.xml 文件 ... 259
15.2.5 显示信息 ... 260
15.2.6 运行项目 ... 260

15.3 控制器 Action ... 261

15.3.1　Action接口 ·· 261
15.3.2　属性注入值 ·· 261
15.3.3　动态方法调用 ·· 263
15.3.4　Map类型变量 ·· 264
15.4　Struts 标签库 ·· 266
15.4.1　标签库的配置 ·· 266
15.4.2　流程控制标签 ·· 266
15.4.3　表单应用标签 ·· 270
15.5　OGNL 表达式语言 ·· 274
15.5.1　Struts2 OGNL表达式 ··· 274
15.5.2　获取ActionContext对象信息 ····································· 274
15.5.3　获取属性与方法 ·· 277
15.5.4　访问静态属性与方法 ·· 279
15.5.5　访问数组和集合 ·· 280
15.5.6　过滤与投影 ·· 283
15.6　新手疑难问题解答 ·· 286
15.7　实战训练 ·· 286

第 16 章　Hibernate 框架的应用 ·· 288

16.1　Hibernate 概述 ·· 288
16.1.1　ORM概述 ·· 288
16.1.2　Hibernate架构 ··· 288
16.2　开发环境配置 ·· 289
16.2.1　关联数据库 ·· 289
16.2.2　配置Hibernate ·· 290
16.2.3　Hibernate配置文件 ·· 291
16.3　Hibernate ORM ··· 292
16.3.1　在MyEclipse中建表 ··· 292
16.3.2　Hibernate反转控制 ·· 293
16.3.3　Hibernate持久化类 ·· 294
16.3.4　Hibernate类映射 ·· 296
16.3.5　session管理 ·· 297
16.4　操作持久化类 ·· 299
16.4.1　使用session操作数据 ·· 299
16.4.2　使用DAO操作数据 ·· 300
16.5　Hibernate 查询语言 ·· 300
16.5.1　HQL介绍 ··· 301
16.5.2　FROM语句 ··· 301
16.5.3　WHERE语句 ·· 301

| | 16.5.4 UPDATE语句 302
| | 16.5.5 DELETE语句 303
| | 16.5.6 动态赋值 303
| | 16.5.7 排序查询 305
| | 16.5.8 聚合函数 305
| | 16.5.9 联合查询 306
| | 16.5.10 子查询 307
| 16.6 | 新手疑难问题解答 308
| 16.7 | 实战训练 308

第17章 开发银行业务管理系统 310

| 17.1 | 系统背景及功能概述 310
| | 17.1.1 背景简介 310
| | 17.1.2 功能概述 310
| | 17.1.3 开发及运行环境 310
| 17.2 | 系统分析 311
| | 17.2.1 系统总体设计 311
| | 17.2.2 系统界面设计 311
| 17.3 | 系统运行及配置 312
| | 17.3.1 系统开发及导入步骤 312
| | 17.3.2 系统文件结构图 314
| 17.4 | 系统主要功能的实现 315
| | 17.4.1 数据库与数据表设计 315
| | 17.4.2 实体类的创建 318
| | 17.4.3 数据访问类 320
| | 17.4.4 控制分发及配置 321
| | 17.4.5 业务数据处理 323

第1章

搭建 Java Web 开发环境

俗话说"工欲善其事，必先利其器"，学习 Java Web 开发也离不开好的开发工具。在进行 Java Web 开发之前，需要先搭建开发环境，只有这样才能开发并运行 Java Web 程序。本章介绍如何搭建 Java Web 开发环境，主要内容包括 Web 开发技术、认识 Java Web、JDK 的安装与配置、Java 集成开发环境等。

1.1 Web 开发技术

微视频

因为网页分为静态网页和动态网页，所以 Web 开发技术可分为静态 Web 开发技术和动态 Web 开发技术。

1.1.1 静态 Web 开发技术

静态 Web 开发技术只能开发出内容固定不变的网页和网站，现实中常用的 Web 静态技术有 HTML 和 XML 两种。

1. HTML 技术

HTML 文件以<HTML>开头，以</HTML>结束。<head>…</head>之间是文件的头部信息，除了<title>…</title>之间的内容以外，其余内容都不会显示在浏览器上。<body>…</body>之间的代码是 HTML 文件的主体，客户浏览器中显示的内容主要在这里定义。

HTML 是制作网页的基础，大家在现实中所见到的静态网页就是以 HTML 为基础制作的网页。早期的网页都是直接用 HTML 代码编写的，不过现在有很多智能化的网页制作软件（常用的有 FrontPage、Dreamweaver 等）通常不需要人工编写代码，而是由这些软件自动生成代码。尽管不需要人工编写代码，但用户了解 HTML 代码仍然非常重要，这是学习 Web 开发技术的基础。

2. XML 技术

XML 是 eXtensible Markup Language 的缩写，意为可扩展的标记语言。与 HTML 相似，XML 是一种显示数据的标记语言，它能使数据通过网络无障碍地进行传输，并显示在用户的浏览器上。XML 是一套定义语义标记的规则，这些标记将文档分成许多部件并对这些部件加以标识。它也是元标记语言，即定义了用于定义其他与特定领域有关的、语义的、结构化的标记语言的句法语言。

使用上述静态 Web 技术也能实现页面的绚丽效果，并且静态网页相对于动态网页来说，其显示速度比较快。所以，在现实应用中，为了满足页面的特定需求，需要在站点中使用静态

Web 技术来显示访问速度比较快的页面。例如，国内综合站点搜狐和新浪的信息详情页面都使用静态网页技术来显示。

1.1.2 动态 Web 开发技术

静态 Web 技术只能实现页面内容的简单显示，而不能实现页面的交互效果。随着网络技术的发展和现实需求的提高，静态 Web 技术越来越不能满足客户的需求，因此更新、更高级的网页技术便登上了 Web 领域的舞台，这就是动态 Web 开发技术。

除了本书讲解的 Java Web 技术以外，现实中常用的 Web 动态技术还有 ASP、ASP.NET、PHP 和 JSP 等。

1. ASP 技术

ASP（Active Server Pages，动态网页）是微软公司推出的一种用于取代 CGI 的技术。ASP 具有微软操作系统的强大普及性，一经推出，便迅速成为最主流的 Web 开发技术。

ASP 是 Web 服务器端的开发环境，利用它可以创建和执行动态、高效、交互的 Web 服务应用程序。ASP 技术是 HTML、Script 与 CGI 的结合体，其运行效率却比 CGI 更高，程序的编写也比 HTML 更方便且更有灵活性。

2. PHP 技术

PHP 也是流行的生成动态网页的技术之一。PHP 是完全免费的，可以从 PHP 官方站点 (http://www.php.net) 自由下载。用户可以不受限制地获得 PHP 源代码，甚至可以加入自己需要的特色。PHP 在大多数 UNIX 平台、GUN/Linux 平台和微软公司的 Windows 平台上均可以运行。

3. JSP 技术

JSP 是 Sun 公司为创建高度动态的 Web 应用提供的一个独特的开发环境。和 ASP 技术一样，JSP 提供了在 HTML 代码中混合某种程序代码，由语言引擎解释执行程序代码的能力。JSP 技术是本书讲解的 Java Web 技术的一部分。

4. ASP.NET 技术

ASP.NET 是微软公司动态服务网页技术的最新版本，提供了一个统一的 Web 开发模型，其中包括开发人员生成企业级 Web 应用程序所需的各种服务。ASP.NET 的语法在很大程度上与 ASP 兼容，同时它还提供了一种新的编程模型和结构，可以生成伸缩性和稳定性更好的应用程序，并提供更好的安全保护。

1.2 认识 Java Web

微视频

Java Web 是 Java 技术的一个分支应用，是指利用 Java 开发 Web 项目。由此可见，要想学好 Java Web，首先要了解 Java 语言的相关知识。纵观当今各大主流招聘媒体，大家总是会看到多条招聘 Java 程序员的广告，由此可以看出 Java 程序员很受市场欢迎。

1.2.1 Java 语言介绍

Java 是一门跨平台的、面向对象的高级程序设计语言，Java 程序能够在不同的计算机、不同的操作系统中运行，甚至在支持 Java 的硬件上也能正常运行。

Java 是于 1995 年由 Sun 公司推出的一种面向对象的程序设计语言。它由被称为 "Java 之父"的 Sun 研究院院士 James Gosling（詹姆斯·高斯林）亲手设计而成。Java 最初的名称为 OAK，1995 年被重命名为 Java 后正式发布。

Java 是一种通过解释方式来执行的语言，其语法规则和 C++ 类似。与 C++ 不同的是，它摒弃了 C++ 中难以理解的多继承、指针等概念，这使得 Java 语言简洁了很多，而且还提高了语言的可靠性与安全性，可以说 Java 是一门非常卓越的编程语言。

Java 的口号是 "Write Once，Run Anywhere"，这体现了 Java 语言的跨平台特性，所以 Java 常被应用于企业网络和 Internet 环境中。当前，Sun 公司被 Oracle（甲骨文）公司收购，Java 也随之成为 Oracle 公司的产品。

1.2.2　Java Web 体系介绍

Java Web 是指利用 Java 语言开发 Web 项目的一种技术，和 ASP、ASP.NET、PHP 等技术的功能类似。如果要开发 Java Web 应用，就需要掌握一系列相关的技术，必要时可应用相应的框架，以提高 Java Web 应用的开发效率，并确保其可扩展性与可维护性。

Java Web 应用开发的主要技术包括 HTML、XML、JavaScript、Java、JDBC、JSP、JavaBean、Servlet、Ajax 等。

（1）JDBC：JDBC（Java DataBase Connectivity，Java 数据库连接）是一种用于执行 SQL 语句的 Java API（Application Programming Interface，应用编程接口或应用程序编程接口），由一组用 Java 语言编写的类和接口组成，可让程序员以 Java 的方式连接数据库，并完成相应的操作。

（2）Servlet：Servlet 是一种用 Java 编写的与平台无关的服务器端组件，其实例化后的对象运行在服务器端，可用于处理来自客户端的请求，并生成相应的动态网页。

（3）JavaBean：JavaBean 是 Java 中的一种可重用组件技术（类似于微软公司的 COM 技术），其本质是一种通过封装属性和方法而具有某种功能的 Java 类。

（4）Ajax：Ajax（Asynchronous JavaScript and XML，异步 JavaScript 和 XML）是一种创建交互式网页应用的开发技术，其核心理念为使用 XMLHttpRequest 对象发送异步请求，可实现 Web 页面的动态更新。

（5）JSP：JSP 与 ASP、PHP 类似，是目前 Web 应用开发的主流技术之一。作为一种动态 Web 技术标准，JSP 在 Java Web 应用开发中的使用是相当普遍的。

1.3　JDK 的安装与配置

微视频

学习 Java Web 需要一个编译和运行的环境，因此进行 JDK（Java Development Kit）的下载、安装和环境配置是必须的。

1.3.1　JDK 的下载

JDK 是整个 Java 的核心，包括 Java 运行环境 JRE、Java 工具和 Java 基础类库，下面详细介绍 JDK 的下载，下载 JDK 的具体步骤如下。

步骤 1：在浏览器的地址栏中输入网址 "https://www.oracle.com/java/technologies/javasedownloads.html",按 Enter 键确认,进入 JDK 的下载页面,选择最新版本。单击 JDK Download 下载链接,如图 1-1 所示。

步骤 2:进入下载文件选择页面,根据操作系统和需求选择适合的版本。这里选择 Windows x64 Installer 版本,如图 1-2 所示。

图 1-1 JDK 下载页面

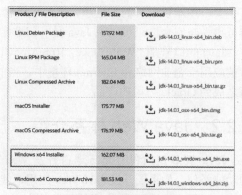

图 1-2 选择安装版本

☆大牛提醒☆

在图 1-2 中,Installer 表示安装版本,安装过程由系统自动配置;Compressed Archive 表示压缩版本,安装过程需要用户自己配置。

步骤 3:选择版本之后进入下载页面,选中 "reviewed and accept⋯" 协议复选框,然后单击 Download jdk-14.0.1_windows-x64_bin.exe 按钮进行下载,如图 1-3 所示。

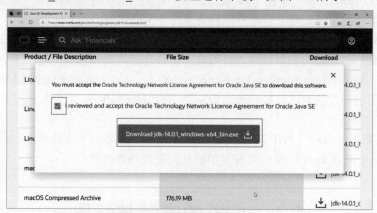

图 1-3 选择接受协议并下载 JDK

1.3.2 JDK 的安装

JDK 安装包下载完毕后就可以进行安装,具体安装步骤如下。

步骤 1:双击下载的 jdk-14.0.1_windows-x64_bin.exe 文件,进入"安装程序"对话框,单击"下一步"按钮,如图 1-4 所示。

步骤 2:弹出"目标文件夹"对话框,用户可根据自己的需要更改安装路径,然后单击"下一步"按钮,如图 1-5 所示。

图 1-4 "安装程序"对话框

图 1-5 "目标文件夹"对话框

步骤 3：JDK 开始自动安装。安装成功后进入"完成"对话框，提示用户 Java 已成功安装，单击"关闭"按钮即可完成 JDK 的安装，如图 1-6 所示。

1.3.3 JDK 环境配置

在 JDK 安装完成后，还需要配置环境变量才能使用 Java 开发环境。这里配置环境变量 Path，具体实现步骤如下。

步骤 1：在桌面上选择"此电脑"图标，然后右击，在弹出的快捷菜单中选择"属性"菜单命令，打开"系统"窗口，如图 1-7 所示。

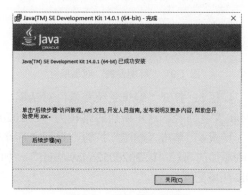

图 1-6 "完成"对话框

步骤 2：单击"高级系统设置"选项，弹出"系统属性"对话框，切换到"高级"选项卡，单击"环境变量"按钮，如图 1-8 所示。

图 1-7 "系统"窗口

图 1-8 "系统属性"对话框

步骤 3：弹出"环境变量"对话框，在"系统变量（S）"列表框中选择 Path 变量，如图 1-9 所示。

步骤4：双击Path变量，弹出"编辑环境变量"对话框，单击"编辑文本（T）"按钮，如图1-10所示。

图1-9　"环境变量"对话框　　　　　　　　图1-10　"编辑环境变量"对话框

步骤5：打开"编辑系统变量"对话框，在"变量值"参数的最前面加入JDK安装路径下的bin文件路径，这里所加的路径为"E:\20200526\java\bin;"，如图1-11所示。

步骤6：单击"确定"按钮，返回"环境变量"对话框，这时可以发现Path变量的最前面有刚添加的路径"E:\20200526\java\bin;"，如图1-12所示。最后单击"确定"按钮，即可完成JDK环境配置。

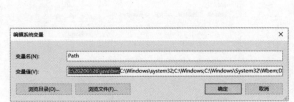

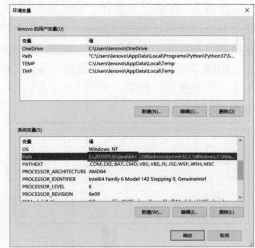

图1-11　"编辑系统变量"对话框　　　　　　　图1-12　"环境变量"对话框

1.3.4　测试开发环境

完成JDK的安装并成功配置环境后，需要测试一下配置的准确性，具体操作步骤如下。

步骤1：右击"开始"按钮，在弹出的快捷菜单中选择"运行"菜单命令，打开"运行"对话框，在"打开"文本框中输入"cmd"命令，如图1-13所示。

步骤2：单击"确定"按钮，即可打开"命令提示符"窗口，在其中输入命令"javac"并按下 Enter 键，即可显示 JDK 的编译器信息，这说明开发环境配置成功，如图 1-14 所示。

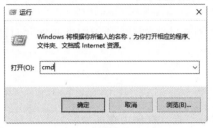

图 1-13 "运行"对话框

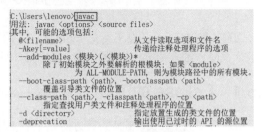

图 1-14 JDK 编译器信息

1.4 我的第一个 Java 程序

微视频

在 Java 开发环境配置好以后，下面用第一个 Java 程序——输出文字"Hello！Java！"来体验一下 Java 语言的魅力。

编写"Hello！Java！"程序的具体步骤如下。

步骤 1：新建记事本文件，输入如图 1-15 所示的内容，并保存成"hello.java"文件。

☆大牛提醒☆

".java"文件名与代码中的 class（类）名字必须是一致的，如图 1-15 所示。另外，由于 Java 是解释性语言，所以这里可以用记事本来编写 Java 代码。

步骤 2：程序写好之后，现在开始编译该程序的代码。打开"命令提示符"窗口，进入 hello.java 所在的文件夹，输入编译命令"javac hello.java"，按下 Enter 键，这时在 hello.java 文件所在的目录下会生成一个 class 文件，如图 1-16 所示。

图 1-15 第一个 Java 程序的代码

图 1-16 编译之后生成 class 文件

步骤 3：程序代码编译好之后，现在开始执行程序输出相应的内容。在"命令提示符"窗口中程序文件所在的路径下输入执行命令"java hello"，按下 Enter 键，这时就会输出 hello.java 程序中的内容——"Hello！Java！"，如图 1-17 所示。

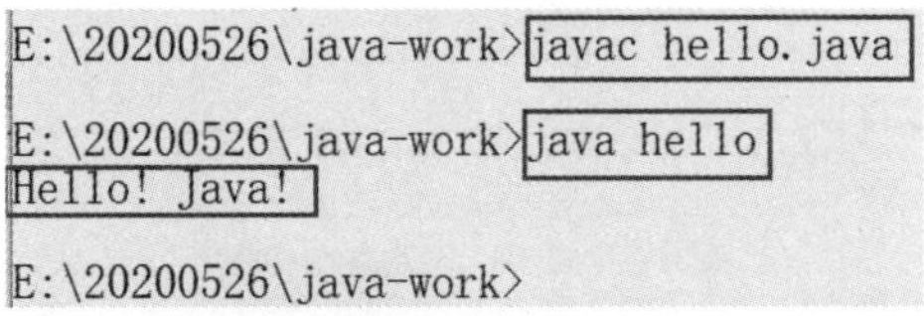

图 1-17 用记事本编写的 Java 程序的运行结果

☆大牛提醒☆

在 hello.java 程序中用到了 System.out.println() 函数，当使用该函数输出文字时，必须将所输出文字用英文双引号引起来，例如 System.out.println("Hello！Java！")。

微视频

1.5　选择 Java 开发工具

当前主流的 Java 开发工具是 Eclipse，它不仅免费，而且功能齐全，使用起来非常方便且易上手。下面详细介绍 Eclipse 的下载、安装与使用。

1.5.1　Eclipse 的下载

用户可以到 Eclipse 工具的官方网站下载 Eclipse 开发工具，具体步骤如下。

步骤 1：在浏览器的地址栏中输入网址 "https://www.eclipse.org/downloads"，进入 Eclipse 下载页面，单击 Download Packages 超链接，如图 1-18 所示。

步骤 2：进入版本选择页面，这里选择 Eclipse IDE for Enterprise Java and Web Developers 选项，并根据自己的系统需求来选择相应的版本，这里选择 windows 64 bit，如图 1-19 所示。

图 1-18　Eclipse 下载首页

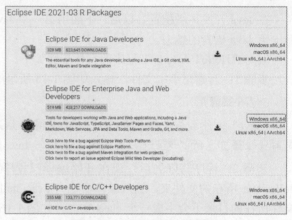

图 1-19　Eclipse 版本选择页

步骤 3：单击相应的版本进入下载页，然后单击 Download 按钮进行下载，如图 1-20 所示。

☆大牛提醒☆

如果下载不成功，或者很久都没有下载提示，可以单击 Select Another Mirror 超链接，选择更多的镜像来下载，如图 1-21 所示。不过，如果网络环境好，默认镜像就能成功下载。

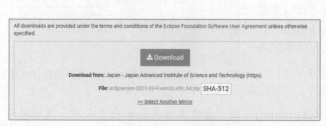

图 1-20　Eclipse 下载页

图 1-21　镜像选择页面

1.5.2　Eclipse 的安装与配置

将下载好的压缩文件解压到自己指定的文件夹，然后运行文件 eclipse.exe，会弹出工作空间目录选择页面，也就是在 Eclipse 上创建 Java 项目文件存放的位置，这里根据自己的需要更改文件夹的路径，并将下面的默认路径选上，这样就不需要每次运行 Eclipse 时再确认工作空间路径了，如图 1-22 所示。

单击 Launch 按钮进入 Eclipse 工作台欢迎界面，如图 1-23 所示，这样就完成了 Eclipse 开发工具的配置，以后再运行 eclipse.exe 文件就可以直接进入和使用 Eclipse 开发工具。

图 1-22　Eclipse 工作空间设置

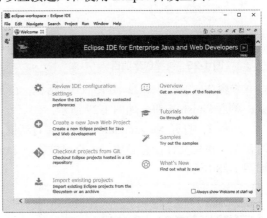
图 1-23　Eclipse 欢迎界面

启动并运行 Eclipse 开发工具，进入如图 1-24 所示的工作界面。

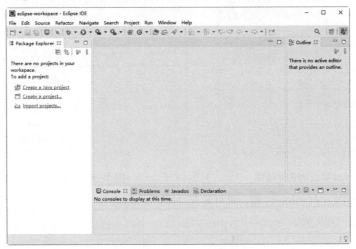
图 1-24　Eclipse 工作界面

1.5.3　用 Eclipse 创建 Java 项目

成功安装和配置好 Java 及 Eclipse 程序以后，学习者就可以更轻松地学习 Java，现在开始 Eclipse 下的 Java 学习。这里创建一个 Java 项目，具体步骤如下。

步骤 1：单击项目视图界面中的 Create a Java project 超链接，如图 1-25 所示，或者选择 File→New→Java Project 菜单命令，如图 1-26 所示。

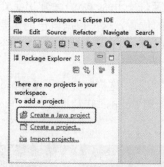

图 1-25　快捷创建项目

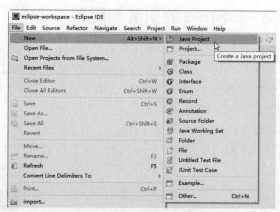

图 1-26　通过菜单创建项目

步骤 2：打开 New Java Project 对话框，在其中输入 Java 项目的名称，其他设置可以选择默认，单击 Finish 按钮，如图 1-27 所示。

步骤 3：打开 New module-info.java 对话框，在其中可以输入程序模块化的名称，不过在学习初期模块化文件没有必要，还有可能影响 Java 项目的运行，所以这里不建议创建程序模块，如图 1-28 所示。

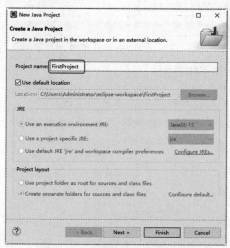

图 1-27　Java 项目命名对话框

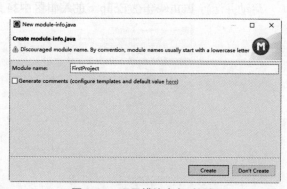

图 1-28　项目模块命名对话框

步骤 4：单击 Don't Create 按钮，即可实现 Java 项目的创建，如图 1-29 所示。

1.5.4　创建 Java 类文件

在创建 Java 类文件时会自动打开 Java 编辑器，创建 Java 类文件的具体操作步骤如下。

步骤 1：选择 File→New→Class 菜单命令，如图 1-30 所示。

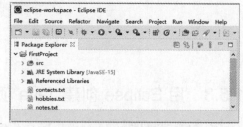

图 1-29　项目创建成功界面

步骤 2：弹出 New Java Class 对话框，在 Package 文本框中输入文件包的名称"myPackage"，在 Name 文本框中输入类名称"HelloWorld"，并选中 public static void main(String[] args) 复选

框，以保证所创建的类是能运行的主类，然后单击 Finish 按钮完成创建 Java 类文件的操作，如图 1-31 所示。

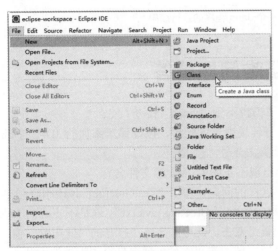
图 1-30　创建新的 Java 类文件

图 1-31　为 Java 类文件命名并设置

1.5.5　编写和运行 Java 程序

创建的 Java 类文件会在 Eclipse 的编辑区中打开，该区域可以重叠放置多个文件进行编辑。编辑前面创建的 Java 类文件进行 Java 程序的编写，Eclipse 在运行 Java 程序时会先自动编译，再运行输出相应的程序内容，具体操作步骤如下。

步骤 1：编写 Java 程序。在 Java 类文件中输入代码，按快捷键 Ctrl+S 进行保存，这里所编写代码的功能是输出"Hello World！"，如图 1-32 所示。

步骤 2：运行 Java 程序。可以直接单击 按钮，或者选择 Run→Run 菜单命令来运行 Java 程序，如图 1-33 所示。

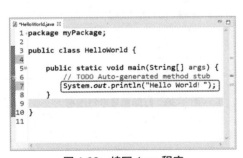
图 1-32　编写 Java 程序

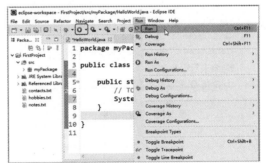
图 1-33　运行 Java 程序

步骤 3：运行结果在下面的 Console 视图界面中显示，如图 1-34 所示。

☆大牛提醒☆

使用 Eclipse 编写程序要比使用记事本省事得多，而且 Eclipse 能够提示代码书写，这就加快了代码的编写并提高了代码书写的正确率。

图 1-34　Eclipse 下第一个 Java 程序的运行结果

1.6　新手疑难问题解答

问题 1：环境变量配置后，在命令提示符中仍找不到"javac"命令？

解答：这是环境配置的问题，需要重新进行环境变量的配置，以确保新添加的 JDK 的 bin 路径在 Path 变量的最前面，且与原变量内容以英文分号";"隔开。

问题 2：在保存 Java 源代码后，为什么会出现不正确的 Java 源文件名？

解答：初学者在保存 Java 源代码时会出现这样的问题，即用"TestGreeting.java"作为文件名保存的，但在磁盘对应目录中查看时文件名却成为"TestGreeting.java.txt"，这是不正确的 Java 源文件名。这需要对 Windows 系统进行如下配置：双击"此电脑"，在打开的"此电脑"窗口中切换到"查看"选项卡，在"显示/隐藏"设置区域中将"文件扩展名"设置为未选中状态。

1.7　实战训练

实战 1：输出"乾坤未定！你我皆是黑马！"。

编写程序，在窗口中输出"乾坤未定！你我皆是黑马！"，程序运行效果如图 1-35 所示。

实战 2：打印星号字符图形。

编写程序，在窗口中输出用星号组成的三角形，效果如图 1-36 所示。

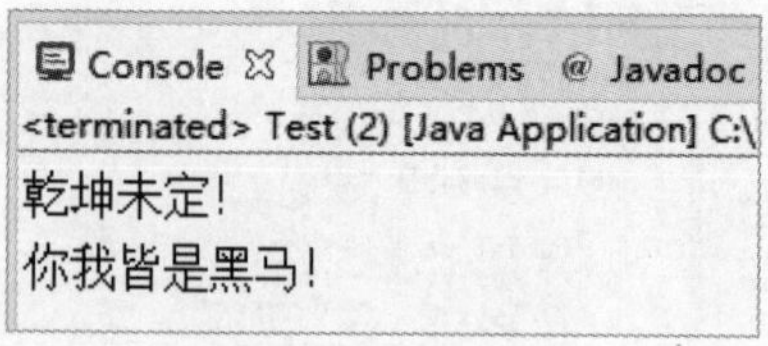

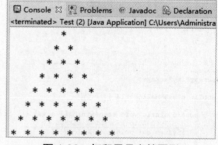

图 1-35　输出信息　　　　　　图 1-36　打印星号字符图形

第 2 章

Web 服务器的搭建

随着互联网的普及和电子商务的迅速发展，人们对站点的要求越来越高，为此开发动态、高效的 Web 站点已经成为社会发展的需求，这样就需要用到 Web 服务器。常用的 Web 服务器有很多，本章以 Tomcat 服务器为例来介绍 Web 服务器的搭建过程。

2.1 Web 开发背景知识

学习 Web 开发，不得不提本地计算机和远程服务器的概念。顾名思义，本地计算机是指用户正在使用的、浏览站点页面的计算机。对于本地计算机来说，最重要的构成模块是 Web 浏览器。

2.1.1 Web 浏览器

浏览器是 WWW 系统的重要组成部分，它是运行在本地计算机上的程序，负责向服务器发送请求，并且将服务器返回的结果显示给用户。用户可以通过浏览器窗口来分享网上丰富的资源。常见的网页浏览器包括 Internet Explorer、Firefox、Opera、Google Chrome 等。如图 2-1 所示为 Google Chrome 浏览器的工作界面。

图 2-1 Google Chrome 浏览器的工作界面

2.1.2 远程服务器

远程服务器是一种高性能计算机，它作为网络的节点，存储、处理网络上大约 80%的数据、信息，因此也被称为网络的灵魂。远程服务器是网络上一种为客户端计算机提供各种服务的高性能的计算机，它在网络操作系统的控制下，将与其相连的硬盘、打印机、Modem 及各种专用通信设备提供给网络上的客户站点共享，也能为网络用户提供集中计算、信息发表及数据管理等服务。它的高性能主要体现在高速度的运算能力、长时间的可靠运行、强大的外部数据吞吐能力等方面。如图 2-2 所示为本地计算机和远程服务器的工作流程。

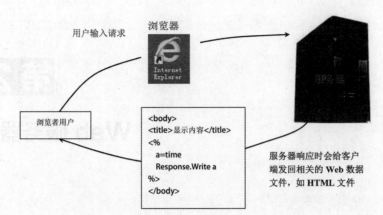

图 2-2　本地计算机和远程服务器的工作流程

2.1.3　Web 应用程序的工作原理

用户访问互联网资源的前提是必须首先获取站点的地址，然后通过页面链接来浏览具体页面的内容。上述过程是通过浏览器和服务器进行的。下面以访问搜狐网为例，了解 Web 应用程序的工作原理。

（1）在浏览器的地址栏中输入搜狐网的首页地址"http://www.sohu.com"。
（2）用户浏览器向服务器发送访问首页的请求。
（3）服务器获取客户端的访问请求。
（4）服务器处理请求。如果请求的页面是静态文档，则只需将此文档直接传送给浏览器；如果是动态文档，则将处理后的静态文档发送给浏览器。
（5）服务器将处理后的结果在客户端浏览器中显示。

2.1.4　Web 服务器简介

Web 服务器一般是指网站服务器，可以向浏览器等 Web 客户端提供文档。Web 服务器不仅能够存储信息，还能在用户通过 Web 浏览器提供的信息的基础上运行脚本和程序。

Web 服务器不仅可以放置网站文件，让全世界网友浏览，还可以放置数据文件，让全世界网友下载。常用的 Web 服务器有很多，在本节简单介绍便于 Java Web 使用的 Tomcat、Nginx 和 Jetty 服务器。

1. Tomcat 服务器

Tomcat 服务器是一款免费开放源代码的 Web 应用服务器。该服务器是由 Apache 开发的一个 Servlet 容器，实现了对 Servlet 和 JSP 的支持，并提供了作为 Web 服务器的一些特有功能，例如 Tomcat 管理和控制平台、安全域管理和 Tomcat 阀等。Tomcat 服务器属于轻量级应用服务器。Tomcat 的官方网站下载地址为 "http://tomcat.apache.org"，如图 2-3 所示。

2. Nginx 服务器

Nginx 服务器是一款高性能且功能丰富的 Web 服务器，可作为 HTTP 服务器，也可作为反向代理服务器和邮件服务器。Nginx 的官方网站下载地址为 http://www.nginx.org/，如图 2-4 所示。

Nginx 服务器的特点是占有的内存少，并发能力强，在连接高并发的情况下，Nginx 是 Apache 服务器不错的替代品，能够支持高达 50 000 个并发连接数的响应。

图 2-3　Tomcat 服务器下载页面

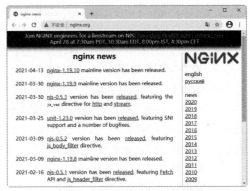
图 2-4　Nginx 服务器下载页面

3. Jetty 服务器

Jetty 服务器是目前比较被看好的一款 Servlet 服务器。该服务器的架构比较简单，但在可扩展性方面表现得非常灵活。它有一个基本数据模型，这个数据模型就是 Handler，所有可以被扩展的组件都可以作为一个 Handler 添加到 Server 中。Jetty 就是帮助管理这些 Handler 数据模型，以便于更迅捷地开发。

Jetty 的官方网站下载地址为"https://www.eclipse.org/jetty/download.php"，如图 2-5 所示。

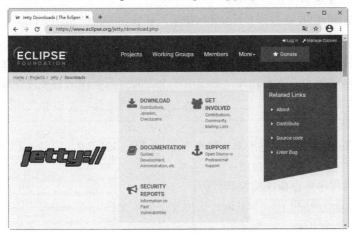
图 2-5　Jetty 服务器下载页面

由于 Tomcat 服务器技术先进、性能稳定且免费，深受广大 Java 爱好者的喜爱，同时也得到了部分软件开发商的认可，因此成为目前比较流行的 Web 应用服务器。接下来以 Tomcat 服务器为例，学习 Web 服务器的搭建、启动及配置方法。

2.2　Tomcat 的下载与安装

Tomcat 的安装有两种方式，一种是解压之后不需要安装就可以直接使用的方式，称为解压版；另一种是应用程序需要安装之后才能使用的方式，称为安装版。在介绍 Tomcat 的安装方法之前，先了解一下 Tomcat 各个版本的区别，以帮助读者更好地选择适合自己的软件版本。

2.2.1 了解 Tomcat 版本的区别

当前 Tomcat 服务器主要包含 Tomcat 10、Tomcat 9 和 Tomcat 8 等版本。

1. Tomcat 10 版本

Tomcat 10 是较新版本，建立在 Tomcat 9 版本的基础之上。Tomcat 10 及更高版本的用户应注意，作为从 Java EE 到 Eclipse Foundation 迁移的一部分，从 Java EE 迁移到 Jakarta EE 的结果是所有已实现 API 的主要软件包已从 javax.*更改为 jakarta.*，以使应用程序能够从 Tomcat 9 及更低版本迁移到 Tomcat 10 及更高版本。这包括以下功能改进：

（1）更新到 Jakarta Servlet 5.0、Jakarta Server Pages 3.0、Jakarta Expression Language 4.0、Jakarta WebSocket 2.0、Jakarta Authentication 2.0 和 Jakarta Annotations 2.0 规范。

（2）在 conf/web.xml 中使用和将默认请求及响应字符编码设置为 UTF-8。

（3）删除 HTTP/2 UpgradeProtocol 元素上的 HTTP/1.1 配置重复项。

2. Tomcat 9 版本

Tomcat 9 建立在 Tomcat 8 版本的基础之上，符合 Servlet 4.0 规范，执行 JSP 2.4、EL 3.1、Web Socket 的 1.2 和 JASPIC 1.1 规格，包括以下功能改进：

（1）添加对 HTTP / 2 的支持（需要 APR /本地库）。

（2）添加对 TLS 虚拟主机的支持。

（3）添加对使用 JSSE 连接器（NIO 和 NIO2）和使用 OpenSSL for TLS 支持的支持。

3. Tomcat 8 版本

Tomcat 8 建立在 Tomcat 7 版本的基础之上，是符合 Servlet 3.1、JSP 2.3、EL 3.0 和 Web Socket 的 1.1 规格的版本。除此之外，它在用单个公共资源实现来替换早期版本中提供的多个资源扩展特性方面做了重大改进。

4. Tomcat 7 版本

Tomcat 7 是 Tomcat 6 的改进版本，符合 Servlet 3.0、JSP 2.2、EL 2.2 和 Web Socket 的 1.1 规格。除此之外，它还包括以下改进：

（1）Web 应用程序内存泄漏检测和预防。

（2）提高了 Manager 和 Host Manager 应用程序的安全性。

（3）通用 CSRF 保护。

（4）支持直接在 Web 应用程序中包含外部内容。

（5）重构（连接器，生命周期）和大量的内部代码清理。

5. Tomcat 6 版本

Tomcat 6 是 Tomcat 5.5 的改进版本，符合 Servlet 2.5 和 JSP 2.1 规范。除此之外，它还包括以下改进：

（1）内存使用优化。

（2）高级 IO 功能。

（3）重构聚类。

Tomcat 是一个开源的 Java Servlet 的软件实现和 Java Server Pages 技术的服务器。不同版本的 Tomcat 可用于不同版本的 Servlet 和 JSP 规范。它们之间的映射规范和相应的 Tomcat 版本如表 2-1 所示。

表 2-1 Tomcat 版本映射表

Servlet 支持	JSP 支持	EL 支持	Web Socket 规范	Tomcat 版本	支持 Java 版本
5.0	3.0	4.0	2.0	10.0.x	8 以后
4.0	2.3	3.0	1.1	9.0.x	8 以后
3.1	2.3	3.0	1.1	8.5.x	7 以后
3.1	2.3	3.0	1.1	8.0.x	7 以后
3.0	2.2	2.2	1.1	7.0.x	6 以后
2.5	2.1	2.1	N/A	6.0.x	5 以后
2.4	2.0	N/A	N/A	5.5.x	1.4 以后
2.3	1.2	N/A	N/A	4.1.x	1.3 以后
2.2	1.1	N/A	N/A	3.3.x	1.1 以后

每个版本的 Tomcat 支持任何稳定的 Java 版本，在选择版本时只要满足上面表格中最后一栏的要求即可。本书以 Tomcat 10 版本为例进行 Tomcat 服务器的搭建。

2.2.2 安装 Tomcat 解压版

在完成 JDK 的安装和环境配置后就可以安装 Tomcat。下面介绍 Tomcat 解压版的安装与环境配置，具体操作步骤如下。

步骤 1：打开浏览器，在地址栏中输入网址"http://tomcat.apache.org"进入 Tomcat 官网，Tomcat 官网界面如图 2-6 所示。

图 2-6 Tomcat 官网界面

步骤 2：在 Tomcat 官网界面中找到软件下载（Download）区域，如图 2-7 所示。

步骤 3：在下载区域中选择 Tomcat 10 版本选项，在 Tomcat 10 下载界面的快速导航（Quick Navigation）栏中单击 10.0.5 选项，如图 2-8 所示。

步骤 4：进入选择压缩包的下载界面中，根据自己计算机的 CPU 支持的是 32 位或 64 位以及计算机的配置，选择 32-bit Windows zip 或 64-bit Windows zip 压缩版进行下载，如图 2-9 所示。

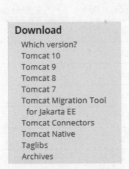

图 2-7　Download 区域

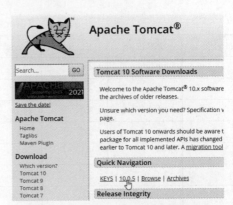

图 2-8　Tomcat 10 下载快速导航界面

步骤 5：下载完成后，选择并将该压缩文件解压到英文路径的盘符下，如图 2-10 所示为放到 "C:\Tomcat" 下，注意只要是纯英文路径下都可以，至此解压版的安装便完成。

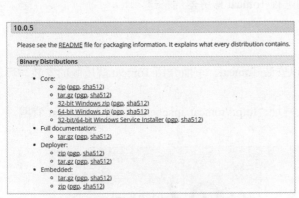

图 2-9　选择适合自己计算机的解压版下载

图 2-10　Tomcat 路径

2.2.3　安装 Tomcat 安装版

下面详细介绍 Tomcat 安装版的安装，具体操作步骤如下。

步骤 1：进入 Tomcat 10 下载快速导航界面，选择 32-bit/64-bit Windows Service Installer 下载选项，如图 2-11 所示。

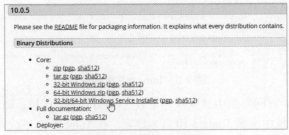

图 2-11　选择安装版下载

步骤 2：下载完成后，解压并打开软件压缩包，然后双击软件安装包中的 Setup.exe 文件，打开 Apache Tomcat Setup 界面，如图 2-12 所示。

步骤 3：单击 Next 按钮，进入 License Agreement 界面，如图 2-13 所示。

图 2-12　安装界面

图 2-13　License Agreement 界面

步骤 4：单击 I Agree 按钮，进入 Choose Components 界面，在其中选择需要安装的选项，如图 2-14 所示。

步骤 5：单击 Next 按钮，进入 Configuration 界面，此时安装程序会提示设置端口和用户信息，也可采用默认设置，如图 2-15 所示。

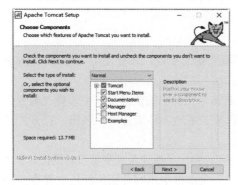

图 2-14　Choose Components 界面

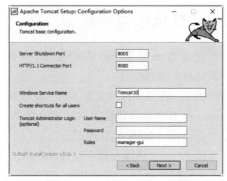

图 2-15　设置端口及用户信息界面

步骤 6：单击 Next 按钮，进入 Java Virtual Machine 界面，在其中可以设置 Java 软件的安装路径，如图 2-16 所示。

步骤 7：单击 Next 按钮，进入 Choose Install Location 界面，然后单击 Browse 按钮为程序指定安装路径，如图 2-17 所示。

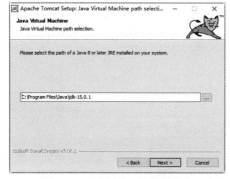

图 2-16　设置 Java 的安装路径

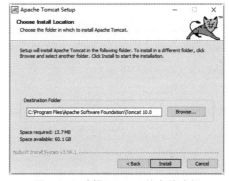

图 2-17　选择 Tomcat 的安装路径

步骤8：完成路径的设置后，单击 Install 按钮即可安装软件，并显示安装进度，如图 2-18 所示。

步骤9：安装完成后，弹出 Completing Apache Tomcat Setup 对话框，提示用户安装完成，如图 2-19 所示。

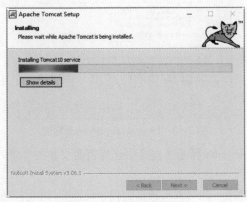
图 2-18　软件安装进度

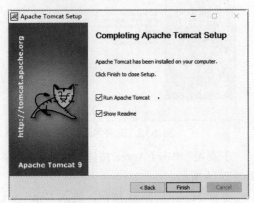
图 2-19　完成软件的安装

2.2.4　环境变量的配置

在完成 Tomcat 服务器的安装后，还需要进行环境变量的配置，才能使用 Tomcat Web 服务器，具体操作步骤如下。

步骤1：选择计算机桌面上的"此电脑"图标并右击，在弹出的快捷菜单中选择"属性"菜单命令，打开"系统属性"对话框，单击"高级"选项卡中的"环境变量"按钮，打开"环境变量"对话框，如图 2-20 所示。

步骤2：在"环境变量"对话框中单击"新建"按钮，弹出"新建系统变量"对话框，在"变量名"文本框中填写 CATALINA_HOME，在"变量值"文本框中填写前面所解压文件存放的路径，这里输入"C:\Tomcat"，该目录下有 lib、bin 等文件夹，如图 2-21 所示。

图 2-20　"环境变量"对话框

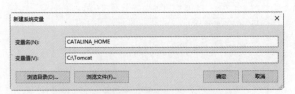
图 2-21　添加 CATALINA_HOME 变量

步骤3：完成变量名和变量值的设置后，单击"确定"按钮，完成 Tomcat 的安装操作。

2.3 Tomcat 的启动与关闭

微视频

在安装好 Tomcat 之后还需要学会如何启动与关闭。下面介绍 Tomcat 的启动与关闭。

2.3.1 在服务器中启动与关闭

在服务器中启动与关闭 Tomcat 解压版的方法如下。

步骤 1：在 Tomcat 安装完成后，打开 Tomcat 安装路径下的 bin 文件夹，找到 startup.bat 文件双击运行，即可启动 Tomcat 服务器，如图 2-22 所示。

步骤 2：打开任意浏览器，并在浏览器的地址栏中输入"http://localhost:8080/"（8080 是 Tomcat 默认端口号），若出现如图 2-23 所示的界面，则说明 Tomcat 服务器启动成功。

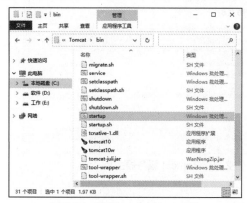
图 2-22 运行 startup.bat 文件

图 2-23 服务器启动成功

步骤 3：关闭 Tomcat 服务器。双击运行安装路径下 bin 目录中的 shutdown.bat 文件，即可关闭 Tomcat 服务器，如图 2-24 所示。

在服务器中启动与关闭 Tomcat 安装版的方法如下。

步骤 1：单击"开始"按钮，选择 Apache Tomcat 10→Monitor Tomcat 菜单命令，打开 Apache Tomcat 10.0 Tomcat10 Properties 对话框，如图 2-25 所示。

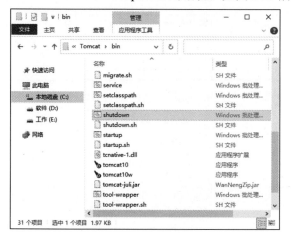
图 2-24 关闭服务器

图 2-25 Tomcat 10 对话框

步骤 2：单击 Start 按钮启动 Tomcat 服务器，如图 2-26 所示。

步骤 3：启动完成后，在 Apache Tomcat 10.0 Tomcat10 Properties 对话框中可以看到服务器的状态为"Started"，如图 2-27 所示。

步骤 4：在浏览器中输入测试地址即可显示 Tomcat 服务器主页，测试地址是"http://127.0.0.1:8089"，其中 8089 是在前面设置的 HTTP 端口号，如图 2-28 所示。

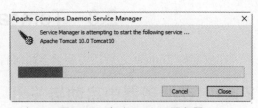

图 2-26　启动 Tomcat 服务器

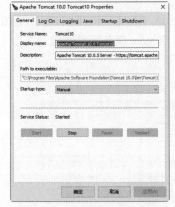

图 2-27　查看服务器的状态

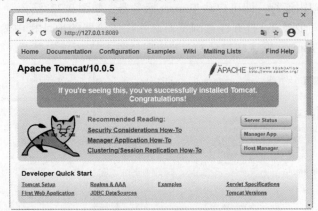

图 2-28　Tomcat 服务器主页

2.3.2　在 Eclipse IDE 中启动与关闭

所谓 IDE 就是像 Eclipse 这样的编译器，在此以 Eclipse 为例介绍 Tomcat 的启动与关闭。

步骤 1：在 Eclipse 工作界面中选择 Window→Show View→Other 菜单命令，如图 2-29 所示。

步骤 2：打开 Show View 对话框，在其中展开 Server 文件夹并选择 Servers 选项，如图 2-30 所示。

图 2-29　选择 Other 菜单命令

图 2-30　Show View 对话框

步骤 3：单击 Open 按钮，即可在 Eclipse 主界面下方显示 Servers 选项，如图 2-31 所示。

图 2-31　Servers 选项

步骤 4：单击 Servers 选项下面的超链接，在弹出的 New Server 对话框中找到 Apache 文件夹并打开，选择安装的 Tomcat 版本，如图 2-32 所示。

步骤 5：单击 Next 按钮，打开 Tomcat Server 对话框，如图 2-33 所示。

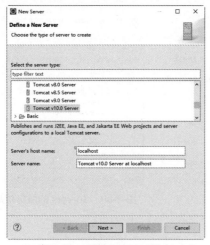

图 2-32　选择 Tomcat 版本

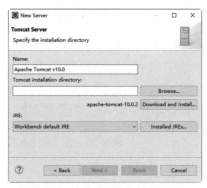

图 2-33　Tomcat Server 对话框

步骤 6：单击 Browse 按钮，打开"选择文件夹"对话框，在其中选择 Tomcat 的安装路径，如图 2-34 所示。

步骤 7：单击"选择文件夹"按钮，返回到 New Server 对话框中，可以看到添加的 Tomcat 安装路径，如图 2-35 所示。

图 2-34　选择 Tomcat 的安装路径

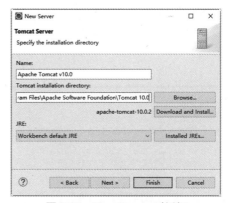

图 2-35　New Server 对话框

步骤 8：单击 Finish 按钮，返回到 Eclipse 工作界面，在 Servers 选项下即可看到添加的服务，如图 2-36 所示。

步骤9：服务添加成功后，选中添加的服务，然后单击服务窗口右上角的启动或停止服务按钮，即可启动或停止Tomcat服务，其中第3个按钮为启动按钮，第5个按钮为停止按钮，如图2-37所示。

图2-36　添加的服务

图2-37　激活启动或停止按钮

步骤10：单击启动按钮，Tomcat服务启动成功后会在Console窗口中显示启动信息，如图2-38所示。这时，在Eclipse左侧的项目列表中便可以看到Servers的服务信息，如图2-39所示。

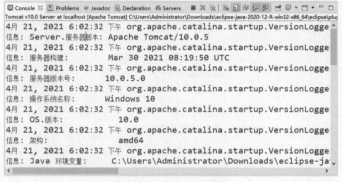

图2-38　显示启动信息

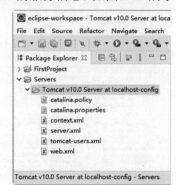

图2-39　Servers的服务信息

☆大牛提醒☆

若启动不成功，大多数情况下都是在外部已经启动了，这时Eclipse会报错，如图2-40所示。如果出现这种情况，可以打开Tomcat安装目录下的bin文件夹，找到shutdown.bat文件，双击关闭Tomcat服务，或者在Apache Tomcat 10.0 Tomcat10 Properties对话框中单击Stop按钮来关闭Tomcat服务，然后再到Eclipse中启动，如图2-41所示。

图2-40　Tomcat启动失败

图2-41　关闭Tomcat服务

2.4 修改 Tomcat 端口号

在默认情况下，Tomcat 的端口号是 8080，但如果使用了两个 Tomcat，就需要修改其中一个 Tomcat 的端口号才能使得两个 Tomcat 同时正常工作。那么，如何修改 Tomcat 的端口号呢？下面分别介绍在服务器和 IDE 中修改端口号的方法。

2.4.1 在服务器中修改端口号

在服务器中修改端口号的具体方法如下。

步骤 1：在 Tomcat 安装目录（或者解压目录）下找到并打开 conf 文件夹，在其中找到 server.xml 文件。

步骤 2：用文件编辑工具或者记事本打开 server.xml 文件，并找到如下代码段。

```
<Connector port="8080" protocol="HTTP/1.1"
           connectionTimeout="20000"
           redirectPort="8443" />
```

步骤 3：将 port="8080" 的端口号值改为其他数值，便完成了修改端口号的操作。

2.4.2 在 Eclipse IDE 中修改端口号

在 Eclipse IDE 中也可以修改端口号，具体方法如下。

步骤 1：在 Eclipse IDE 集成开发环境中双击 Servers 选项下的 Tomcat 本地服务器，如图 2-42 所示。

步骤 2：在窗口中找到 Ports 选项，在 HTTP/1.1 对应栏中输入想修改的端口号值（默认为 8080），如图 2-43 所示。

图 2-42　Servers 下的服务器

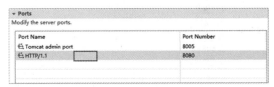

图 2-43　在 Eclipse 中修改端口号

步骤 3：完成端口号的修改后，选择 File→Save 菜单命令保存即可，如图 2-44 所示。

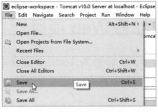

图 2-44　保存修改的端口号

2.5 将 Web 项目部署到 Tomcat 中

已完成的项目需要部署到 Tomcat 中才能被浏览器正常浏览和访问，本节介绍在 Tomcat 和

Eclipse 中部署 Web 项目的方法。

2.5.1 在服务器中部署 Web 项目

在 Tomcat 服务器配置完成后，还需要将 Web 项目部署到服务器中，然后通过 ip+端口号+项目名来访问 Web 项目。将 Web 项目部署到 Tomcat 中的方法就是直接把项目复制到 Tomcat 的 webapps 文件夹下，具体步骤如下：

步骤 1：新建文件夹 myweb，然后新建文本文件并改名为 web.jsp。web.jsp 的代码如下：

```
<%@ page language="java" contentType="text/html; charset=UTF-8"
    pageEncoding="UTF-8"%>
<html>
<head>
<meta http-equiv="Content-Type" content="text/html; charset=UTF-8">
<title>Insert title here</title>
</head>
<body>
<h2>这是我的个人主页</h2>
</body>
</html>
```

把 myweb 项目放到 Tomcat 的 webapps 文件夹下，如图 2-45 所示。

步骤 2：打开 Tomcat 服务器（确保服务器打开），在地址栏中输入 "http://localhost:8089/myweb/web.jsp" 就可以在浏览器中访问 Web 项目，这样就完成在 Tomcat 服务器中部署项目的操作，如图 2-46 所示。

图 2-45　在服务器中部署 Web 项目

图 2-46　在浏览器中访问 Web 项目

2.5.2 在 Eclipse IDE 中部署 Web 项目

通过 Eclipse IDE 也可以将 Web 项目部署到 Tomcat 服务器中。

1. 建立新项目

步骤 1：在 Eclipse 工具页面左侧 Project Explorer 窗口的空白处右击，在弹出的快捷菜单中选择 New→Other 菜单命令，如图 2-47 所示。

步骤 2：弹出 Select a wizard 对话框，展开 Web 文件夹，然后选择 Dynamic Web Project 子节点，如图 2-48 所示。

步骤 3：单击 Next 按钮，打开 Dynamic Web Project 对话框，在 Project name 文本框中输入 "myWeb"，如图 2-49 所示。

第 2 章　Web 服务器的搭建　∥　027

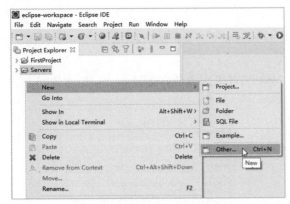

图 2-47　选择 Other 菜单命令

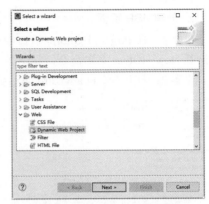

图 2-48　Select a wizard 对话框

步骤 4：单击 Next 按钮，弹出 Java 对话框，在该对话框中选择默认设置，如图 2-50 所示。

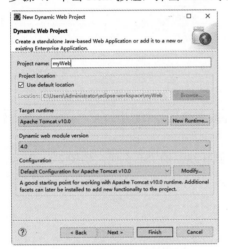

图 2-49　输入 "myWeb"

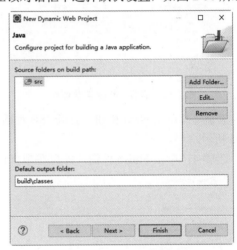

图 2-50　Java 对话框

步骤 5：单击 Next 按钮，打开 Web Module 对话框，在 Context root 文本框中输入 "myWeb"，在 Content directory 文本框中输入 "WebContent"，如图 2-51 所示。

步骤 6：单击 Finish 按钮，返回到 Eclipse 工具页面，这样就创建了一个 Web 项目工程，展开 WebContent 文件夹，可以看到整体项目结构，如图 2-52 所示。

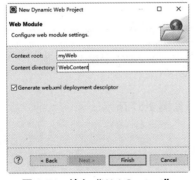

图 2-51　输入 "WebContent"

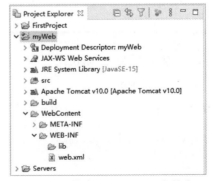

图 2-52　展开 WebContent 文件夹

2. 创建 JSP 页面

步骤 1：在 Project Explorer 窗口中选择 WebContent 文件夹，然后右击，在弹出的快捷菜单中选择 New→Other 菜单命令，如图 2-53 所示。

步骤 2：打开 Select a wizard 对话框，在 Web 文件夹中选择"JSP File"，如图 2-54 所示。

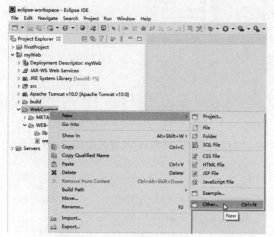

图 2-53 选择 Other 菜单命令

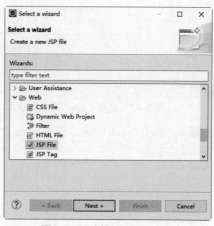

图 2-54 选择"JSP File"

步骤 3：单击 Next 按钮，打开 JSP 对话框，在 File name 文本框中输入"web.jsp"，如图 2-55 所示。

步骤 4：单击 Finish 按钮，即可在项目目录中看到新建立的 JSP 页面，如图 2-56 所示。

图 2-55 输入"web.jsp"

图 2-56 新建 JSP 页面

3. 编辑 JSP 页面

双击 web.jsp 页面，在打开的界面中输入以下代码，如图 2-57 所示。

```
<%@ page language="java" contentType="text/html; charset=UTF-8"
    pageEncoding="UTF-8"%>
<html>
<head>
<meta http-equiv="Content-Type" content="text/html; charset=UTF-8">
<title>Insert title here</title>
</head>
```

```
<body>
<h2>这是我的个人主页</h2>
</body>
</html>
```

图 2-57　输入代码

4. 启动 Servers 服务

步骤 1：编辑完 JSP 页面后，双击 Eclipse 窗体下的 Servers 所显示的服务器名称，在弹出的详细界面中选择 Server Locations 区域中的"Use Tomcat…"单选按钮，如图 2-58 所示。

步骤 2：选择 Modules 选项卡，进入其设置界面，如图 2-59 所示。

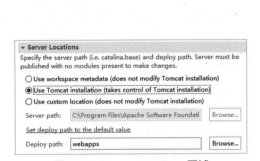

图 2-58　Server Locations 区域

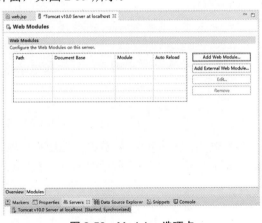

图 2-59　Modules 选项卡

步骤 3：单击 Add Web Modules 按钮，打开 Add Web Modules 对话框，在其中选择刚添加的 myWeb 项目，如图 2-60 所示。

步骤 4：单击 OK 按钮，返回到 Web Modules 界面，在其中可以看到添加的 myWeb 项目，然后按下 Ctrl+S 键，即可保存项目，如图 2-61 所示。

图 2-60　选择 myWeb 项目

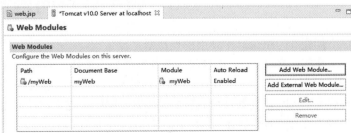

图 2-61　Web Modules 界面

步骤5：保存成功后关闭页面，可以在Servers服务信息下看到已经成功添加的myWeb项目，如图2-62所示。

步骤6：在Servers选项下选中Tomcat服务并右击，在弹出的快捷菜单中选择Start菜单命令，如图2-63所示。

图2-62　成功添加myWeb项目

图2-63　选择Start菜单命令

☆大牛提醒☆

用户还可以单击Servers选项右上角的启动按钮来启动Tomcat服务，如图2-64所示。

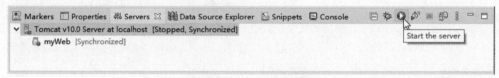

图2-64　启动Tomcat服务

步骤7：在Eclipse浏览器的地址栏中输入"http://localhost:8089/myWeb/web.jsp"，如果浏览器中打开如图2-65所示的界面，说明Web项目部署成功。

图2-65　运行界面

2.6　新手疑难问题解答

问题1：Tomcat中使用的连接器是什么？

解答：在Tomcat中使用了两种类型的连接器，一种是HTTP连接器，另一种是AJP连接器。HTTP连接器有许多可以更改的属性，以确定它的工作方式和访问功能，例如重定向和代理转发；AJP连接器以与HTTP连接器相同的方式工作，使用的是HTTP的AJP协议。AJP连接器通常通过插件技术mod_jk在Tomcat中实现。

问题2：如何使用WAR文件部署Web应用程序？

解答：在Tomcat的Web应用程序目录下，JSP、Servlet和它们的支持文件被放置在适当的子目录中。用户可以将 Web 应用程序目录下的所有文件压缩到一个压缩文件中,文件的扩展名为.war。用户可以通过在 webapps 目录中放置 WAR 文件来执行 Web 应用程序。当一个 Web 服务器开始执行时,它会将 WAR 文件的内容提取到适当的 webapps 子目录中。

2.7 实战训练

实战 1:获取本机的 IP 地址。

编写程序,通过使用脚本小程序来获取本机的 IP 地址。脚本程序可以包含任意数量的 Java 语句、变量、方法或表达式,只要它们在脚本语言中是有效的。程序的运行结果如图 2-66 所示。

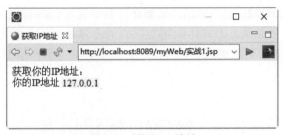

图 2-66 获取 IP 地址

实战 2:获取用户的注册信息。

编写程序,获取用户的注册信息。这里综合应用 JSP 的有关内置对象设计一个系统登录功能页面。如图 2-67 所示为"用户注册"页面,单击"确定"按钮后即可跳转至如图 2-68 所示的"注册信息"页面,并在其中显示用户所输入的信息。

图 2-67 "用户注册"页面

图 2-68 "注册信息"页面

第 3 章

HTML 与 CSS 网页开发基础

HTML 是指超文本标记语言，它通过浏览器翻译，将网页中的内容呈现给用户。对于网站设计人员来说，只使用 HTML 是不够的，需要在页面中引入 CSS 样式。HTML 与 CSS 的关系是"内容"和"形式"的关系，由 HTML 确定网页的内容，CSS 实现页面的表现形式。HTML 与 CSS 的完美搭配使页面更加美观、大方，且容易维护。本章介绍 HTML 与 CSS 网页开发基础。

3.1 HTML 标记语言

HTML 是一种用于创建网页的标准标记语言，用户可以使用 HTML 来建立自己的 Web 站点，HTML 运行在浏览器上，由浏览器来解析。HTML 不是一种编程语言，而是一种描述性的标记语言，用于描述超文本中的内容和结构。

3.1.1 第一个 HTML 文档

编写 HTML 文件可以通过两种方式，一种是手工编写 HTML 代码，另一种是借助一些开发软件，例如 WebStorm、Dreamweaver 等。在 Windows 操作系统中，最简单的文本编辑软件就是记事本。

HTML 文件的扩展名为.html 或.htm，将 HTML 源代码输入记事本并保存后，可以在浏览器中打开文档以查看其效果，具体操作步骤如下。

步骤 1：单击 Windows 桌面上的"开始"按钮，选择"所有程序"→"附件"→"记事本"菜单命令，打开一个记事本，在记事本中输入 HTML 代码，如图 3-1 所示。

步骤 2：编辑完 HTML 文件后，选择"文件"→"保存"菜单命令或者按 Ctrl+S 快捷键，在弹出的"另存为"对话框中选择"保存类型"为"所有文件"，然后将文件的扩展名设置为.html 或.htm，如图 3-2 所示。

步骤 3：单击"保存"按钮，即可保存文件。打开网页文档，运行结果如图 3-3 所示。

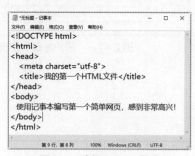

图 3-1 编辑 HTML 代码

图 3-2 "另存为"对话框

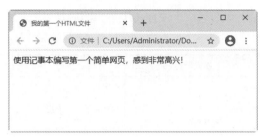

图 3-3 网页的浏览效果

3.1.2 HTML 文档的结构

HTML 文档由 4 个主要标记组成，这 4 个标记分别是<html>、<head>、<title>、<body>，下面分别进行介绍。

1．文件开始标记<html>

<html>标记代表文档的开始，由于 HTML5 语言的语法松散，该标记可以省略，但是为了使之符合 Web 标准和体现文档的完整性，帮助用户养成良好的编写习惯，这里建议不要省略该标记。

<html>标记以<html>开头，以</html>结尾，文档的所有内容书写在开头和结尾的中间部分。其语法格式如下：

```
<html>
…
</html>
```

2．文件头部标记<head>

<head>标记用于说明文档头部的相关信息，一般包括标题信息、元信息、定义 CSS 样式和脚本代码等。HTML 的头部信息以<head>开始，以</head>结束，语法格式如下：

```
<head>
…
</head>
```

<head>元素的作用范围是整篇文档，定义在 HTML 语言头部的内容往往不会在网页上直接显示。在头标记<head>与</head>之间还可以插入标题标记<title>。

3．文件标题标记<title>

HTML 页面的标题一般是用来说明页面用途的，它显示在浏览器的标题栏中。在 HTML 文档中，标题信息设置在<head>与</head>之间，标题标记以<title>开始，以</title>结束，语法格式如下：

```
<title>…</title>
```

在标题标记中间的"…"就是标题的内容，它可以帮助用户更好地识别页面。

4．网页主体标记<body>

网页所要显示的内容都放在网页的主体标记内，它是 HTML 文件的重点所在。主体标记以<body>开始，以</body>标记结束，它是成对出现的。其语法格式如下：

```
<body>
...
</body>
```

在网页的主体标记中常用的属性设置如表 3-1 所示。

表 3-1 主体标记常用的属性

属　　性	描　　述
text	设定页面文字的颜色
bgcolor	设定页面背景的颜色
background	设定页面的背景图像
bgproperties	设定页面的背景图像为固定状态，不随页面的滚动而滚动
link	设定页面默认的链接颜色
alink	设定鼠标正在单击时的链接颜色
vlink	设定访问过后的链接颜色
topmargin	设定页面的上边距
leftmargin	设定页面的左边距

在构建 HTML 结构时，标记不允许交错出现，否则会造成错误。例如下面一段代码，<body>开始标记出现在<head>标记内，这是错误的：

```
<!DOCTYPE html>
<html>
<head>
<title>文件标题</title>
<body>
</head>
</body>
</html>
```

3.1.3　HTML 常用标记

在 HTML 中提供了很多标记，可以用来设计页面中的文字、图片及定义超链接等，这些标记的使用可以使页面更加丰富和生动。

1．标题标记

HTML 中的标题标记有 6 个，分别是<h1>、<h2>、<h3>、<h4>、<h5>和<h6>，它们的主要区别就是文字的大小，从<h1>标记到<h6>标记文字依次变小。<h1>代表 1 级标题，级别最高，文字也最大；<h6>级别最低，文字最小。其语法格式如下：

```
<h1>这里是 1 级标题</h1>
<h2>这里是 2 级标题</h2>
<h3>这里是 3 级标题</h3>
<h4>这里是 4 级标题</h4>
<h5>这里是 5 级标题</h5>
<h6>这里是 6 级标题</h6>
```

【例 3.1】巧用标题标记发布一则天气预报（源代码\ch03\3.1.html）。

本实例巧用<h1>标记、<h4>标记和<h5>标记实现发布一则天气预报的页面效果。其中，天气预报标题放到<h1>标记中，发布时间、发布者等信息放到<h5>标记中，天气预报内容放到<h4>标记中。其具体代码如下：

```
<!DOCTYPE html>
<html>
<head>
    <!--指定页面编码格式-->
    <meta charset="UTF-8">
    <!--指定页头信息-->
    <title>天气预报</title>
</head>
<body>
<!--表示文章标题-->
<h1>天气预报</h1>
<!--表示相关发布信息-->
<h5>发布时间: 06:20 02/21 | 发布者: 气象局 | 阅读数: 150 次</h5>
<h4>22 日至 23 日, 华北、东北地区、黄淮、江淮等地气温将下降 4~8℃,部分地区降温可达 10℃以上,东北地区南部、华北中东部、黄淮东北部等地日最高气温降幅可达 15℃以上,上述地区并有 4~6 级偏北风.</h4>
</body>
</html>
```

运行结果如图 3-4 所示。

2. 段落标记

在 HTML 网页文件中,段落效果通过<p>标记来实现。其语法格式如下:

```
<p>段落文字</p>
```

段落标记是成对标记,在<p>开始标记和</p>结束标记之间的内容形成一个段落,段落中的文本会自动换行。

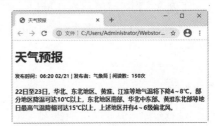

图 3-4 天气预报页面效果

☆**大牛提醒**☆

如果省略段落标记的结束标记,从<p>标记开始,直到遇见下一个段落标记之前的文本,都在一个段落内。

【例 3.2】使用段落标记显示公司简介(源代码\ch03\3.2.html)。

本案例通过<p>标记输出公司简介的相关内容,并添加空格符( )实现段落的首行缩进效果。其具体代码如下:

```
<!DOCTYPE html>
<html>
<head>
<title>云尚科技有限公司</title>
</head>
<body>
<p>====================云尚科技有限公司====================</p>
<p>     云尚科技是一家全国型多方位培训机构,旨在提升年轻人就业能力,提高就业品质</p>
<p>量.全国 70 多家教学培训中心,120 多所校区.独创的"阶梯法"教学模式已应用到</p>
<p>教师资格考试、会计辅导、司法考试等多个方面.在未来,云尚科技将涉及英语职业</p>
<p>培训、工程考试学习等多方面,并开放"阶梯法"学习的教研模式与方法,以帮助更</p>
<p>多相关学习者.</p>
<p>====================微信公众号: 云尚科技====================</p>
</body>
</html>
```

运行结果如图 3-5 所示。

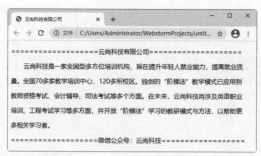

图 3-5 段落标记的使用

3. 段落换行标记

在 HTML 文件中段落换行标记为
，该标记是一个单标记，它没有结束标记，作用是将文字在一个段内强制换行。一个
标记代表一个换行，连续的多个标记可以实现多次换行。

【例 3.3】巧用段落换行标记，实现宋词的排版换行（源代码\ch03\3.3.html）。

本案例通过添加多个
标记进行强制换行，从而实现宋词的居中排版效果。其具体代码如下：

```
<!DOCTYPE html>
<html>
<head>
<title>段落换行标记</title>
</head>
<body>
<p align="center">《水调歌头·中秋》<br/>
——宋 苏轼<br/>
明月几时有,把酒问青天.<br/>
不知天上宫阙,今夕是何年?<br/>
我欲乘风归去,又恐琼楼玉宇,高处不胜寒.<br/>
起舞弄清影,何似在人间? <br/>
转朱阁,低绮户,照无眠.<br/>
不应有恨,何事长向别时圆?<br/>
人有悲欢离合,月有阴晴圆缺,此事古难全.<br/>
但愿人长久,千里共婵娟.
</body>
</html>
```

运行结果如图 3-6 所示，实现了换行效果。

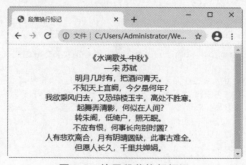

图 3-6 使用段落换行标记

4. 项目列表标记

在 HTML 语言中，项目列表用来罗列显示一系列相关的文本信息，通过这种形式可以更加方便网页的访问者。HTML 中的列表标记主要包括无序列表和有序列表。

无序列表是指以●、○、▽、▲等项目符号开头的，标记没有顺序的列表项目。在无序列表中，各个列表项之间没有顺序级别之分。无序列表使用<ul></ul>标记，其中每一个列表项使用<li></li>标记，其语法结构如下：

```
<ul>
    <li>无序列表项</li>
    <li>无序列表项</li>
    <li>无序列表项</li>
</ul>
```

有序列表类似于 Word 中的自动编号功能，有序列表的使用方法和无序列表的使用方法基本相同。有序列表使用<ol></ol>标记，每一个列表项使用<li></li>标记。每个项目都有前后顺序之分，多数用数字表示，其语法结构如下：

```
<ol type=序号类型>
    <li>第 1 项</li>
    <li>第 2 项</li>
    <li>第 3 项</li>
</ol>
```

在默认情况下，有序列表的序号是数字形式。如果想修改成字母或其他形式，可以通过修改 type 属性来完成、type 属性的取值如表 3-2 所示。

表 3-2　type 属性的取值

Type 的取值	列表项目的序号类型
1	数字 1、2、3…
a	小写英文字母 a、b、c…
A	大写英文字母 A、B、C…
i	小写罗马数字 i、ii、iii…
I	大写罗马数字 I、II、III…

通过重复使用<ol>标记和<ul>标记，可以实现无序列表和有序列表的嵌套。

【例 3.4】创建一个嵌套列表，展示不同平台的职称排行榜（源代码\ch03\3.4.html）。

本实例通过重复使用<ol>标记和<ul>标记实现无序列表和有序列表的嵌套，进而展示不同平台的职称排行榜。其具体代码如下：

```
<!DOCTYPE html>
<html>
<head>
    <title>无序列表和有序列表嵌套</title>
</head>
<body>
<ul>
    <li>微信职称搜索排行榜 TOP3
        <ol >
            <li>注册会计师</li>
            <li>一级建造师</li>
            <li>会计职称考试</li>
        </ol>
    </li>
    <li>微博职称搜索排行榜 TOP3
        <ul>
            <li>CPA 注会之家</li>
            <li>会计职称考试</li>
```

```
            <li>ACCA考友论坛</li>
        </ul>
    </li>
</ul>
</body>
</html>
```

运行结果如图 3-7 所示。

图 3-7 嵌套列表

3.1.4 HTML 表格标记

表格是网页中十分重要的组成元素。表格用来存储数据，表格包含标题、表头、行和单元格。在 HTML 中，表格标记使用符号<table>来表示。定义表格仅使用<table>是不够的，还需要定义表格中的行、列、标题等内容。在 HTML 中，用于创建表格的标记如表 3-3 所示。

表 3-3 用于创建表格的标记

标　记	含　义
<table>	表格标记，表示整个表格
<caption>	表格标题标记
<th>	表头标记
<tr>	表格行标记
<td>	单元格标记

【例 3.5】通过表格标记制作一个商品推荐表格（源代码\ch03\3.5.html）。

其具体代码如下：

```
<!DOCTYPE html>
<html>
<head>
    <!--指定页面编码格式-->
    <meta charset="UTF-8">
    <!--指定页头信息-->
    <title>商品表格</title>
</head>
<body>
<!--<table>为表格标记-->
<table align="center" width="70%" height="250" align="center" border="1" cellpadding="10">
    <caption><b>为你推荐</b></caption>
    <tr height="36" bgcolor="#DD2727">
        <th>精选单品</th>
        <th>智能先锋</th>
        <th>居家优品</th>
```

```
            <th>超市百货</th>
            <th>时尚达人</th>
        </tr>
        <!--单元格中加入介绍文字-->
        <tr align="center">
            <td>猜你喜欢</td>
            <td>大电器城</td>
            <td>品质生活</td>
            <td>百货生鲜</td>
            <td>美妆穿搭</td>
        </tr>
        <!--单元格中加入图片装饰-->
        <tr align="center">
            <td><img src="images/1.jpg" alt=""></td>
            <td><img src="images/2.jpg" alt=""></td>
            <td><img src="images/3.jpg" alt=""></td>
            <td><img src="images/4.jpg" alt=""></td>
            <td><img src="images/5.jpg" alt=""></td>
        </tr>
</table>
</body>
</html>
```

运行结果如图 3-8 所示。

3.1.5 HTML 表单标记

表单是一个能够包含表单元素的区域，添加不同的表单元素将显示不同的效果。表单元素是能够让用户在表单中输入信息的元素。例如，京东商城的用户登录界面就是通过表单填写用户的相关信息的，如图 3-9 所示。在网页中，最常见的表单形式主要有文本框、密码框、按钮、单选按钮、复选框等。

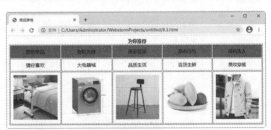

图 3-8 商品推荐表格

图 3-9 用户登录界面

1. 表单标记

表单标记以<form>标记开头，以</form>标记结尾，在表单标记中可以设置表单的基本属性，包括表单的名称、处理程序、传送方式等。其语法格式如下：

```
<form action="url" name="name" method="get|post" enctype="" target=""></form>
```

主要参数介绍如下。

（1）action：指定处理提交表单的格式，它可以是一个 URL 地址或一个电子邮件地址。

（2）name：表单的名称要尽量与表单的功能相符，并且名称中不含有空格和特殊符号。

（3）method：指明提交表单的 HTTP 方法，包括 get 和 post 两种。

（4）enctype：指明用来把表单提交给服务器时的互联网媒体形式。

（5）target：目标窗口的打开方式。

2. 表单输入标记

在网页设计中，最常用的表单输入标记是<input>，通过设置该标记的属性可以实现不同的

输入效果。<input>标记的语法格式如下:

```
<input type="image" disable="disable" checked="checked" width="digit" height="digit"
maxlength="digit" readonly=" … " size="digit" src="url" usemap="url" alt=" … "
name="checkbox" value="checkbox">
```

<input>标记的属性值如表 3-4 所示。

表 3-4 <input>标记的属性值

属 性 名	说　　明
type	用于指定添加的是哪种类型的输入字段,共有 10 个可选值,如表 3-5 所示
disable	用于指定输入字段不可用,即字段变成灰色,其属性值可以为空值,也可以指定为 disable
checked	用于指定输入字段是否处于被选中状态,用在 type 属性值为 radio 和 checkbox 的情况下,其属性值可以为空值,也可以指定为 checked
width	用于指定输入字段的宽度,用在 type 属性值为 image 的情况下
height	用于指定输入字段的高度,用在 type 属性值为 image 的情况下
maxlength	用于指定输入字段可输入文字的个数,用在 type 属性值为 text 和 password 的情况下,默认没有字数限制
readonly	用于指定输入字段是否为只读,其属性值可以为空值,也可以指定为 readonly
size	用于指定输入字段的宽度,当 type 属性为 text 和 password 时,以文字个数为单位;当 type 属性为其他值时,以像素为单位
src	用于指定图片的来源,只有当 type 属性为 image 时有效
usemap	为图片设置热点地图,只有当 type 属性为 image 时有效
alt	用于指定当图片无法显示时显示的文字,只有当 type 属性为 image 时有效
name	用于指定输入字段的名称
value	用于指定输入字段默认的数据值,当 type 属性为 radio 和 checkbox 时,不可省略此属性;当 type 属性为其他值时,可以省略。当 type 属性为 button、reset 和 submit 时,指定的是按钮上显示的文字;当 type 属性为 radio 和 checkbox 时,指定的是数据项选定时的值

type 属性是<input>标记中非常重要的内容,决定了输入数据的类型。该属性值的可选项如表 3-5 所示。

表 3-5 type 属性值

可 选 值	描　述	可 选 值	描　述
text	文本框	submit	提交按钮
password	密码域	reset	重置按钮
file	文件域	button	普通按钮
radio	单选按钮	hidden	隐藏域
checkbox	复选框	image	图像域

【例 3.6】制作一个注册页面并设置表单的背景色(源代码\ch03\3.6.html)。
其具体代码如下:

```
<!DOCTYPE html>
<html>
    <head>
        <title>设置表单背景色</title>
        <style type=text/css>
```

```
            input{                           /* 所有input标记 */
                color: #000;
            }
            input.txt{                       /* 文本框单独设置 */
                border: 1px inset #CAD9EA;
                background-color: #ADD8E6;
            }
            input.btn{                       /* 按钮单独设置 */
                color: #00008B;
                background-color:  #ADD8E6;
                border: 1px outset  #CAD9EA;
                padding: 1px 2px 1px 2px;
            }
            select{
                width: 80px;
                color: #00008B;
                background-color: #ADD8E6;
                border: 1px solid #CAD9EA;
            }
            textarea{
                width: 200px;
                height: 40px;
                color: #00008B;
                background-color: #ADD8E6;
                border: 1px inset #CAD9EA;
            }
        </style>
</head>
<body>
<h3 align="center">注册页面</h3>
<table border="1" width=380px align="center">
        <form method="post">
            <tr>
                <td width="25%">昵称:</td>
                <td><input class=txt></td>
            </tr>
            <tr>
                <td>密码:</td>
                <td><input type="password"></td>
            </tr>
            <tr>
                <td>确认密码:</td>
                <td><input type="password" ></td>
            </tr>
            <tr>
                <td>真实姓名: </td>
                <td><input name="username1"></td>
            </tr>
            <tr>
                <td>性别:</td>
                <td>
                    <select>
                        <option>男</option>
                        <option>女</option>
                    </select>
                </td>
            </tr>
            <tr>
                <td>E-mail 地址:</td>
                <td><input value="sohu@sohu.com"></td>
```

```
                        </tr>
                        <tr>
                                <td>备注:</td>
                                <td><textarea cols=35 rows=10></textarea></td>
                        </tr>
                        <tr>
                                <td><input type="button" value="提交" class=btn/></td>
                                <td><input type="reset" value="重填"/></td>
                        </tr>
                </form>
        </table>
</body>
</html>
```

运行结果如图3-10所示,可以看到表单的"昵称"输入框、"性别"下拉列表框和"备注"文本框中都显示了指定的背景颜色。

3. 列表框标记

列表框主要用于在有限的空间里设置多个选项。列表框既可以用作单选,也可以用作复选。其语法格式如下:

```
<select name="···" size="···" multiple>
<option value="···" selected>
···
</option>
···
</select>
```

图3-10 用于注册页面

主要参数介绍如下。

- size:定义列表框的行数。
- name:定义列表框的名称。
- multiple:表示可以多选,如果不设置该属性,则只能单选。
- value:定义列表项的值。
- selected:表示默认已经选中本选项。

【例3.7】创建学生信息调查表页面(源代码\ch03\3.7.html)。

其具体代码如下:

```
<!DOCTYPE html>
<html>
<head>
        <title>学生信息调查表</title>
</head>
<body>
<form>
        <h2 align=" center">学生信息调查表</h2>
        <div>
                <p>1.请选择您目前的学历:</p>
                <!--下拉菜单实现学历的选择-->
                <select>
                        <option>初中</option>
                        <option>高中</option>
                        <option>大专</option>
                        <option>本科</option>
                        <option>研究生</option>
                </select>
        </div>
```

```
            <div>
                <p>2．请选择您感兴趣的技术方向：</p>
                <!--下拉菜单中显示 4 个选项-->
                <select name="book" size="4" multiple>
                    <option value="Book1">网站编程
                    <option value="Book2">办公软件
                    <option value="Book3">设计软件
                    <option value="Book4">网络管理
                    <option value="Book5">网络安全
                </select>
            </div>
    </form>
</body>
</html>
```

运行结果如图 3-11 所示，可以看到列表框中显示了 4 个选项，用户可以按住 Ctrl 键选择多个选项。

图 3-11　列表框的效果

4．多行文本标记

多行文本标记<textarea>主要用于输入较长的文本信息。其语法格式如下：

```
<textarea name="…" cols="…" rows="…" wrap= "…"></textarea>
```

主要参数介绍如下。
- name：定义多行文本框的名称，要保证数据的准确采集，必须定义一个独一无二的名称。
- cols：定义多行文本框的宽度，单位是单个字符宽度。
- rows：定义多行文本框的高度，单位是单个字符高度。
- wrap：定义输入内容超过文本域时的显示方式。

【例 3.8】使用文本框实现留言板功能（源代码\ch03\3.8.html）。
其具体代码如下：

```
<!DOCTYPE html>
<html>
<head>
    <title>留言本</title>
</head>
<body>
<form>
        <h5>留言板</h5>
        <h4>主人寄语</h4>
        <textarea cols="80" rows="6" readonly>欢迎光临我的空间</textarea>
        <h4 class="edit">发表您的留言</h4>
        <textarea cols="80" rows="6"></textarea>
        <input type="button" value="发表">
        <label><input type="checkbox">使用签名档 </label>
        <label> <input type="checkbox">私密留言</label>
</form>
</body>
</html>
```

运行结果如图 3-12 所示。

3.1.6 超链接与图像标记

1. 超链接标记

使用 HTML 中的<a>标记可以为网页元素创建超链接。在网页中，文本链接是最常见的一种链接，它通过网页中的文本和其他文件进行链接。其语法格式如下：

```
<a href="链接地址" target="打开新窗口的方式">链接文字</a>
```

链接地址可以是绝对地址，简单地讲就是网络上的一个站点、网页的完整路径；也可以是相对地址，例如将自己网页上的某段文字或某个标题链接到同一网站的其他网页上。

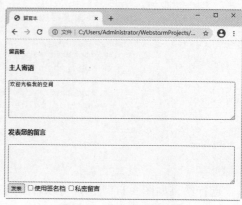

图 3-12 多行文本输入框

target 主要有 4 个属性值，对应 4 种打开新窗口的方式，如表 3-6 所示。

表 3-6 target 属性值

方　式	含　义
_blank	新建一个窗口打开
_self	在同一窗口中打开，默认值
_parent	在上一级窗口中打开
_top	在浏览器的整个窗口中打开

2. 图像标记

使用<img>标记可以在网页中插入图像。<img>标记是单标记，其语法格式如下：

```
<img src="图像路径">
```

其中，src 属性用于指定图像的路径，图像的路径可以是绝对路径，也可以是相对路径，它是<img>标记必不可少的属性。

【例 3.9】添加图像链接，展示商品详情页面（源代码\ch03\3.9.html）。

本实例通过<img>标记在网页中添加商品图像，通过单击该图像展示商品详情页面。其具体代码如下：

```
<!DOCTYPE html>
<html>
<head>
<title>展示商品</title>
</head>
<body>
<a href="link.html"><img src="images/01.jpg" width="300" border="1"></a>
<br/>
<img src="images/02.jpg" height="120">
<img src="images/01.jpg" width="120" border="3">
<img src="images/03.jpg" width="120" height="120">
<img src="images/04.jpg" width="120" height="120">
</body>
</html>
```

运行结果如图 3-13 所示，将鼠标指针放在图像上呈现手指形状，单击后可跳转到指定商品详情页面，如图 3-14 所示。

图 3-13　设置图像的链接

图 3-14　跳转后的商品详情页面

提示：文件中的图像要和当前网页文件在同一目录下，如果链接的网页没有加"http://"，默认为当前网页所在目录。

3.2　HTML5 新增内容

HTML5 的出现代表 Web 开发进入了一个新的时代，它以一种惊人的速度被迅速地推广，世界各知名浏览器也对 HTML5 有很好的支持。本节介绍与 HTML4 相比 HTML5 新增的一些元素和属性。

3.2.1　新增的元素

在 HTML5 中新增了以下元素。

1. section 元素

section 元素定义文档中的节，例如章节、页眉、页脚或文档中的其他部分。它可以与 h1、h2、h3、h4、h5、h6 等元素结合起来使用，用来标识文档结构。其语法结构如下：

```
<section>
    <h1>…</h1>
    <p>…</p>
</section>
```

2. article 元素

article 元素定义外部内容。外部内容可以是来自一个外部新闻提供者的一篇新的文章，或者是来自博客的文本，或者是来自论坛的文本，或者是来自其他外部源的内容。其语法格式如下：

```
<article>
…
</article>
```

3. header 元素

header 元素是一种具有引导和导航作用的结构元素，通常用来放置整个页面或页面内的一个内容区块的标题，但也可以包含其他内容，例如数据表格、搜索表单或相关的 logo 图片。其语法结构如下：

```
<header>
<h1>…</h1>
<p>…</p>
</header>
```

在整个页面中标题一般放在页面的开头,在一个网页中没有限制 header 元素的个数,可以有多个,可以为每个内容区块加一个 header 元素。

【例 3.10】section 元素、article 元素和 header 元素的应用(源代码\ch03\3.10.html)。

其具体代码如下:

```
<!DOCTYPE html>
<html>
<head>
<title>新增元素的应用</title>
</head>
<body>
<article>
    <header>
        <h1>新增元素的应用</h1>
        <p>发表日期:<time pubdate="pubdate">2021/10/10</time></p>
    </header>
    <p>article 元素是什么?怎样使用 article 元素?……</p>
    <section>
        <h2>评论</h2>
        <article>
            <header>
                <h3>发表者:唯一 </h3>
                <p><time pubdate datetime="2021-12-23T:21-26:00">1 小时前</time></p>
            </header>
            <p>这篇文章很不错啊,顶一下!</p>
        </article>
        <article>
            <header>
                <h3>发表者:唯一</h3>
                <p><time pubdate datetime="2021-2-20 T:21-26:00">1 小时前</time></p>
            </header>
            <p>这篇文章很不错啊</p>
        </article>
    </section>
</article>
</body>
</html>
```

运行结果如图 3-15 所示。

4. aside 元素

aside 元素一般用来表示网站当前页面或文章的附属信息部分,它可以包含与当前页面或主要内容相关的广告、导航条、引用、侧边栏评论部分,以及其他区别于主要内容的部分。aside 元素主要有以下两种使用方法。

第 1 种:被包含在 article 元素中作为主要内容的附属信息部分,其中的内容可以是与当前文章有关的相关资料、名称解释等。其代码结构如下:

```
<article>
    <h1>…</h1>
    <p>…</p>
```

图 3-15 新增元素的应用

```
    <aside>…</aside>
</article>
```

第 2 种：在 article 元素之外使用作为页面或站点全局的附属信息部分。最典型的是侧边栏，其中的内容可以是友情链接以及博客中的其他文章列表、广告单元等。其代码结构如下：

```
<aside>
  <h2>…</h2>
  <ul>
    <li>…</li>
    <li>…</li>
  </ul>
  <h2>…</h2>
  <ul>
    <li>…</li>
    <li>…</li>
  </ul>
</aside>
```

【例 3.11】aside 元素的应用（源代码\ch03\3.11.html）。

其具体代码如下：

```
<!DOCTYPE html>
<html>
<head>
<title>使用 aside 元素</title>
</head>
<body>
  <header>
    <h1>站点主标题</h1>
  </header>
  <nav>
    <ul>
      <li>主页</li>
      <li>图片</li>
      <li>音频</li>
    </ul>
  </nav>
  <section>
  </section>
  <aside>
    <blockquote>文章 1</blockquote>
    <blockquote>文章 2</blockquote>
  </aside>
</body>
</html>
```

运行结果如图 3-16 所示。

☆大牛提醒☆

aside 元素可以位于示例页面的左边或右边，该元素并没有预定义的位置。aside 元素仅仅描述所包含的信息，而不反映结构。aside 元素可位于布局的任意部分，用于表示任何非文档主要内容的部分。例如，可以在 section 元素中加入一个 aside 元素，甚至可以把该元素加入一些重要信息中，例如文字引用。

图 3-16　aside 元素的使用

5. footer 元素

footer 元素可以作为其上层父级内容区块或一个根区块的脚注。footer 通常包括其相关区块的脚注信息，例如作者、相关阅读链接及版权信息等。使用 footer 元素设置文档页脚的代码如下：

```
<footer>…</footer>
```

【例 3.12】footer 元素的应用（源代码\ch03\3.12.html）。

其具体代码如下：

```
<!DOCTYPE html>
<html>
<head>
<title>使用 footer 元素</title>
</head>
<body>
<footer>
    <p>团队介绍</p>
    <p>联系我们</p>
    <p>版权所有</p>
</footer>
</body>
</html>
```

运行结果如图 3-17 所示。

☆**大牛提醒**☆

与 header 元素一样，在一个页面中并不限制 footer 元素的个数。同时，可以为 article 元素或 section 元素添加 footer 元素。

图 3-17　footer 元素的使用

3.2.2　新增的 input 元素类型

在 HTML5 中新增了一些 input 元素类型，例如 url、email、time、range 和 date 等，下面学习这些类型的使用方法。

1. url 属性

url 属性是用于说明网站的网址，显示为一个文本字段用来输入 URL 地址。在提交表单时会自动验证 url 的值。其语法格式如下：

```
<input type="url" name="userurl"/>
```

2. email 属性

与 url 属性类似，email 属性用于让浏览者输入 E-mail 地址。在提交表单时会自动验证 email 的值。其语法格式如下：

```
<input type="email" name="user_email"/>
```

3. number 属性

number 属性提供了一个输入数字的输入类型。用户可以直接输入数值，或者通过单击微调框中的向上或者向下按钮来选择数值。其语法格式如下：

```
<input type="number" name="shuzi" />
```

4. range 属性

range 属性显示为一个滑条控件。与 number 属性一样，用户可以使用 max、min 和 step 属性来控制控件的范围。其语法格式如下：

```
<input type="range" name="" min="" max="" />
```

其中，min 和 max 分别控制滑条控件的最小值和最大值。

【例 3.13】使用 HTML5 新增的 input 元素类型统计信息（源代码\ch03\3.13.html）。

其具体代码如下：

```
<!DOCTYPE html>
<html>
<head>
<title>统计信息</title>
</head>
<body>
<form>
<br/>
请输入网址：
<input type="url" name="userurl"/>
<br/>
此网站我曾经来
<input type="number" name="shuzi"/>次了哦！
<br/>
考试成绩公布了！我的成绩名次为：
<input type="range" name="ran" min="1" max="16"/>
<br/>
请输入您的邮箱地址：
<input type="email" name="user_email"/>
<br/>
<input type="submit" value="提交">
</form>
</body>
</html>
```

运行结果如图 3-18 所示。用户可在其中输入相应的统计信息。

5. required 属性

required 属性规定必须在提交之前填写输入域（不能为空）。required 属性适用于 text、search、url、email、password、date、pickers、number、checkbox 和 radio 等类型的输入属性。

【例 3.14】使用 required 属性（源代码\ch03\3.14.html）。

其具体代码如下：

```
<!DOCTYPE html>
<html>
<body>
<form>
下面是输入用户登录信息
<br/>
用户名称
<input type="text" name="user" required="required">
<br/>
用户密码
<input type="password" name="password" required="required">
<br/>
<input type="submit" value="登录">
</form>
</body>
</html>
```

运行结果如图 3-19 所示。如果用户只是输入密码，然后单击"登录"按钮，则将弹出提示信息。

6. date 和 time 属性

在 HTML5 中新增了一些日期和时间输入类型，包括 date、datetime、datetime-local、month、week 和 time，它们的具体含义如表 3-7 所示。

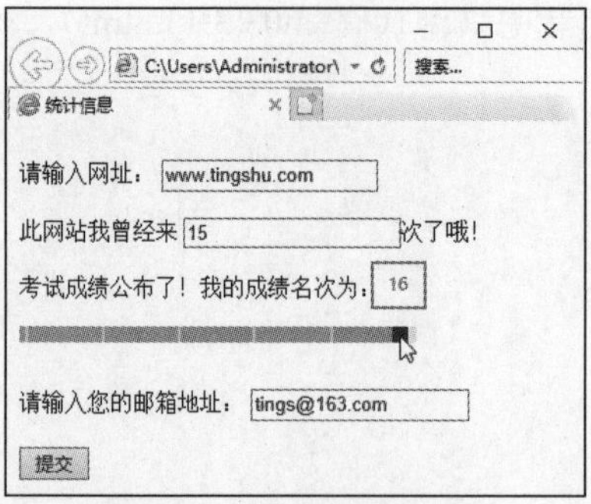

图 3-18 统计信息页面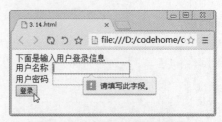

图 3-19 required 属性的效果

表 3-7 HTML5 中新增的一些日期和时间属性

属 性	含 义
date	选取日、月、年
month	选取月、年
week	选取周和年
time	选取时间
datetime	选取时间、日、月、年
datetime-local	选取时间、日、月、年（本地时间）

上述属性的代码格式彼此类似，例如以 date 属性为例，代码格式如下：

```
<input type="date" name="user_date"/>
```

【例 3.15】使用 date 和 time 属性（源代码\ch03\3.15.html）。

其具体代码如下：

```
<!DOCTYPE html>
<html>
<body>
<form>
<br/>
请选择购买商品的日期：
<br/>
<input type="date" name="user_date"/>
</form>
</body>
</html>
```

运行结果如图 3-20 所示。用户单击输入框中的向下按钮，即可在弹出的窗口中选择需要的日期。

图 3-20 date 属性的效果

3.3 CSS

对于网页设计而言，CSS 就像一支画笔，可以勾勒出优美的画面。它可以根据设计者的要求对页面的布局、颜色、字体、背景和其他图文效果进行控制，可以说 CSS 是网页设计中不可缺少的重要内容，其目前常用的版本为 CSS3。

3.3.1 CSS 规则

CSS 样式表是由若干条样式规则组成的，这些规则可以应用到不同的元素或文档来定义它们显示的外观。每一条样式规则由 3 个部分构成，即选择符（selector）、属性（property）和属性值（value），基本格式如下：

```
selector{property:value}
```

（1）selector：选择符可以采用多种形式，可以是文档中的 HTML 标签，例如<body>、<table>、<p>等，也可以是 XML 文档中的标签。

（2）property：属性是选择符指定的标签所包含的属性。

（3）value：指定了属性的值。如果定义选择符的多个属性，则属性和属性值为一组，组与组之间用分号（;）隔开。其基本格式如下：

```
selector{property1:value1; property2:value2; …}
```

例如，下面给出一条样式规则：

```
p{color:red; font-size:20px}
```

其具体语法结构如图 3-21 所示。

该样式规则的选择符是 p，即为段落标记<p>提供样式。color 为指定文字颜色属性，red 为属性值；font-size 为指定文字大小属性，20px 属性值。此样式表示<p>标记指定的段落文字为红色，大小为 20px。

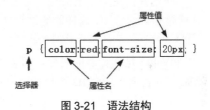

图 3-21 语法结构

3.3.2 CSS 选择器

选择器（selector）是 CSS 中的很重要的概念，要想实现 CSS 对 HTML 页面中元素的一对一、一对多或者多对一的控制，就需要用到 CSS 选择器。

1. 标记选择器

标记选择器又称为标签选择器，在 W3C 标准中又称为类型选择器（type selector）。CSS 标记选择器用来声明 HTML 标记采用哪种 CSS 样式。因此，每一个 HTML 标记的名称都可以作为相应的标记选择器的名称。标记选择器最基本的形式如下：

```
tagName{property:value}
```

主要参数介绍如下：

（1）tagName 表示标记名称，例如 p、h1 等 HTML 标记。

（2）property 表示 CSS3 属性。

（3）value 表示 CSS3 属性值。

例如，p 选择器用于声明页面中所有<p>标记的样式风格。同样，用户可以通过 h1 选择器来声明页面中所有<h1>标记的 CSS 样式风格，具体代码如下：

```
h1{color:red;font-size:14px;}
```

这里的CSS代码声明了HTML页面中所有<h1>标记指定的文字颜色为红色,大小为14px。

2. 全局选择器

如果想要一个页面中的所有HTML标记使用同一种样式,可以使用全局选择器。其语法格式为:

```
*{property:value}
```

其中,"*"表示对所有元素起作用,property表示CSS3属性名称,value表示属性值。示例如下:

```
*{margin:0; padding:0;}
```

3. 类选择器

类(class)选择器用来为一系列标记定义相同的呈现方式,语法格式如下:

```
.classValue{property:value}
```

classValue是选择器的名称,具体名称由CSS制定者命名。在定义类选择器时需要在classValue前面加一个句点(.)。例如:

```
.rd{color:red}
.se{font-size:3px}
```

这里定义了两个类选择器,分别为rd和se。类的名称可以是任意英文字符串或以英文开头与数字的组合,一般情况下是其功能及效果的简要缩写。

4. ID选择器

ID选择器定义的是某一个特定的HTML元素,在一个网页文件中只能有一个元素使用某一ID属性值。定义ID选择器的语法格式如下:

```
#idValue{property:value}
```

idValue是选择器的名称,可以由CSS定义者自己命名,ID属性值在文档中具有唯一性。例如,下面定义一个ID选择器,名称为fontstyle,代码如下:

```
#fontstyle
{
    color:red;              /*设置字体的颜色为红色*/
    font-weight:bold;       /*设置字体的粗细*/
    font-size:large;        /*设置字体的大小*/
}
```

在页面中,具有ID属性的标记才能使用ID选择器定义样式,所以与类选择器相比,使用ID选择器是有一定局限性的。

5. 组合选择器

将多种选择器进行搭配,可以构成一种复合选择器,也称为组合选择器,即将标记选择器、类选择器和ID选择器组合起来使用。组合选择器只是一种组合形式,并不算是一种真正的选择器,但在实际中经常使用。例如:

```
.orderlist li{color: red}
.tableset td{font-size:22px;}
```

组合选择器一般用在重复出现并且样式相同的一些标记里,例如li列表、td单元格等。

【例3.16】使用选择器定义古诗标题和内容的显示方式(源代码\ch03\3.16.html)。

本实例通过标记选择器、类选择器、ID选择器、组合选择器给<body>标记中的所有元素

添加 CSS 属性和值,以此来定义古诗的显示样式,包括文字颜色、字体样式、对齐方式等。其具体代码如下:

```
<!DOCTYPE html>
<html>
<head>
<title>组合选择器</title>
<style>
p{
    color:red              /*设置字体的颜色为红色*/
}
p.firstPar{
    color:blue;            /*设置字体的颜色为蓝色*/
}
.firstPar{
    color:green;           /*设置字体的颜色为绿色*/
}
</style>
</head>
<body>
<p>《清明》</p>
<p class="firstPar">清明时节雨纷纷,</p>
<h1 class="firstPar">路上行人欲断魂。</h1>
</body>
</html>
```

运行结果如图 3-22 所示。可以看到,第 1 个段落的颜色为红色,采用的是 p 标记选择器;第 2 个段落显示的是蓝色,采用的是 p 标记和类选择器的组合选择器;第 3 段是标题 H1,以绿色字体显示,采用的是类选择器。

6. 属性选择器

直接使用属性控制 HTML 标记样式的选择器称为属性选择器。属性选择器是根据某个属性是否存在并根据属性值来寻找元素的。在 CSS3 中共有 7 种属性选择器,如表 3-8 所示。

图 3-22　组合选择器的显示

表 3-8　CSS3 属性选择器

属性选择器的格式	说　　　　明
E[foo]	选择匹配 E 的元素,且该元素定义了 foo 属性。注意,E 选择器可以省略,表示选择定义了 foo 属性的任意类型元素
E[foo="bar"]	选择匹配 E 的元素,且该元素将 foo 属性值定义为了"bar"。注意,E 选择器可以省略,用法与上一个选择器类似
E[foo~="bar"]	选择匹配 E 的元素,且该元素定义了 foo 属性,foo 属性值是一个以空格符分隔的列表,其中一个列表的值为"bar"。注意,E 选择器可以省略,表示可以匹配任意类型的元素
E[foo|="en"]	选择匹配 E 的元素,且该元素定义了 foo 属性,foo 属性值是一个用连字符(-)分隔的列表,值开头的字符为"en"。注意,E 选择器可以省略,表示可以匹配任意类型的元素
E[foo^="bar"]	选择匹配 E 的元素,且该元素定义了 foo 属性,foo 属性值包含了前缀为"bar"的子字符串。注意,E 选择器可以省略,表示可以匹配任意类型的元素
E[foo$="bar"]	选择匹配 E 的元素,且该元素定义了 foo 属性,foo 属性值包含后缀为"bar"的子字符串。注意,E 选择器可以省略,表示可以匹配任意类型的元素
E[foo*="bar"]	选择匹配 E 的元素,且该元素定义了 foo 属性,foo 属性值包含"b"的子字符串。注意,E 选择器可以省略,表示可以匹配任意类型的元素

【例3.17】使用属性选择器定义古诗标题和内容的显示方式（源代码\ch03\3.17.html）。

本实例通过属性选择器给<body>标记中的所有元素添加CSS属性和值，以此来定义古诗的显示样式，包括文字颜色、字体样式、对齐方式等。其具体代码如下：

```
<!DOCTYPE html>
<html>
<head>
    <title>属性选择器</title>
    <style>
        [align]{color:red}
        [align="left"]{font-size:20px;font-weight:bolder;}
        [lang^="en"]{color:blue;text-decoration:underline;}
        [src$="jpg"]{border-width:2px;boder-color:#FF9900;}
    </style>
</head>
<body>
<p align=center>轻轻地我走了,正如我轻轻地来;</p>
<p align=left>我轻轻地招手,作别西天的云彩.</p>
<p lang="en-us">悄悄地我走了,正如我悄悄地来;</p>
<p>我挥一挥衣袖,不带走一片云彩.</p>
<img src="images/01.jpg" border="0.5"/>
</body>
</html>
```

运行结果如图3-23所示。可以看到，第1个段落使用align属性定义样式，其字体颜色为红色；第2个段落使用属性值left修饰样式，并且大小为20px，加粗显示，其字体颜色为红色，这是因为该段落使用了align这个属性；第3个段落显示蓝色，且带有下画线，这是因为lang属性的值的前缀为en；最后一个图片以边框样式显示，这是因为属性值的后缀为jpg。

图3-23　属性选择器的显示

7. 结构伪类选择器

结构伪类（structural pseudo-classes）选择器是CSS3新增的类选择器。顾名思义，结构伪类就是利用文档结构树（DOM）实现元素过滤，也就是说通过文档结构的相互关系来匹配特定的元素，从而减少文档内对class属性和ID属性的定义，使得文档更加简洁。如表3-9所示为CSS3中新增的结构伪类选择器。

表3-9　结构伪类选择器

选择器	含义
E:root	匹配文档的根元素，对于HTML文档，就是HTML元素
E:nth-child(*n*)	匹配其父元素的第*n*个子元素，第一个编号为1
E:nth-last-child(*n*)	匹配其父元素的倒数第*n*个子元素，第一个编号为1
E:nth-of-type(*n*)	与:nth-child()的作用类似，但是仅匹配使用同种标签的元素
E:nth-last-of-type(*n*)	与:nth-last-child()的作用类似，但是仅匹配使用同种标签的元素
E:last-child	匹配父元素的最后一个子元素，等同于:nth-last-child(1)

选 择 器	含 义
E:first-of-type	匹配父元素下使用同种标签的第一个子元素，等同于:nth-of-type(1)
E:last-of-type	匹配父元素下使用同种标签的最后一个子元素，等同于:nth-last-of-type(1)
E:only-child	匹配父元素下仅有的一个子元素，等同于:first-child:last-child 或:nth-child(1):nth-last-child(1)
E:only-of-type	匹配父元素下使用同种标签的唯一一个子元素，等同于 :first-of-type:last-of-type 或:nth-of-type(1):nth-last-of-type(1)
E:empty	匹配一个不包含任何子元素的元素，注意文本节点也被看作子元素

【例3.18】通过结构伪类选择器设计一个销售表（源代码\ch03\3.18.html）。

本实例通过结构伪类选择器来设计一个颜色相间的销售表，即奇数行为白色、偶数行为指定的蓝色。其具体代码如下：

```html
<!DOCTYPE html>
<html>
<head>
    <title>结构伪类选择器</title>
    <style>
        *{
            text-align:center;
        }
        tr:nth-child(even){
            background-color: #8ED7F8
        }
        tr:last-child{font-size:20px;}
    </style>
</head>
<body>
<table border=1 width=80%>
    <caption>销售业绩表</caption>
    <th>销售员</th><th>冰箱</th><th>电视</th>
    <tr><td>张敬尧</td><td>15万元</td><td>18万元</td></tr>
    <tr><td>王子峰</td><td>12万元</td><td>13万元</td></tr>
    <tr><td>张力阳</td><td>14万元</td><td>13万元</td></tr>
    <tr><td>王子山</td><td>18万元</td><td>19万元</td></tr>
    <tr><td>张浩宇</td><td>20万元</td><td>14万元</td></tr>
    <tr><td>刘永浩</td><td>15万元</td><td>25万元</td></tr>
</table>
</body>
</html>
```

运行结果如图3-24所示。可以看到，表格中的偶数行显示为指定颜色，并且最后一行的字体以20px显示，其原因就是采用了结构伪类选择器。

8. UI元素状态伪类选择器

UI元素状态伪类（The UI element states pseudo-classes）选择器是CSS3新增的选择器。其中UI是User Interface（用户界面）的简称。UI元素的状态一般包括可用、不可用、选中、未选中、获取焦点、失去焦点、锁定、待机等，常用的UI元素状态伪类选择器如表3-10所示。

图3-24 结构伪类选择器

图 3-10 UI 元素状态伪类选择器

选择器	说明
E:enabled	选择匹配 E 的所有可用 UI 元素。注意，在网页中 UI 元素一般是指包含在 form 元素内的表单元素
E:disabled	选择匹配 E 的所有不可用元素。注意，在网页中 UI 元素一般是指包含在 form 元素内的表单元素
E:checked	选择匹配 E 的所有可用 UI 元素。注意，在网页中 UI 元素一般是指包含在 form 元素内的表单元素

【例 3.19】通过 UI 元素状态伪类选择器定义用户登录界面（源代码\ch03\3.19.html）。

本实例通过 UI 元素状态伪类选择器来定义一个用户登录界面，当表单元素被选中时显示指定颜色。其具体代码如下：

```
<!DOCTYPE html>
<html>
<head>
<title>UI 元素状态伪类选择器</title>
<style>
input:enabled{border:1px dotted #666; background:#FF9900;}
input:disabled{border:1px dotted #999; background:#F2F2F2;}
</style>
</head>
<body>
<center>
<h3 align=center>用户登录</h3>
<form method="post" action="">
用户名：<input type=text name=name><br>
密  码：<input type=password name=pass disabled="disabled"><br>
<input type=submit value=提交>
<input type=reset value=重置>
</form>
<center>
</body>
</html>
```

运行结果如图 3-25 所示。可以看到，表格中可用的表单元素都显示为嫩绿色，而不可用元素显示为灰色。

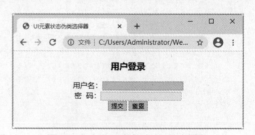

图 3-25 UI 元素状态伪类选择器

3.3.3 在页面中调用 CSS

使用 CSS 样式表能很好地控制页面的显示，以达到分离网页内容和样式代码的目的，但在控制文档的显示之前需要调用 CSS 样式表。常用的调用方法有 4 种，分别为使用行内样式、内嵌样式、链接样式和导入样式。

1. 行内样式

使用行内样式的方法是直接在 HTML 标记中使用 style 属性，该属性的内容就是 CSS 属性和值。例如：

```
<p style="color:red">段落样式</p>
```

2. 内嵌样式

使用内嵌样式就是将 CSS 样式代码添加到<head>与</head>之间，并且用<style>和</style>标签进行声明。其格式如下：

```
<style type="text/css" >
    p
    {
      color:red;                              /*设置字体的颜色为红色*/
      font-size:12px;                         /*设置字体的大小*/
    }
</style>
```

【例3.20】 使用内嵌样式定义古诗的标题和内容（源代码\ch03\3.20.html）。

本实例通过内嵌样式给<p>标记添加 CSS 属性和值，以此来定义古诗的显示样式，包括文字颜色、字体样式、对齐方式等。其具体代码如下：

```
<!DOCTYPE html>
<html>
<head>
    <meta charset="UTF-8">
    <title>内嵌样式</title>
    <style type="text/css">
        h3{
            color:red;                        /*设置字体的颜色为红色*/
            font-size:20px;                   /*设置字体的大小*/
            text-decoration:underline;        /*给文本添加下画线*/
            text-align:center;                /*设置段落居中显示*/
        }
        p{
            color:black;                      /*设置字体的颜色为黑色*/
            font-size:20px;                   /*设置字体的大小*/
            text-align:center;                /*设置段落居中显示*/
        }
    </style>
</head>
<body>
<h3>《清明》</h3>
<p>清明时节雨纷纷,路上行人欲断魂。</p>
<p>借问酒家何处有,牧童遥指杏花村。</p>
</body>
</html>
```

运行结果如图 3-26 所示。

☆**大牛提醒**☆

使用内嵌样式虽然没有实现页面内容和样式控制代码的完全分离，但可以设置一些比较简单的样式，并统一页面样式。

3. 链接样式

链接样式是 CSS 中使用频率最高，也是最实用的方法。链接样式是指在外部定义 CSS 样式表

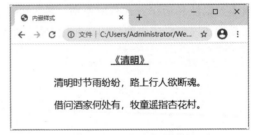

图 3-26 内嵌样式的显示

并生成以.css 为扩展名的文件，然后在页面中通过链接标记<link>链接到页面中，而且该链接语句必须放在页面的<head>标记区，如下所示：

```
<link rel="stylesheet" type="text/css" href="style.css"/>
```

（1）rel 指定链接到样式表，其值为 stylesheet。
（2）type 表示样式表类型为 CSS 样式表。
（3）href 指定 CSS 样式表所在的位置，此处表示当前路径下名称为 style.css 的文件。

这里使用的是相对路径。如果 HTML 文档与 CSS 样式表没有在同一路径下，则需要指定样式表的绝对路径或引用位置。

【例 3.21】使用链接样式定义古诗的标题和内容（源代码\ch03\3.21.html）。

本实例通过链接样式给<p>标记添加 CSS 属性和值，以此来定义古诗的显示样式，包括文字颜色、字体样式、对齐方式等。其具体代码如下：

```
<!DOCTYPE html>
<html>
<head>
    <meta charset="UTF-8">
    <title>链接样式</title>
    <link rel="stylesheet" type="text/css" href="style01.css"/>
</head>
<body>
<h3>《清明》</h3>
<p>清明时节雨纷纷,路上行人欲断魂.</p>
<p>借问酒家何处有,牧童遥指杏花村.</p>
</body>
</html>
```

【例 3.21】样式（源代码\ch03\style01.css）。

```
h3{color:red;font-size:20px;text-decoration:underline;text-align:center;}
                        /*设置标题文字的颜色、大小、下画线并居中显示*/
p{color:black;font-size:20px;text-align:center;}
                        /*设置段落文字的颜色、字体大小、对齐方式*/
```

运行结果如图 3-27 所示。

链接样式最大的优势就是将CSS代码和HTML代码完全分离，并且同一个 CSS 文件能被不同的 HTML 所链接使用。

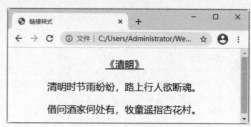

图 3-27　链接样式的显示

4. 导入样式

导入样式和链接样式基本相同，都是创建一个单独的 CSS 文件，然后再引入 HTML 文件中，只不过语法和运作方式有所差别。导入外部样式表是指在内部样式表的<style>标记中使用@import 导入一个外部样式表，例如：

```
<head>
  <style type="text/css">
  <!--
  @import "style02.css"
  --> </style>
</head>
```

导入外部样式表相当于将样式表导入内部样式表中，其方式更有优势。导入外部样式表必须在样式表的开始部分，其他内部样式表的上面。

【例 3.22】使用导入样式定义古诗的标题和内容（源代码\ch03\3.22.html）。

本实例通过导入样式给<p>标记添加 CSS 属性和值，以此来定义古诗的显示样式，包括文字颜色、字体样式、对齐方式等。其具体代码如下：

```
<!DOCTYPE html>
<html>
<head>
    <title>导入样式</title>
    <style>
```

```
        @import "style02.css";
    </style>
</head>
<body>
<h1>《江雪》</h1>
<p>千山鸟飞绝,万径人踪灭.</p>
<p>孤舟蓑笠翁,独钓寒江雪.</p>
</body>
</html>
```

【例 3.22】样式（源代码\ch03\style02.css）。

```
h1{text-align:center;color:#0000FF}    /*设置标题居中显示和字体颜色*/
p{font-weight:bolder;text-decoration:underline;font-size:20px;text-align:center;}
                         /*设置段落文字的粗细、添加下画线、设置字体大小并居中显示*/
```

运行结果如图 3-28 所示。

图 3-28 导入样式的显示

导入样式与链接样式相比，最大的优点就是可以一次导入多个 CSS 文件，其格式如下：

```
<style>
@import "style02.css"
@import "test01.css"
</style>
```

3.4 新手疑难问题解答

问题 1：在加载 CSS 文件时，使用 link 引入外部样式和使用@import 导入外部样式有什么区别？

解答：link 与@import 在显示效果上还是有很大区别的，link 的加载会在页面显示之前全部加载完，而@import 会在读取完文件之后再加载，所以如果网络速度很快，会出现刚开始没有 CSS 定义，而后才加载 CSS 定义，@import 加载页面时开始的瞬间会有闪烁（无样式表的页面），然后恢复正常（加载样式后的页面），link 没有这个问题，故推荐使用 link 引入外部样式。

问题 2：为什么声明的属性没有在网页中体现出来？

解答：CSS3 对于所有属性和值都有相对严格的要求，如果声明的属性在 CSS3 规范中没有，或者某个属性值不符合属性要求，都不能使 CSS3 语句生效，也就不能在网页中体现属性效果。

3.5 实战训练

实战 1：设计一个新闻页面。

结合学习的字体和文本样式的知识创建一个简单的新闻页面，运行效果如图 3-29 所示。

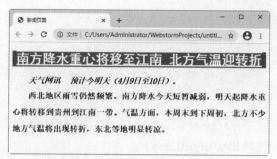

图 3-29　新闻页面的浏览效果

实战 2：设计登录和注册页面。

实现一个简单的登录和注册页面，该页面利用 HTML 标记实现基本的网页结构，然后使用选择器对 HTML 标记进行 CSS 样式的控制，运行效果如图 3-30 所示。

图 3-30　登录和注册页面

实战 3：制作一个课程表。

结合前面学习的 HTML 表格标记以及使用 CSS 设计表格样式的知识来制作一个课程表，其在浏览器中的预览效果如图 3-31 所示。

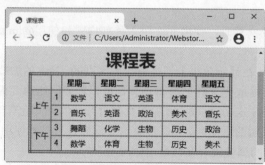

图 3-31　课程表

第 4 章

JavaScript 脚本语言

无论是传统编程语言，还是脚本语言，都具有数据类型、常量和变量、注释语句、算术运算符等基本元素，这些基本元素构成了编程基础。本章介绍 JavaScript 脚本语言，主要内容包括 JavaScript 的语法、变量、数据类型、关键字、保留字、运算符等。

4.1 JavaScript 概述

微视频

JavaScript 是一种由 Netscape 公司的 Live Script 发展而来的面向过程的客户端脚本语言，为客户提供更流畅的浏览效果。

4.1.1 JavaScript 能做什么

JavaScript 是一种解释性的基于对象的脚本语言（Object-based scripting language）。使用 JavaScript 脚本实现的动态页面在 Web 上随处可见。

1. 验证用户输入的内容

使用 JavaScript 脚本语言可以在客户端对用户输入的数据进行验证。例如，在制作用户登录信息页面时，要求用户输入账户和密码，以确定用户输入的信息是否正确。如果用户输入的密码不正确，将会输出"登录名或登录密码不正确"的信息提示，如图 4-1 所示。

2. 动画特效

在浏览网页时，大家经常会看到一些动画特效，它们使页面显得更加生动，使用 JavaScript 脚本也可以实现动画效果。例如一些购物网站中的商品图片轮播效果，如图 4-2 所示。

图 4-1 登录界面

图 4-2 图片轮播界面

由于使用 JavaScript 脚本所实现的大量互动性功能都是在客户端完成的，不需要和 Web Server 发生任何数据交换，所以不会增加 Web Server 的负担。

4.1.2 JavaScript 的主要特点

JavaScript 脚本语言的主要特点如下。

1. 解释性

JavaScript 是一种采用小程序段方式来实现编程的脚本语言。和其他脚本语言一样，JavaScript 是一种解释性语言，在程序运行过程中被逐行地解释。此外，它还可以与 HTML 标识结合在一起，从而方便用户的使用。

2. 基于对象

JavaScript 是一种基于对象的语言，同时可以看作一种面向对象的语言，这意味着它能运用自己已经创建的对象，因此许多功能可以来自于脚本环境中对象的方法与脚本的相互作用。

3. 安全性

JavaScript 是一种安全性语言，它不允许访问本地的硬盘，并且不能将数据存到服务器上，不允许对网络文档进行修改和删除，只能通过浏览器实现信息浏览或动态交互，从而有效地防止数据丢失。

4. 动态性

JavaScript 是动态的，它可以直接对用户或客户的输入做出响应，无须经过 Web 服务程序。它采用事件驱动的方式对用户的反映做出响应。所谓事件驱动，就是指在主页（Home Page）中执行了某种操作所产生的动作。例如，按下鼠标、移动窗口、选择菜单等均可视为事件。当事件发生后可能会引起相应的事件响应。

5. 跨平台性

JavaScript 依赖于浏览器本身，与操作环境无关，只要是能运行浏览器的计算机，并支持 JavaScript 的浏览器就可以正确执行。

在网页中执行 JavaScript 代码可以分为几种情况，分别是在网页头中执行、在网页中执行、在网页的元素事件中执行、调用已经存在的 JavaScript 文件、将 JavaScript 代码作为属性值执行等。

4.2 JavaScript 的语言基础

微视频

JavaScript 是互联网上比较流行的脚本语言，这门语言可用于 HTML 和 Web，更可广泛地用于服务器、PC、笔记本电脑、平板电脑和智能手机等设备。本节介绍 JavaScript 的语言基础。

4.2.1 JavaScript 的语法

与 C、Java 及其他语言一样，JavaScript 也有自己的语法，但用户只要熟悉其他语言就会发现 JavaScript 的语法是非常简单的。

1. 代码的执行顺序

JavaScript 程序按照在 HTML 文件中出现的顺序逐行执行。如果需要在整个 HTML 文件中执行，最好将其放在 HTML 文件的<head>…</head>标记当中。某些代码，例如函数体内的代码，不会被立即执行，只有当所在的函数被其他程序调用时，该代码才被执行。

2. 区分大小写

JavaScript 对字母大小写敏感，也就是说在输入语言的关键字、函数、变量以及其他标识符时一定要严格区分字母的大小写。例如，变量 username 与变量 userName 是两个不同的变量。

3. 分号与空格

在 JavaScript 语句当中，分号是可有可无的，这一点与 Java 语言不同，JavaScript 并不要求每行必须以分号作为语句的结束标志。如果语句的结束处没有分号，JavaScript 会自动将该代码的结尾作为语句的结尾。

例如，下面两行代码书写方式都是正确的。

```
Alert("hello,JavaScript")
Alert("hello,JavaScript");
```

提示：作为程序开发人员应该养成良好的编程习惯，每条语句以分号作为结束标志可增强程序的可读性，也可避免一些非主流浏览器的不兼容。

另外，JavaScript 会忽略多余的空格，用户可以向脚本添加空格来提高其可读性。下面两行代码是等效的：

```
var name="Hello";
var    name="Hello";
```

4. 注释语句

与 C、C++、Java、PHP 相同，JavaScript 的注释分为两种，一种是单行注释，例如：

```
//输出标题
document.getElementById("myH1").innerHTML="欢迎来到我的主页";
//输出段落
document.getElementById("myP").innerHTML="这是我的第一个段落.";
```

另一种是多行注释，例如：

```
/*
下面的这些代码会输出
一个标题和一个段落
并将代表主页的开始
*/
document.getElementById("myH1").innerHTML="欢迎来到我的主页";
document.getElementById("myP").innerHTML="这是我的第一个段落.";
```

4.2.2 JavaScript 中的关键字

JavaScript 中的关键字是指在 JavaScript 中具有特定含义的、可以成为 JavaScript 语法中一部分的字符。与其他编程语言一样，在 JavaScript 中也有许多关键字，如表 4-1 所示。

表 4-1　JavaScript 中的关键字

abstract	continue	finally	instanceof	private	this
boolean	default	float	int	public	throw
break	do	for	interface	return	typeof

续表

byte	double	function	long	short	true
case	else	goto	native	static	var
catch	extends	implements	new	super	void
char	false	import	null	switch	while
class	final	in	package	synchronized	with
delete	if	try	const	protected	volatile

☆大牛提醒☆

JavaScript 中的关键字不能作为变量名、函数名以及循环标签。

4.2.3　JavaScript 中的数据类型

JavaScript 中的数据类型比较简单，主要有数值型（number）、字符串（string）、布尔型（boolean）、转义字符、未定义类型（undefined）、空值（null）等。

1. 数值型

JavaScript 数值型表示一个数字，可以分为整型和浮点型两种。JavaScript 的整型数据可以是正整数、负整数和 0，并且可以采用十进制、八进制或十六进制表示。例如：

```
729        //表示十进制的 729
071        //表示八进制的 71
0x9405B    //表示十六进制的 9405B
```

JavaScript 的浮点型数据由整数部分加小数部分组成，只能采用十进制，但是可以使用科学记数法或标准方法表示。例如：

```
3.1415926    //采用标准方法表示
1.6E5        //采用科学记数法表示,表示 1.6*10^5
```

2. 字符串

字符串由零个或者多个字符构成，字符可以包括字母、数字、标点符号和空格，字符串必须放在单引号或者双引号里。JavaScript 字符串的定义方法如下。

方法 1：

```
var str="字符串";
```

方法 2：

```
var str=new String("字符串");
```

JavaScript 中的字符串类型可以表示一串字符，例如"www.haut.edu.cn"、'中国'等，而且字符串必须使用双引号（"）或单引号（'）括起来。

3. 布尔型

JavaScript 布尔型数据只有两个值，这两个值分别由 true 和 false 表示。一个布尔值代表的是一个"真值"，它说明了某个事物是真还是假。通常使用 1 表示真，使用 0 表示假。

4. 转义字符

在写 JavaScript 脚本时，可能要在 HTML 文档中显示或使用某些特殊字符（如引号或斜线），例如<img src="image5.jpg">，但是前面提过，在声明一个字符串时前后必须用引号括起来，这样字符串中的引号可能会和标示字符串的引号搞混，此时就要使用转义字符（Escape Character）。

JavaScript 有多种转义字符，如表 4-2 所示，这些字符都是以一个反斜线（\）开始。

表 4-2　JavaScript 的转义序列以及它们所代表的字符

序	转 义 字 符	使 用 说 明
0	\0	NUL 字符（\u0000）
1	\b	后退一格（Backspace）退格符（\u0008）
2	\f	换页（Form Feed）（\u000C）
3	\n	换行（New Line）（\u000A）
4	\r	回车（Carriage Return）（\u000D）
5	\t	制表（Tab）水平制表符（\u0009）
6	\'	单引号（\u0027）
7	\"	双引号（\u0022）
8	\\	反斜线（Backslash）（\u005C）
9	\v	垂直制表符（\u000B）
10	\xNN	由两位十六进制数值 NN 指定的 Latin-1 字符
11	\uNNNN	由 4 位十六进制数 NNNN 指定的 Unicode 字符
12	\NNN	由 1～3 位八进制数（1～377）指定的 Latin-1 字符

5. 未定义类型

undefined 是未定义类型的变量，表示变量还没有赋值，例如"var a;"，或者赋予一个不存在的属性值，例如 var a=String.notProperty。

此外，JavaScript 中有一种特殊类型的数字常量 NaN，表示"非数字"，当在程序中由于某种原因发生计算错误后，将产生一个没有意义的数字，此时 JavaScript 返回的数字值就是 NaN。

6. 空值

JavaScript 中的关键字 null 是一个特殊的值，表示空值，用于定义空的或不存在的引用，不过 null 不等同于空的字符串或 0。

☆大牛提醒☆

null 与 undefined 的区别是 null 表示一个变量被赋予了一个空值，而 undefined 表示该变量还未被赋值。

4.2.4　变量的定义及使用

变量是用来临时存储数值的容器。在程序中，变量存储的数值是可以变化的，变量占据一段内存，通过变量的名字可以调用内存中的信息。

1. 变量的命名规则

JavaScript 中变量的命名规则如下：

（1）变量名由字母、数字或下画线组成，但必须以字母或下画线开头。

（2）变量名中不能有空格、加号、减号或逗号等符号。

（3）不能使用 JavaScript 中的关键字作为变量名。

（4）JavaScript 的变量名是严格区分大小写的。例如，arr_week 与 arr_Week 代表两个不同的变量。

（5）变量名的长度应该尽可能短，最好使用便于记忆且有意义的变量名，以便增加程序的可读性。

（6）尽量避免使用没有意义的名字。

2. 变量的声明

在 JavaScript 中可以使用关键字 var 声明变量，语法格式如下：

```
var variable;
```

其中，variable 用于指定变量名，该变量名必须遵守变量的命名规则。

在声明变量时需要遵守以下规则：

（1）可以使用一个关键字 var 同时声明多个变量。例如：

```
var x,y;          //同时声明 x 和 y 两个变量
```

（2）可以在声明变量的同时对其进行赋值，即初始化。例如：

```
var x,y;          //同时声明 x 和 y 两个变量
var president="henan";var x=5,y=12;
                  //声明了 3 个变量 president、x 和 y,并分别对其进行了初始化
```

☆大牛提醒☆

如果出现重复声明的变量，且该变量已有一个初始值,则此时的声明相当于对变量的重新赋值。

（3）如果只是声明了变量，并未对其赋值，其值默认为 undefined。

（4）当给一个尚未声明的变量赋值时，JavaScript 会自动用该变量名创建一个全局变量。在一个函数内部，通常创建的只是一个仅在函数内部起作用的局部变量，而不是一个全局变量。要确保创建的是一个局部变量，而不仅仅是赋值给一个已经存在的局部变量，就必须使用 var 语句进行变量的声明。

（5）由于 JavaScript 采用弱类型，所以在声明变量时不需要指定变量的类型，而变量的类型将根据变量的值来决定。例如：

```
var number=100;             //数值型
var president="henan";      //字符型
var flag=true;              //布尔型
```

3. 变量的作用域

变量的作用域是指变量在程序中的有效范围。根据作用域的不同，变量可划分为全局变量和局部变量两种类型。

（1）全局变量：全局变量的作用域是全局性的，即在整个 JavaScript 程序中，全局变量处处都存在。

（2）局部变量：局部变量是在函数内部声明的，只作用于函数内部，其作用域是局部性的；函数的参数也是局部性的，只在函数内部起作用。

在函数内部，局部变量的优先级高于同名的全局变量。也就是说，如果存在与全局变量名称相同的局部变量，或者在函数内部声明了与全局变量同名的参数，则该全局变量将不再起作用。

4.2.5 运算符的应用

运算符是在表达式中用于进行运算的符号,例如运算符=用于赋值、运算符+用于把数值加起来,使用运算符可进行算术、赋值、比较、逻辑等各种运算。例如 2+3,其操作数是 2 和 3,而运算符是"+"。

1. 赋值运算符

赋值运算符是将一个值赋给另一个变量或表达式的符号,如表 4-3 所示为 JavaScript 中的赋值运算符。最基本的赋值运算符为"=",主要用于将运算符右边的操作数的值赋给左边的操作数。

表 4-3 赋值运算符

运算符	描述
=	简单的赋值运算符,将右操作数的值赋给左操作数
+=	加和赋值操作符,它把左操作数和右操作数相加赋值给左操作数
-=	减和赋值操作符,它把左操作数和右操作数相减赋值给左操作数
*=	乘和赋值操作符,它把左操作数和右操作数相乘赋值给左操作数
/=	除和赋值操作符,它把左操作数和右操作数相除赋值给左操作数
(%)=	取模和赋值操作符,它把左操作数和右操作数取模后赋值给左操作数

2. 算术运算符

算术运算符用于各类数值之间的运算,JavaScript 中的算术运算符如表 4-4 所示。算术运算符是比较简单的运算符,也是在实际操作中经常用到的操作符。

表 4-4 算术运算符

运算符	描述
+	加法,运算符两侧的值相加
-	减法,左操作数减去右操作数
*	乘法,运算符两侧的值相乘
/	除法,左操作数除以右操作数
%	取模,左操作数除以右操作数的余数
++	自增,变量的值加 1
--	自减,变量的值减 1

3. 比较运算符

比较运算符在逻辑语句中使用,用于连接操作数组成比较表达式,并对运算符两边的操作数进行比较,其结果为逻辑值 true 或 false。如表 4-5 所示为 JavaScript 中的比较运算符。

表 4-5 比较运算符

符号	名称	实例	判断结果布尔值
==	等于	'a'==97	true
>	大于	'a' > 'b'	false

续表

符 号	名 称	实 例	判断结果布尔值
<	小于	'a' < 'b'	true
>=	大于等于	3>=2	true
<=	小于等于	2<=2	true
!=	不等于	1!= 'a'	true

4. 逻辑运算符

在 JavaScript 中，逻辑运算符包含逻辑与（&&）、逻辑或（||）、逻辑非（!）等。如表 4-6 所示为逻辑运算符。

表 4-6 逻辑运算符

运 算 符	含 义	实 例	判断结果
&&	逻辑与	A&&B	（真）与（假）=假
||	逻辑或	A||B	（真）或（假）=真
!	逻辑非	!A	不（真）=假

如表 4-7 所示为逻辑运算符的运算结果。

表 4-7 逻辑运算符的运算结果

操 作 数		逻 辑 运 算		
A	B	A&&B	A||B	!B
真（true）	真（true）	真（true）	真（true）	假（false）
真（true）	假（false）	假（false）	真（true）	真（true）
假（false）	真（true）	假（false）	真（true）	假（false）
假（false）	假（false）	假（false）	假（false）	真（true）

关系运算符的结果是布尔值，将关系运算符与逻辑运算符结合使用，可以完成更为复杂的逻辑运算，从而解决生活中的问题。

5. 条件运算符

条件运算符是构造快速条件分支的三目运算符，可以看作"if…else…"语句的简写形式，其语法形式为"逻辑表达式?语句 1:语句 2;"。如果"?"之前的逻辑表达式的结果为 true，则执行"?"与":"之间的语句 1，否则执行语句 2。由于条件运算符构成的表达式带有一个返回值，所以，可以通过其他变量或表达式对其值进行引用。

6. 字符串运算符

字符串运算符是对字符串进行操作的符号，一般用于连接字符串。在 JavaScript 中，字符串运算符"+="与赋值运算符类似，都是将两边的操作数（字符串）连接起来并将结果赋给左操作数。

【例 4.1】输入年份并判断是否为闰年（源代码\ch04\4.1.html）。

其具体代码如下：

```
<!DOCTYPE html>
<html>
<head>
    <title>判断闰年</title>
```

```html
<body>
<script language="javascript" type="text/javaScript">
    <!--
    function checkYear()
    {
        var txtYearObj=document.all.txtYear;         //文本框对象
        var txtYear=txtYearObj.value;
        if((txtYear == null)||(txtYear.length < 1)||(txtYear < 0))
        { //文本框值为空
            window.alert("请在文本框中输入正确的年份！");
            txtYearObj.focus();
            return;
        }
        if(isNaN(txtYear))
        { //用户输入的不是数字
            window.alert("年份必须为整型数字！");
            txtYearObj.focus();
            return;
        }
        if(isLeapYear(txtYear))
            window.alert(txtYear + "年是闰年！");
        else
            window.alert(txtYear + "年不是闰年！");
    }
    function isLeapYear(yearVal)                     //*判断是否为闰年
    {
        if((yearVal % 100 == 0)&&(yearVal % 400 == 0))
            return true;
        if(yearVal % 4 == 0)return true;
        return false;
    }
    //-->
</script>
<form action="#" name="frmYear">
    请输入当前年份：
    <input type="text" name="txtYear">
    <p>请单击"确定"按钮以判断是否为闰年：
    <input type="button" value="确定" onclick="checkYear()">
</form>
</body>
</head>
</html>
```

运行结果如图 4-3 所示。在显示的文本框中输入 2020，单击"确定"按钮后，系统先判断文本框是否为空，再判断文本框中输入的数值是否合法，最后判断其是否为闰年并弹出相应的提示框，如图 4-4 所示。

图 4-3 布尔表达式应用示例

图 4-4 返回判断结果

如果输入值为 2021，单击"确定"按钮，得出的结果如图 4-5 所示。

图 4-5　返回判断结果

4.3　流程控制语句

微视频

流程控制语句对于任何一门编程语言都是非常重要的。在 JavaScript 中提供了多种流程控制语句，例如 if 条件判断语句、switch 多分支语句、for 循环语句等。

4.3.1　if 条件判断语句

条件判断语句是一种比较简单的选择结构语句，它包括 if 语句及其各种变种，这些语句各具特点，在一定的条件下可以相互转换。

1. if 语句

if 语句是最常用的条件判断语句，通过判断条件表达式的值为 true 或 false 来确定程序的执行顺序。在实际应用中，if 语句有多种表现形式，最简单的 if 语句的应用格式为：

```
if(conditions)
{
    statements;
}
```

条件表达式 conditions 必须放在小括号里，当且仅当该表达式为真时执行大括号内包含的语句，否则将跳过该条件语句执行其下的语句。大括号"{}"的作用是将多余语句组合成一个语句块，系统将该语句块作为一个整体来处理。如果大括号中只有一条语句，则可省略"{}"。

☆大牛提醒☆

请使用小写的 if，使用大写字母（IF）会生成 JavaScript 错误。

2. if…else 语句

if…else 语句用来选择多个代码块之一来执行，其语法格式如下：

```
if(condition)
{
    当条件为 true 时执行的代码
}
else
{
    当条件不为 true 时执行的代码
}
```

例如，当时间小于 20:00 时，生成问候"Good day"，否则生成问候"Good evening"。其代码如下：

```
<script type="text/javascript">
function myFunction(){
    var x="";
    var time=new Date().getHours();
    if(time<20){
        x="Good day";
     }
    else{
        x="Good evening";
     }
    document.getElementById("demo").innerHTML=x;
}
</script>
```

4.3.2 switch 多分支语句

switch 语句用于基于不同的条件来执行不同的动作。其语法格式如下：

```
switch(n)
{
   case 1:
       执行代码块 1
       break;
   case 2:
       执行代码块 2
       break;
   default:
       与 case 1 和 case 2 不同时执行的代码
}
```

【例 4.2】获取当前星期信息（源代码\ch04\4.2.html）。

其具体代码如下：

```
<!DOCTYPE html>
<html>
<head>
<title>switch 语句</title>
</head>
<body>
<p>单击下面的按钮来显示今天是周几：</p>
<button onclick="myFunction()">获取星期信息</button>
<p id="demo"></p>
<script>
function myFunction(){
    var x;
    var d=new Date().getDay();
    switch(d){
        case 0:x="今天是星期日";
        break;
            case 1:x="今天是星期一";
        break;
            case 2:x="今天是星期二";
        break;
            case 3:x="今天是星期三";
        break;
            case 4:x="今天是星期四";
        break;
            case 5:x="今天是星期五";
        break;
            case 6:x="今天是星期六";
```

```
            break;
        }
    document.getElementById("demo").innerHTML=x;
}
</script>
</body>
</html>
```

在运行结果页面中单击"获取星期信息"按钮,即可在下方显示星期信息,如图4-6所示。

4.3.3　while 循环语句

while 循环会在指定条件为真时循环执行代码块,while 语句的语法格式如下:

```
while(条件)
{
    需要执行的代码
}
```

图 4-6　switch 语句的应用示例

while 语句为不确定性循环语句,当表达式的结果为真(true)时执行循环中的语句,当表达式的结果为假(false)时不执行循环。

【例 4.3】while 语句的应用示例(源代码\ch04\4.3.html)。

其具体代码如下:

```
<!DOCTYPE html>
<html>
<head>
<title>while 语句的应用示例</title>
</head>
<body>
<p>单击下面的按钮,只要 i 小于 5 就一直循环代码块,并输出数字。</p>
<button onclick="myFunction()">单击这里</button>
<p id="demo"></p>
<script>
function myFunction(){
    var x="",i=0;
    while(i<5){
        x=x + "该数字为 " + i + "<br>";
        i++;
    }
    document.getElementById("demo").innerHTML=x;
}
</script>
</body>
</html>
```

在运行结果页面中单击"单击这里"按钮,即可显示数字信息,如图4-7所示。

4.3.4　do…while 循环语句

do…while 循环是 while 循环的变体,该循环会在检查条件是否为真之前执行一次代码块,如果条件为真,就会重复这个循环。do…while 语句的语法格式如下:

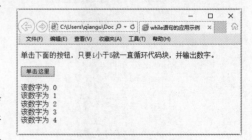

图 4-7　while 语句的应用示例

```
do
{
    需要执行的代码
}
while(条件);
```

do…while 为不确定性循环，先执行大括号中的语句。若表达式的结果为真（true）时，则执行循环中的语句；若表达式为假（false）时，不执行循环，并退出 do…while 循环。

【例 4.4】do…while 语句的应用示例（源代码\ch04\4.4.html）。

其具体代码如下：

```
<!DOCTYPE html>
<html>
<head>
<title>do…while 语句的应用示例</title>
</head>
<body>
<p>单击下面的按钮,只要 i 小于 5 就一直循环代码块,并输出数字.</p>
<button onclick="myFunction()">单击这里</button>
<p id="demo"></p>
<script>
function myFunction(){
    var x="",i=0;
    do{
        x=x + "该数字为 " + i + "<br>";
        i++;
    }
    while(i<5)
    document.getElementById("demo").innerHTML=x;
}
</script>
</body>
</html>
```

在运行结果页面中单击"单击这里"按钮，即可显示数字信息，如图 4-8 所示。

提示：while 与 do…while 的区别是 do…while 将先执行一遍大括号中的语句，再判断表达式的真假，这是它与 while 的本质区别。

图 4-8 do…while 语句的应用示例

4.3.5 for 循环语句

for 语句非常灵活，完全可以代替 while 与 do…while 语句，for 语句的语法格式如下：

```
for(语句 1;语句 2;语句 3)
{
    被执行的代码块
}
```

其中，

　　语句 1：（代码块）开始前执行。

　　语句 2：定义运行循环（代码块）的条件。

　　语句 3：在循环（代码块）已被执行之后执行。

【例 4.5】计算 1～100 的所有整数之和（包括 1 与 100）（源代码\ch04\4.5.html）。

其具体代码如下：

```html
<!DOCTYPE html>
<html>
<head>
    <meta charset="UTF-8">
    <title>for 语句应用示例</title>
</head>
<body>
<script type="text/javascript">
    for(var i=0,iSum=0;i<=100;i++)
    {
        iSum+=i;
    }
    document.write("1~100 的所有数之和为"+iSum);
</script>
</body>
</html>
```

运行结果如图 4-9 所示。

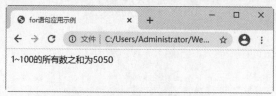

图 4-9　for 语句的应用示例

4.4　函数的应用

微视频

当在 JavaScript 中需要实现较为复杂的系统功能时，就要使用函数。函数是进行模块化程序设计的基础，通过使用函数可以提高程序的可读性与易维护性。

4.4.1　函数的定义

在使用函数前必须先定义函数，在 JavaScript 中函数的定义通常由 4 个部分组成，即关键字、函数名、参数列表和函数内部实现语句，具体语法格式如下：

```
function functionname()
{
    执行代码
}
```

当调用该函数时，将执行函数内的代码。同时，可以在某事件发生时直接调用函数（例如用户单击按钮时），并且可由 JavaScript 在任何位置进行调用。

☆大牛提醒☆

JavaScript 对大小写敏感，关键字 function 必须是小写的，并且必须以与函数名称相同的大小写来调用函数。

1．声明式函数定义

分号主要用来分隔可执行 JavaScript 语句，由于函数声明不是一个可执行语句，所以不以分号结束。声明式函数定义的代码如下：

```
function functionName(parameters){
```

```
    执行的代码
}
```

函数声明后不会立即执行,将在用户需要的时候调用。

【例4.6】声明式函数定义(源代码\ch04\4.6.html)。

其具体代码如下:

```
<!DOCTYPE html>
<html>
<head>
    <title>声明式函数定义</title>
</head>
<body>
<p>本例调用的函数会执行一个计算,然后返回结果:</p>
<p id="demo"></p>
<script type="text/javascript">
    function myFunction(a,b){
        return a*b;
    }
    document.getElementById("demo").innerHTML=myFunction(5,6);
</script>
</body>
</html>
```

运行结果如图4-10所示。

2. 函数表达式定义

JavaScript函数可以通过一个表达式定义,其中函数表达式可以存储在变量中,具体代码如下:

```
var x=function(a, b){return a * b};
```

【例4.7】函数表达式定义(源代码\ch04\4.7.html)。

其具体代码如下:

```
<!DOCTYPE html>
<html>
<head>
    <title>函数表达式定义</title>
</head>
<body>
<p>函数存储在变量后,变量可作为函数使用:</p>
<p id="demo"></p>
<script type="text/javascript">
    var x=function(a, b){return a * b};
    document.getElementById("demo").innerHTML=x(5,6);
</script>
</body>
</html>
```

运行结果如图4-11所示。

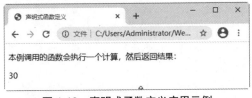

图4-10 声明式函数定义应用示例

图4-11 函数表达式定义应用示例

3. 函数构造器定义

JavaScript内置的函数构造器为Function(),通过该构造器可以定义函数,具体代码如下:

```
var myFunction=new Function("a", "b", "return a * b");
```

【例4.8】函数构造器定义（源代码\ch04\4.8.html）。

其具体代码如下：

```
<!DOCTYPE html>
<html>
<head>
    <title>函数构造器定义</title>
</head>
<body>
<p>JavaScript 内置函数构造器定义</p>
<p id="demo"></p>
<script type="text/javascript">
    var myFunction=new Function("a", "b", "return a * b");
    document.getElementById("demo").innerHTML=myFunction(5, 6);
</script>
</body>
</html>
```

运行结果如图4-12所示。

☆大牛提醒☆

在JavaScript中，很多时候用户不必使用构造函数，需要避免使用 new 关键字，因此上面的函数定义代码可以修改为如下：

图4-12　函数构造器定义应用示例

```
var myFunction=function(a, b){return a * b}
document.getElementById("demo").innerHTML=myFunction(5,6);
```

4.4.2　函数的调用

定义函数的目的是为了在后续的代码中使用函数。在JavaScript中调用函数的方法有简单调用、在表达式中调用、在事件响应中调用等。

1. 作为一个函数调用

作为一个函数调用函数是调用JavaScript函数常用的方法，但不是良好的编程习惯，因为全局变量、方法或函数容易造成命名冲突的bug。

【例4.9】作为一个函数调用函数（源代码\ch04\4.9.html）。

其具体代码如下：

```
<!DOCTYPE html>
<html>
<head>
<title>作为一个函数调用</title>
</head>
<body>
<p>
全局函数(myFunction)返回参数相乘的结果：
</p>
<p id="demo"></p>
<script type="text/javascript">
function myFunction(a, b){
    return a * b;
}
document.getElementById("demo").innerHTML=myFunction(20, 4);
</script>
</body>
</html>
```

运行结果如图 4-13 所示。

2. 函数作为方法调用

在 JavaScript 中，用户可以将函数定义为对象的方法，从而进行调用。例如，创建一个对象（myObject），该对象有两个属性，分别是 firstName 和 lastName，还有一个方法 fullName。

【例 4.10】函数作为方法调用（源代码\ch04\4.10.html）。

其具体代码如下：

```
<!DOCTYPE html>
<html>
<head>
    <title>函数作为方法调用</title>
</head>
<body>
<p>myObject.fullName()返回全名:</p>
<p id="demo"></p>
<script type="text/javascript">
    var myObject={
        firstName:"张",
        lastName: "琳琳",
        fullName: function(){
            return this.firstName + " " + this.lastName;
        }
    }
    document.getElementById("demo").innerHTML=myObject.fullName();
</script>
</body>
</html>
```

运行结果如图 4-14 所示。

图 4-13　作为一个函数调用函数

图 4-14　函数作为方法调用

3. 使用构造函数调用函数

如果函数调用前使用了 new 关键字，则是调用了构造函数。调用构造函数会创建一个新的对象，新对象会继承构造函数的属性和方法。

【例 4.11】使用构造函数调用函数（源代码\ch04\4.11.html）。

其具体代码如下：

```
<!DOCTYPE html>
<html>
<head>
    <title>使用构造函数调用函数</title>
</head>
<body>
<p>该实例中,myFunction是函数构造函数:</p>
<p id="demo"></p>
<script type="text/javascript">
    function myFunction(arg1, arg2){
        this.firstName= arg1;
        this.lastName= arg2;
    }
    var x=new myFunction("张玲玲","张琳琳")
    document.getElementById("demo").innerHTML=x.firstName;
```

```
        </script>
    </body>
</html>
```

运行结果如图 4-15 所示。

提示：在构造函数中 this 关键字没有任何的值，this 的值是在函数调用中实例化对象（new object）时创建的。

4. 作为函数方法调用函数

在 JavaScript 中函数是对象，JavaScript 函数有它的属性和方法，call() 和 apply() 是预定义的函数方法。这两个方法可用于调用函数，这两个方法的第一个参数必须是对象本身。

【例 4.12】 使用 call() 方法调用函数计算两数之积（源代码\ch04\4.12.html）。

其具体代码如下：

```
<!DOCTYPE html>
<html>
<head>
<title>使用call()方法调用</title>
</head>
<body>
<p id="demo"></p>
<script type="text/javascript">
var myObject;
function myFunction(a, b){
    return a * b;
}
myObject=myFunction.call(myObject, 30, 6);    //返回180
document.getElementById("demo").innerHTML=myObject;
</script>
</body>
</html>
```

运行结果如图 4-16 所示。

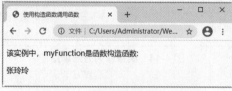

图 4-15 使用构造函数调用函数

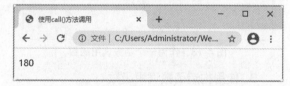

图 4-16 使用 call() 方法调用

使用 apply() 方法调用函数计算两数之积的代码如下：

```
<script type="text/javascript">
var myObject, myArray;
function myFunction(a, b){
    return a * b;
}
myArray=[30, 6]
myObject=myFunction.apply(myObject, myArray);
document.getElementById("demo").innerHTML=myObject;
</script>
```

4.5　事件处理

微视频

JavaScript 中的事件可以用于处理表单验证、用户输入、用户行为及浏览器动作，例如页面加载时触发事件、页面关闭时触发事件、用户单击按钮执行动作、验证用户输入内容的合法性等。

4.5.1 认识 JavaScript 中的事件

事件将用户和 Web 页面连接在一起，使用户可以与 Web 页面进行交互，以响应用户的操作，例如浏览器载入文档或用户的动作（如敲击键盘、滚动鼠标等）触发，而事件处理程序则说明一个对象如何响应事件。在早期支持 JavaScript 脚本的浏览器中，事件处理程序是作为 HTML 标记的附加属性来定义的，其形式如下：

```
<input type="button" name="MyButton" value="Test Event" onclick="MyEvent()">
```

目前，JavaScript 中的大部分事件的命名都是描述性的，例如 click、submit、mouseover 等，用户通过其名称就可以知道其含义。一般情况下，在事件名称之间添加前缀，例如对于 click 事件，其处理器名为 onclick。

另外，JavaScript 中的事件不仅仅局限于鼠标和键盘操作，也包括浏览器状态的改变，如绝大部分浏览器支持类似 resize 和 load 这样的事件等。load 事件在浏览器载入文档时被触发，如果某事件要在文档载入时触发，一般应该在<body>标记中加入以下语句：

```
"onload="MyFunction()"";
```

事件可以发生在很多场合，包括浏览器本身的状态和页面中的按钮、链接、图片、层等。同时根据 DOM 模型，文本也可以作为对象，并响应相关的动作，例如单击鼠标、选择文本等。

4.5.2 JavaScript 的常用事件

JavaScript 的常用事件有很多，例如鼠标和键盘事件、表单事件、网页相关事件等。下面以表格的形式对各事件进行说明，JavaScript 的常用事件如表 4-8 所示。

表 4-8 JavaScript 的常用事件

分 类	事 件	说 明
鼠标和键盘事件	onkeydown	某个键盘的键被按下时触发此事件
	onkeypress	某个键盘的键被按下或按住时触发此事件
	onkeyup	某个键盘的键被松开时触发此事件
	onclick	鼠标单击某个对象时触发此事件
	ondblclick	鼠标双击某个对象时触发此事件
	onmousedown	某个鼠标按键被按下时触发此事件
	onmousemove	鼠标被移动时触发此事件
	onmouseout	鼠标从某元素移开时触发此事件
	onmouseover	鼠标被移到某元素之上时触发此事件
	onmouseup	某个鼠标按键被松开时触发此事件
	onmouseleave	当鼠标指针移出元素时触发此事件
	onmouseenter	当鼠标指针移动到元素上时触发此事件
	oncontextmenu	在用户右击打开快捷菜单时触发此事件
页面相关事件	onload	某个页面或图像被完成加载时触发此事件

续表

分类	事件	说明
页面相关事件	onabort	图像加载被中断时触发此事件
	onerror	当加载文档或图像发生某个错误时触发此事件
	onresize	当浏览器的窗口大小被改变时触发此事件
	onbeforeunload	当前页面的内容将要被改变时触发此事件
	onunload	当前页面将被改变时触发此事件
	onhashchange	该事件在当前 URL 的锚部分发生修改时触发
	onpageshow	该事件在用户访问页面时触发
	onpagehide	该事件在用户离开当前网页跳转到另外一个页面时触发
	onscroll	当文档被滚动时发生的事件
表单相关事件	onreset	当重置按钮被单击时触发此事件
	onblur	当元素失去焦点时触发此事件
	onchange	当元素失去焦点并且元素的内容发生改变时触发此事件
	onsubmit	当提交按钮被单击时触发此事件
	onfocus	当元素获得焦点时触发此事件
	onfocusin	元素即将获取焦点时触发
	onfocusout	元素即将失去焦点时触发
	oninput	元素获取用户输入时触发
	onsearch	用户向搜索域输入文本时触发（<input="search">）
	onselect	用户选取文本时触发（<input>和<textarea>）
拖动相关事件	ondrag	该事件在元素正在拖动时触发
	ondragend	该事件在用户完成元素的拖动时触发
	ondragenter	该事件在拖动的元素进入放置目标时触发
	ondragleave	该事件在拖动元素离开放置目标时触发
	ondragover	该事件在拖动元素到放置目标上时触发
	ondragstart	该事件在用户开始拖动元素时触发
	ondrop	该事件在拖动元素放置在目标区域时触发
编辑相关事件	onselect	当文本内容被选择时触发此事件
	onselectstart	当文本内容的选择将开始发生时触发此事件
	oncopy	当页面当前的选择内容被复制后触发此事件
	oncut	当页面当前的选择内容被剪切时触发此事件
	onpaste	当内容被粘贴时触发此事件
打印事件	onafterprint	该事件在页面已经开始打印或者打印窗口已经关闭时触发
	onbeforeprint	该事件在页面即将开始打印时触发

4.5.3 事件处理程序的调用

通常事件与函数配合使用，这样就可以通过发生的事件来驱动函数执行。在 JavaScript 中事件调用的方式有两种，下面分别进行介绍。

1. 在 script 标签中调用

在 script 标签中调用事件是 JavaScript 事件调用方式中比较常用的一种方式。在调用的过程中，首先需要获取要处理对象的引用，然后将要执行的处理函数赋值给对应的事件。

下面给出一个实例，通过单击按钮显示当前系统的时间。

【例 4.13】显示系统时间（源代码\ch04\4.13.html）。

其具体代码如下：

```
<!DOCTYPE html>
<html>
<head>
<title>在 script 标签中调用</title>
</head>
<body>
<p>单击按钮执行<em>displayDate()</em>函数,显示当前时间信息</p>
<button id="myBtn">显示时间</button>
<script>
document.getElementById("myBtn").onclick=function(){displayDate()};
function displayDate(){
    document.getElementById("demo").innerHTML=Date();
}
</script>
<p id="demo"></p>
</body>
</html>
```

在运行结果中单击"显示时间"按钮，即可在页面中显示出当前系统的日期和时间信息，如图 4-17 所示。

☆大牛提醒☆

在上述代码中使用了 onclick 事件，可以看到该事件处于 script 标签中。另外，在 JavaScript 中指定事件处理程序时，事件名称必须小写才能正确响应事件。

图 4-17 显示系统时间

2. 在元素中调用

在 HTML 元素中调用事件处理程序时，只需要在该元素中添加响应的事件，并在其中指定要执行的代码或者函数名即可。

下面给出一个实例，该例也是用于显示当前系统的日期和时间的，读者可以和例 4.13 的相关代码进行对比，虽然实现的功能一样，但是代码确实不一样。

【例 4.14】显示系统时间（源代码\ch04\4.14.html）。

其具体代码如下：

```
<!DOCTYPE html>
<html>
<head>
<title>在元素中调用</title>
</head>
<body>
<p>单击按钮执行<em>displayDate()</em>函数,显示当前时间信息</p>
```

```
<button onclick="displayDate()">显示时间</button>
<script>
function displayDate(){
    document.getElementById("demo").innerHTML=Date();
}
</script>
<p id="demo"></p>
</body>
</html>
```

在运行结果中单击"显示时间"按钮，即可在页面中显示出当前系统的日期和时间信息，如图 4-18 所示。

☆大牛提醒☆

在上述代码中使用了 onclick 事件，可以看到该事件处于 button 元素之间，这就是向按钮元素分配了 onclick 事件。

图 4-18 显示系统时间

4.6 常用对象

微视频

JavaScript 作为一门基于对象的编程语言，以其简单、快捷的对象操作获得 Web 应用程序开发者的认可，而其内置的几个核心对象构成了 JavaScript 脚本语言的基础。

4.6.1 window 对象

window 对象表示浏览器中打开的窗口，如果文档包含框架（<frame>或<iframe>标签），浏览器会为 HTML 文档创建一个 window 对象，并为每个框架创建一个额外的 window 对象。

1. window 对象的属性

window 对象在客户端 JavaScript 中扮演着重要的角色，它是客户端程序的全局（默认）对象。该对象包含多个属性，window 对象常用的属性及其描述如表 4-9 所示。

表 4-9 window 对象常用的属性及其描述

属　　性	描　　述
closed	返回窗口是否已被关闭
defaultStatus	设置或返回窗口状态栏中的默认文本
document	对 document 对象的只读引用
frames	返回窗口中所有命名的框架。该集合是 window 对象的数组，每个 window 对象在窗口中含有一个框架
history	对 history 对象的只读引用
innerHeight	返回窗口的文档显示区的高度
innerWidth	返回窗口的文档显示区的宽度
length	设置或返回窗口中的框架数量
location	用于窗口或框架的 location 对象

续表

属　性	描　述
name	设置或返回窗口的名称
navigator	对 navigator 对象的只读引用
opener	返回对创建此窗口的引用
outerHeight	返回窗口的外部高度，包含工具条与滚动条
outerWidth	返回窗口的外部宽度，包含工具条与滚动条
pageXOffset	设置或返回当前页面相对于窗口显示区左上角的 X 位置
pageYOffset	设置或返回当前页面相对于窗口显示区左上角的 Y 位置
parent	返回父窗口
screen	对 screen 对象的只读引用
screenLeft	返回相对于屏幕窗口的 x 坐标
screenTop	返回相对于屏幕窗口的 y 坐标
screenX	返回相对于屏幕窗口的 x 坐标
screenY	返回相对于屏幕窗口的 y 坐标
self	返回对当前窗口的引用，等价于 window 属性
status	设置窗口状态栏的文本
top	返回最顶层的父窗口

熟悉并了解 window 对象的各种属性，有助于 Web 应用开发者的设计开发。下面以 parent 属性为例，介绍 window 对象属性的应用。parent 属性返回当前窗口的父窗口，其语法格式如下：

```
window.parent
```

【例 4.15】返回当前窗口的父窗口（源代码\ch04\4.15.html）。

其具体代码如下：

```
<!DOCTYPE html>
<html>
<head>
    <title>parent 属性的应用</title>
</head>
<body>
<script>
    function openWin(){
        window.open('','','width=200,height=100');
        alert(window.parent.location);
    }
</script>
<input type="button" value="打开窗口" onclick="openWin()">
</body>
</html>
```

运行结果如图 4-19 所示。单击"打开窗口"按钮，即可打开新窗口，并在父窗口中弹出警告提示框，如图 4-20 所示。

2. window 对象的方法

除了属性外，window 对象还拥有很多方法。window 对象常用的方法及其描述如表 4-10 所示。

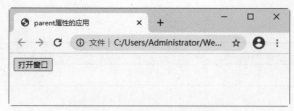

图 4-19　parent 属性的应用

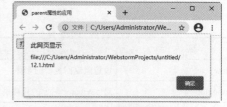

图 4-20　警告提示框

表 4-10　window 对象常用的方法及其描述

方　法	描　述
alert()	显示带有一段消息和一个确定按钮的警告框
blur()	把键盘焦点从顶层窗口移开
clearInterval()	取消由 setInterval() 设置的 timeout
clearTimeout()	取消由 setTimeout() 设置的 timeout
close()	关闭浏览器窗口
confirm()	显示带有一段消息以及确定按钮和取消按钮的对话框
createPopup()	创建一个 pop-up 窗口
focus()	把键盘焦点给予一个窗口
moveBy()	把相对窗口的当前坐标移动指定的像素
moveTo()	把窗口的左上角移动到一个指定的坐标
open()	打开一个新的浏览器窗口或查找一个已命名的窗口
print()	打印当前窗口的内容
prompt()	显示可提示用户输入的对话框
resizeBy()	按照指定的像素调整窗口的大小
resizeTo()	把窗口的大小调整为指定的宽度和高度
scrollBy()	按照指定的像素值来滚动内容
scrollTo()	把内容滚动到指定的坐标
setInterval()	按照指定的周期（以毫秒计）来调用函数或计算表达式
setTimeout()	在指定的毫秒数后调用函数或计算表达式

使用 open() 方法可以打开一个新的浏览器窗口或查找一个已命名的窗口。其语法格式如下：

```
window.open(URL,name,specs,replace)
```

用户可以在 JavaScript 中使用 window 对象的 close() 方法关闭指定的已经打开的窗口。其语法格式如下：

```
window.close()
```

例如，如果想关闭窗口，可以使用以下任何一种语句来实现。

- window.close()
- close()
- this.close()

下面给出一个实例，首先用户通过 window 对象的 open() 方法打开一个新窗口，然后通过按钮关闭该窗口。

【例4.16】关闭新窗口（源代码\ch04\4.16.html）。

其具体代码如下：

```
<!DOCTYPE html>
<html>
<head>
    <title>关闭新窗口</title>
    <script>
        function openWin(){
            myWindow=window.open("","","width=200,height=100");
            myWindow.document.write("<p>这是'我的新窗口'</p>");
        }
        function closeWin(){
            myWindow.close();
        }
    </script>
</head>
<body>
<input type="button" value="打开我的窗口" onclick="openWin()" />
<input type="button" value="关闭我的窗口" onclick="closeWin()" />
</body>
</html>
```

运行结果如图4-21所示。单击"打开我的窗口"按钮，即可直接在新窗口中打开我的窗口，如图4-22所示；单击"关闭我的窗口"按钮，即可关闭打开的新窗口，如图4-23所示。

图4-21　运行结果　　　图4-22　打开我的窗口　　　图4-23　关闭新窗口

4.6.2　string 对象

string（字符串）对象是 JavaScript 的内置对象，属于动态对象，在创建对象实例后才能引用该对象的属性和方法，创建 string 对象的方法有两种。

第1种是直接创建，例如：

```
var txt="string";
```

其中，var 是可选项，"string"是给对象 txt 赋的值。

第2种是使用 new 关键字来创建，例如：

```
var txt=new String("string");
```

其中，var 是可选项，字符串构造函数 String()的第一个字母必须为大写字母。

☆**大牛提醒**☆

上述两种语句的效果是一样的，因此在声明字符串时可以使用 new 关键字，也可以不使用 new 关键字。

string（字符串）对象的属性如表4-11所示。

表 4-11 字符串对象的属性

属性	描述
constructor	对创建该对象的函数的引用
length	字符串的长度
prototype	允许用户向对象添加属性和方法

string（字符串）对象的方法如表 4-12 所示。使用这些方法可以定义字符串的属性，例如以大号字体显示字符串、指定字符串的显示颜色等。

表 4-12 string 对象的方法

属性	描述
charAt()	返回在指定位置的字符
charCodeAt()	返回在指定位置的字符的 Unicode 编码
concat()	连接字符串
fromCharCode()	从字符编码创建一个字符串
indexOf()	检索字符串
lastIndexOf()	从后向前搜索字符串
match()	找到一个或多个正则表达式的匹配
replace()	替换与正则表达式匹配的子串
search()	检索与正则表达式匹配的值
slice()	提取字符串的片段，并在新的字符串中返回被提取的部分
split()	把字符串分割为字符串数组
substr()	从起始索引号提取字符串中指定数目的字符
substring()	提取字符串中两个指定的索引号之间的字符
toLowerCase()	把字符串转换为小写
toUpperCase()	把字符串转换为大写
valueOf()	返回某个字符串对象的原始值

【例 4.17】转换字符串的大小写（源代码\ch04\4.17.html）。

其具体代码如下：

```
<!DOCTYPE html>
<html>
<head>
    <title>转换字符串的大小写</title>
</head>
<body>
<p>该方法返回一个新的字符串,原字符串没有被改变.</p>
<script type="text/javascript">
    var txt="Hello World!";
    document.write("<p>" +"原字符串: " + txt + "</p>");
    document.write("<p>" +"全部大写: " + txt.toUpperCase()+ "</p>");
    document.write("<p>" +"全部小写: " +txt.toLowerCase()+ "</p>");
</script>
</body>
</html>
```

运行结果如图 4-24 所示。

图 4-24　转换字符串的大小写

4.6.3　date 对象

　　date 对象用于处理日期与时间，是一种内置式 JavaScript 对象。创建 date 对象的方法有以下 4 种：

```
var d=new Date();                //当前日期和时间
var d=new Date(milliseconds);    //返回从1970年1月1日至今的毫秒数
var d=new Date(dateString);
var d=new Date(year, month, day, hours, minutes, seconds, milliseconds);
```

　　上述创建方法中的参数大多数是可选的，在不指定的情况下默认参数是 0。其具体示例如下：

```
var today=new Date()
var d1=new Date("October 13, 1975 11:13:00")
var d2=new Date(79,5,24)
var d3=new Date(79,5,24,11,33,0)
```

　　【例 4.18】使用不同的方法创建日期对象（源代码\ch04\4.18.html）。
　　其具体代码如下：

```
<!DOCTYPE html>
<html>
<head>
    <title>创建日期对象</title>
</head>
<body>
<script type="text/javascript">
    //以当前时间创建一个日期对象
    var myDate1=new Date();
    //将字符串转换成日期对象,该对象代表日期为2021年6月10日
    var myDate2=new Date("June 10,2021");
    //将字符串转换成日期对象,该对象代表日期为2021年6月10日
    var myDate3=new Date("2021/6/10");
    //创建一个日期对象,该对象代表日期和时间为2021年10月19日16时16分16秒
    var myDate4=new Date(2021,10,19,16,16,16);
    //分别输出以上日期对象的本地格式
    document.write("myDate1 所代表的时间为: "+myDate1.toLocaleString()+"<br>");
    document.write("myDate2 所代表的时间为: "+myDate2.toLocaleString()+"<br>");
    document.write("myDate3 所代表的时间为: "+myDate3.toLocaleString()+"<br>");
    document.write("myDate4 所代表的时间为: "+myDate4.toLocaleString()+"<br>");
</script>
</body>
</html>
```

　　运行结果如图 4-25 所示。

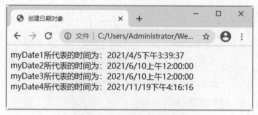

图 4-25　创建日期对象

4.7　新手疑难问题解答

问题 1：为什么数组的索引是从 0 开始的？

解答：从 0 开始是继承了汇编语言的传统，这样更有利于计算机做二进制的运算和查找。

问题 2：在关闭窗口时，为什么没有提示信息弹出呢？

解答：在 JavaScript 中使用 window.close() 方法关闭当前窗口时，如果当前窗口是通过 JavaScript 打开的，则不会有提示信息。在某些浏览器中，如果打开需要关闭窗口的浏览器只有当前窗口的历史访问记录，在使用 window.close() 方法关闭窗口时同样不会有提示信息。

4.8　实战训练

实战 1：制作一个简单的计算器。

本实例使用 JavaScript 制作一个简单的计算器，首先创建一个 HTML5 页面，然后添加 CSS 代码搭建页面的布局和样式。本实例主要使用表格中的<ul>和<li>标记布局计算器中各个按钮的位置，最后通过<script></script>标记编写 JavaScript 代码实现计算器的各个按钮的功能，运行结果如图 4-26 所示。

实战 2：输出九九乘法表。

编写程序，使用 JavaScript 中的语句实现九九乘法表的输出，运行结果如图 4-27 所示。

图 4-26　计算器

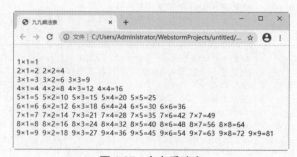

图 4-27　九九乘法表

第 5 章

JSP 基础语法

JSP 是常用的动态网页语言之一，要使用 JSP 开发 Web 应用，就必须熟悉 JSP 的基础知识，包括 JSP 基本语法、指令标记、动作标记与注释方式等。实际上，JSP 的核心语法是从 Java 演变而来的，因此 Java 中的各种判断、循环语句在 JSP 中都可以使用，本章介绍 JSP 的基础语法。

5.1 JSP 概述

JSP 的全名为 Java Server Pages，中文名叫 Java 服务器页面，其根本是一个简化的 Servlet 设计，它是由 Sun 公司倡导、许多公司参与一起建立的一种动态网页技术标准。

5.1.1 JSP 简介

JSP 技术有点类似 ASP 技术，它是在传统的网页 HTML 文件中插入 Java 程序段和 JSP 标记，从而形成 JSP 文件，扩展名为.jsp。用 JSP 开发的 Web 应用是跨平台的，既能在 Linux 系统上运行，也能在其他操作系统上运行。

JSP 技术实现了在 HTML 语法中的 Java 扩展（<%，%>形式）。JSP 与 Servlet 一样，是在服务器端执行的，通常返回给客户端的是一个 HTML 文本，因此客户端只要有浏览器就能浏览。JSP 技术将网页逻辑与网页设计和显示分离，支持可重用的基于组件的设计，使基于 Web 的应用程序的开发变得迅速和容易。

Java Servlet 是 JSP 技术的基础，而且大型的 Web 应用程序的开发需要 Java Servlet 和 JSP 配合才能完成。JSP 具备了 Java 技术简单易用，完全面向对象，具有平台无关性且安全可靠，主要面向因特网的所有特点。

5.1.2 JSP 运行机制

JSP 可以把 JSP 页面的执行分成两个阶段，一个是转译阶段，另一个是请求阶段。转译阶段可以将 JSP 页面转换成 Servlet 类。请求阶段是 Servlet 类的执行，将响应结果发送至客户端，可以分为以下 6 步完成。

（1）用户（客户机）访问响应的 JSP 页面，例如"http://localhost:8080/test/hello.jsp"。
（2）服务器找到相应的 JSP 页面。
（3）服务器将 JSP 转译成 Servlet 的源代码。

（4）服务器将 Servlet 源代码编译为 class 文件。

（5）服务器将 class 文件加载到内存并执行。

（6）服务器将 class 文件执行后生成 HTML 代码发送给客户机，客户机浏览器根据响应的 HTML 代码进行显示。

如果一个 JSP 页面为第一次执行，那么会经过这两个阶段，如果不是第一次执行，那么只会执行请求阶段，这也是为什么第二次执行 JSP 页面时明显比第一次执行要快的原因。如果修改了 JSP 页面，那么服务器将发现该修改，并重新执行转译阶段和请求阶段，这也是为什么修改页面后访问速度变慢的原因。

JSP 运行机制示意图如图 5-1 所示。

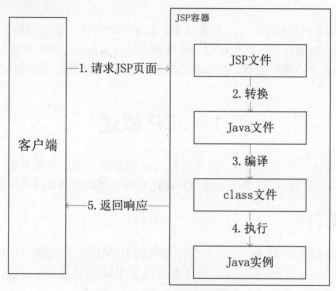

图 5-1　JSP 运行机制示意图

5.2　JSP 基本语法

一个 JSP 页面就是一个以 .jsp 为扩展名的程序文件，其组成元素包括 HTML/XHTML 标记、JSP 标记与各种脚本元素。其中，JSP 标记可分为两种，即 JSP 指令标记和 JSP 动作标记。脚本元素则是嵌入 JSP 页面中的 Java 代码，包括声明（Declarations）、表达式（Expressions）和脚本小程序（Scriptlets）等。

5.2.1　声明

JSP 声明用于定义 JSP 程序所需要的变量、方法与类，其声明方式与 Java 中的相同，语法格式为：

```
<%! declaration;[declaration;]… %>
```

其中，declaration 为变量、方法或者类的声明。JSP 声明通常写在脚本小程序的最前面。例如：

```
<%!
Date date;
```

```
   int sum;
%>
```

☆**大牛提醒**☆

与标记符"<%!"和"%>"所在的具体位置无关,二者之间所声明的变量、方法与类在整个 JSP 页面内都是有效的。不过,在方法、类中所定义的变量只在该方法、类中有效。

5.2.2 表达式

JSP 表达式的值由服务器负责计算,且计算结果将自动转换为字符串并发送到客户端显示。其语法格式为:

```
<%= expression %>
```

其中,expression 为相应的表达式。例如:

```
<%=sum%>
<%=(new java.util.Date()).toLocaleString()%>
```

☆**大牛提醒**☆

在"<%="和"%>"之间所插入的表达式必须要有返回值,且末尾不能加";"。

5.2.3 脚本小程序

脚本小程序是指在"<%"和"%>"之间插入的 Java 程序段(又称为程序块),其语法格式为:

```
<% Scriptlets %>
```

其中,Scriptlets 为相应的代码序列。在该代码序列中所声明的变量属于 JSP 页面的局部变量。

【例 5.1】设计一个显示当前日期与时间的页面(源代码\ch05\5.1.jsp)。

其具体代码如下:

```
<!-- JSP 指令标记 -->
<%@ page contentType="text/html;charset=GB2312"%>
<%@ page import="java.util.Date"%>
<%!
    //变量的声明
    Date date;
%>
<!--HTML 标记 -->
<html>
    <head>
        <title>日期与时间</title>
    </head>
    <body>
        <%
        //Java 程序段
        date=new Date();
        out.println("<br>" + date.toLocaleString()+ "<br>");
        %>
    </body>
</html>
```

在 Eclipse 浏览器的地址栏中输入"http://localhost:8089/myWeb/5.1.jsp",运行结果如图 5-2 所示。

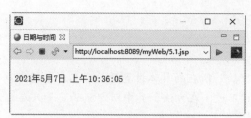

图 5-2　显示当前日期与时间

5.3　JSP 指令标记

微视频

JSP 指令标记是专为 JSP 引擎设计的,仅用于告知 JSP 引擎如何处理 JSP 页面,而不会直接产生任何可见的输出。指令标记又称为指令元素(directive element),其语法格式为:

```
<%@ 指令名 属性="值" 属性="值" … %>
```

JSP 指令标记分为 3 种,即 page 指令、include 指令和 taglib 指令。

5.3.1　page 指令

page 指令用于设置整个页面的相关属性与功能,其语法格式为:

```
<%@page attribute1="value1" attribute2="value2" … %>
```

其中,attribute1、attribute2 等为属性名,value1、value2 等为属性值。

page 指令的有关属性如表 5-1 所示。

表 5-1　page 指令的有关属性

属　　性	说　　明
language	声明脚本语言的种类,目前暂时只能用"java",即 language="java"
import	指明需要导入的作用于程序段、表达式以及声明的 Java 包的列表。该属性的格式为 import="{package.class | package.*}, …"
contentType	设置 MIME 类型和字符集(字符编码方式)。其中,MIME 类型包括 text/html(默认值)、text/plain、image/gif、image/jpeg 等,字符集包括 ISO-8859-1(默认值)、UTF-8、GB2312、GBK 等。该属性的格式为 contentType="mimeType [;charset=characterSet]" | "text/html; charset=ISO-8859-1"
pageEncoding	设置字符集(字符编码方式),包括 ISO-8859-1(默认)、UTF-8、GB2312、GBK 等。该属性的格式为 pageEncoding="{characterSet | ISO-8859-1}"
extends	标明 JSP 编译时需要加入的 Java Class 的全名(该属性会限制 JSP 的编译能力,应慎重使用)。该属性的格式为 extends="package.class"
session	设定客户是否需要 HTTP Session。若为 true(默认值),则 Session 是可用的;若为 false,则 Session 不可用,且不能使用定义了 scope=session 的<jsp:useBean>元素。该属性的格式为 session="true | false"
buffer	指定 buffer 的大小(默认值为 8KB),该 buffer 由 out 对象用于处理执行后的 JSP 对客户端浏览器的输出。该属性的格式为 buffer="none | 8KB | sizeKB"
autoFlush	设置 buffer 溢出时是否需要强制输出。若为 true(默认值),则输出正常;若为 false,则 buffer 溢出时会导致意外错误发生。若将 buffer 设置为 none,则不允许将 autoFlush 设置为 false。该属性的格式为 autoFlush="true | false"

续表

属性	说明
isThreadSafe	设置 JSP 文件是否能多线程使用。若为 true（默认值），则一个 JSP 能够同时处理多个用户的请求；若为 false，则一个 JSP 一次只能处理一个请求。该属性的格式为 isThreadSafe="true|false"
info	指定在执行 JSP 时会加入其中的文本（可使用 Servlet.getServletInfo 方法获取）。该属性的格式为 info="text"
errorPage	设置用于处理异常事件的 JSP 文件。该属性的格式为 errorPage="relativeURL"
isErrorPage	设置当前 JSP 页面是否为出错页面。若为 true，则为出错页面（可使用 exception 对象）；若为 false，则为非出错页面。该属性的格式为 isErrorPage="true|false"

常用 page 指令有关属性的代码设置如下：

```
<%@ page contentType="text/html;charset=GBK"%>
<%@ page import="java.util.*, java.lang.*"%>
<%@ page buffer="5kb" autoFlush="false"%>
<%@ page errorPage="error.jsp"%>
<%@ page import="java.util.Date"%>
<%@ page import="java.util.*,java.awt.*"%>
```

☆大牛提醒☆

对于 import 属性，可以使用多个 page 指令以指定该属性有多个值。但对于其他属性，则只能使用一次 page 指令指定该属性的一个值。

【例 5.2】使用 page 指令设置文件编码为"UTF-8"（源代码\ch05\5.2.jsp）。

其具体代码如下：

```
<%@ page language="Java" contentType="text/html; charset=UTF-8"
    pageEncoding="UTF-8"%>
<html>
<head>
<meta http-equiv="Content-Type" content="text/html; charset=UTF-8">
<title>Insert title here</title>
</head>
<body>
<h2>你好,欢迎来到我的主页！</h2>
</body>
</html>
```

在 Eclipse 浏览器的地址栏中输入"http://localhost:8089/myWeb/5.2.jsp"，运行结果如图 5-3 所示。

图 5-3 页面显示

5.3.2 include 指令

include 指令用于在 JSP 页面中静态包含一个文件，其语法格式为：

```
<%@ include file="relativeURL"%>
```

其中，file 属性用于指定被包含的文件。被包含文件的路径通常为相对路径，若路径以"/"开头，则该路径为参照 JSP 应用的上下文路径；若路径以文件名或目录名开头，则该路径为正在使用的 JSP 文件的当前路径。例如：

```
<%@ include file="error.jsp"%>
<%@ include file="/include/calendar.jsp"%>
<%@ include file="/templates/header.html"%>
```

include 指令主要用于解决重复性页面问题，其中要包含的文件在本页面编译时被引入。

☆大牛提醒☆

所谓静态包含，是指 JSP 页面和被包含的文件先合并为一个新的 JSP 页面，然后 JSP 引擎再将这个新的 JSP 页面转译为 Java 类文件。其中，被包含的文件应与当前的 JSP 页面处于同一个 Web 项目中，可以是文本文件、HTML/XHTML 文件、JSP 页面或 Java 代码段等，但必须要保证合并而成的 JSP 页面符合 JSP 的语法规则，即能够成为一个合法的 JSP 页面文件。

【例 5.3】设计一个用于显示文本文件 Hello.txt 内容的页面（源代码\ch05\5.3.jsp）。

其具体代码如下：

```jsp
<!-- page 指令 -->
<%@ page contentType="text/html;charset=GB2312"%>
<html>
    <head>
        <title>DisplayText</title>
    </head>
    <body>
        <h3>
        <!-- include 指令 -->
        <%@ include file="Hello.txt"%>
        </h3>
    </body>
</>
```

在 WebContent 目录中添加一个文本文件 Hello.txt，其内容如下：

```jsp
<%@ page contentType="text/html;charset=GB2312"%>
您好！
欢迎来到我的主页
```

在 Eclipse 浏览器的地址栏中输入"http://localhost:8089/myWeb/5.3.jsp"，运行结果如图 5-4 所示。

图 5-4　显示文本文件

5.3.3　taglib 指令

taglib 指令用于引用标签库并指定相应的标签前缀，其语法格式为：

```jsp
<%@ taglib uri="tagLibURI" prefix="tagPrefix"%>
```

taglib 指令的有关属性如表 5-2 所示。

表 5-2　taglib 指令的有关属性

属　性	说　明
uri	指定标签库的路径
prefix	设定相应的标签前缀

例如：

```
<%@ taglib uri="/struts-tags" prefix="s"%>
```

该 taglib 指令用于引用 Struts2 的标签库，并将其前缀指定为 s。使用该指令后，即可在当前 JSP 页面中使用<s:form>…</s:form>、<s:textfield>…</s:textfield>、<s:password>…</s:password>等 Struts2 标签。

5.4 JSP 动作标记

JSP 的动作标记又称为动作元素（action element），常用的有 7 个，即 param 动作标记、include 动作标记、forward 动作标记、plugin 动作标记、useBean 动作标记、getProperty 动作标记和 setProperty 动作标记。

5.4.1 param 动作标记

param 动作标记用于以"名称-值"对的形式为其他标记提供附加信息（即参数），必须与 include、forward 或 plugin 等动作标记一起使用。其语法格式为：

```
<jsp:param name="parameterName" value="{parameterValue | <%= expression %>}"/>
```

其中，name 属性用于指定参数名，value 属性用于指定参数值（可以是 JSP 表达式）。例如：

```
<jsp:param name="username" value="abc"/>
```

该 param 动作标记指定了一个参数 username，其值为 abc。

5.4.2 include 动作标记

include 动作标记用于告知 JSP 页面动态加载一个文件，即在 JSP 页面运行时才将文件引入。其语法格式有以下两种。

格式 1：

```
<jsp:include page="{relativeURL | <%= expression%>}" flush="true"/>
```

格式 2：

```
<jsp:include page="{relativeURL | <%= expression %>}" flush="true">
<jsp:param name="parameterName" value="{parameterValue | <%= expression %>}"/>+
</jsp:include>
```

其中，格式 1 不带 param 子标记，格式 2 带有 param 子标记。在 include 动作标记中，page 属性用于指定要动态加载的文件，而 flush 属性必须设置为 true。

例如：

```
<jsp:include page="scripts/error.jsp"/>
<jsp:include page="/copyright.html"/>
```

又如：

```
<jsp:include page="scripts/login.jsp">
<jsp:param name="username" value="abc"/>
</jsp:include>
```

☆大牛提醒☆

所谓动态包含，是指当 JSP 引擎把 JSP 页面转译成 Java 文件时，告诉 Java 解释器被包含的文件在 JSP 运行时才包含进来。若被包含的文件是普通的文本文件，则将文件的内容发送到客户端，由客户端负责显示；若包含的文件是 JSP 文件，则 JSP 引擎就执行这个文件，然后将执行的结果发送到客户端，并由客户端负责显示。

【例 5.4】计算并显示 1～100 的所有偶数之和（源代码\ch05\5.4.jsp）。

其具体代码如下：

```jsp
<%@ page contentType="text/html;charset=UTF-8"%>
<html>
    <head>
        <title>EvenSum</title>
    </head>
    <body>
        <jsp:include page="EvenSumByNumber.jsp">
        <jsp:param name="number" value="100"/>
        </jsp:include>
    </body>
</html>
```

在 WebContent 目录中添加一个新的 JSP 页面 EvenSumByNumber.jsp。其代码如下：

```jsp
<%@ page contentType="text/html;charset=UTF-8"%>
<html>
    <head>
        <title>偶数和</title>
    </head>
    <body>
    <%
    String s=request.getParameter("number");        //获取参数值
        int n=Integer.parseInt(s);
        int sum=0;
        for(int i=1;i<=n;i++){
           if(i % 2 == 0)
              sum=sum+i;
        }
    %>
    从 1~<%=n%>的偶数和是： <%=sum%>
    </body>
</html>
```

在 Eclipse 浏览器的地址栏中输入"http://localhost:8089/ myWeb/5.4.jsp"，运行结果如图 5-5 所示。

在本实例中，首先 5.4.jsp 页面使用 include 动作动态加载 EvenSumByNumber.jsp 页面，并使用 param 动作将参数值传递到 EvenSumByNumber.jsp 中，接着在 EvenSumByNumber.jsp 页面中首先获取传递过来的参数值 100，然后计算并显示 1～100 的所有偶数之和。

图 5-5　计算 1～100 的偶数之和

5.4.3　forward 动作标记

forward 动作标记用于跳转至指定的页面，其语法格式有以下两种。

格式 1：

```jsp
<jsp:forward page={"relativeURL" | "<%= expression %>"}/>
```

格式 2：
```
<jsp:forward page={"relativeURL" | "<%= expression %>"}>
<jsp:param name="parameterName" value="{parameterValue | <%= expression %>}"/>+
</jsp:forward>
```

其中，格式 1 不带 param 子标记，格式 2 带有 param 子标记。在 forward 动作标记中，page 属性用于指定跳转的目标页面。例如：

```
<jsp:forward page="/servlet/login"/>
<jsp:param name="username" value="abc"/>
</jsp:forward>
```

☆**大牛提醒**☆

一旦执行到 forward 动作标记，将立即停止执行当前页面，并跳转至该标记中 page 属性所指定的页面。

【**例 5.5**】计算并显示 1~100 的所有奇数之和（源代码\ch05\5.5.jsp）。

其具体代码如下：

```
<%@ page contentType="text/html;charset=UTF-8"%>
<html>
    <head>
        <title>OddSum</title>
    </head>
    <body>
        <jsp:forward page="OddSumByNumber.jsp">
        <jsp:param name="number" value="100"/>
        </jsp:forward>
    </body>
</html>
```

在 WebRoot 目录中添加一个新的 JSP 页面 OddSumByNumber.jsp。其代码如下：

```
<%@ page contentType="text/html;charset=UTF-8"%>
<html>
    <head>
        <title>奇数和</title>
    </head>
    <body>
    <%
    String s=request.getParameter("number");      //获取参数值
        int n=Integer.parseInt(s);
        int sum=0;
        for(int i=1;i<=n;i++){
            if(i % 2 != 0)
                sum=sum+i;
        }
    %>
    从 1~<%=n%>的奇数和是： <%=sum%>
    </body>
</html>
```

在 Eclipse 浏览器的地址栏中输入"http://localhost:8089/ myWeb/5.5.jsp"，运行结果如图 5-6 所示。

在本实例中，首先 5.5.jsp 页面使用 forward 动作跳转至 OddSumByNumber.jsp 页面，并使用 param 动作将参数值传递到 OddSumByNumber.jsp 中，接着在 OddSumByNumber.jsp 页面中首先获取传递过来的参数值 100，然后计算并显示 1~100 的所有奇数之和。

图 5-6　计算 1~100 的奇数之和

5.4.4 plugin 动作标记

plugin 动作标记用于指示 JSP 页面加载 Java Plugin（插件），并使用该插件（由客户负责下载）运行 Java Applet 或 Bean。其语法格式为：

```
<jsp:plugin
type="bean | applet"
code="classFileName"
codebase="classFileDirectoryName"
[ name="instanceName" ]
[ archive="URIToArchive,…" ]
[ align="bottom | top | middle | left | right" ]
[ height="displayPixels" ]
[ width="displayPixels" ]
[ hspace="leftRightPixels" ]
[ vspace="topBottomPixels" ]
[ jreversion="JREVersionNumber | 1.1" ]
[ nspluginurl="URLToPlugin" ]
[ iepluginurl="URLToPlugin" ] >
[ <jsp:params>
[ <jsp:param name="parameterName" value="{parameterValue | <%=
expression %>}" /> ]+
</jsp:params> ]
[ <jsp:fallback> text message for user </jsp:fallback> ]
</jsp:plugin>
```

主要参数介绍如下：

（1）type 属性用于指定被执行的插件对象的类型（是 bean 还是 applet）。

（2）code 属性用于指定被 Java 插件执行的 Java Class 的文件名（其扩展名为.class）。

（3）codebase 属性用于指定被执行的 Java Class 文件的目录或路径（若未提供此属性，则使用<jsp:plugin>的 JSP 文件的目录将会被采用）。

【例 5.6】在 MyApplet.jsp 页面中加载 Java Applet 小程序 MyApplet（源代码\ch05\5.6.jsp）。

首先需要在 myWeb 项目中创建一个 Java Applet 小程序 MyApplet，具体操作步骤如下：

（1）在项目中右击 src 文件夹，在弹出的快捷菜单中选择 New→Applet 菜单命令，打开 Create a new Applet(Applet Wizard)对话框，在 Name 文本框中输入名称"MyApplet"，并在 Options 处取消各复选框的选中状态，如图 5-7 所示。

（2）单击 Next 按钮，打开 Create a new Applet(Applet HTML Wizard)对话框，取消 Generate HTML page 复选框的选中状态，如图 5-8 所示。

图 5-7　Applet Wizard 对话框

图 5-8　Applet HTML Wizard 对话框

（3）单击 Finish 按钮，关闭 Create a new Applet(Applet HTML Wizard)对话框。此时，在项目的"默认包(default package)"中将自动创建一个 Java 类文件 MyApplet.java。

（4）输入并保存 MyApplet.java 的代码，具体代码如下。

```java
import java.applet.Applet;
import java.awt.*;
public class MyApplet extends Applet {
    public void paint(Graphics g){
        g.setColor(Color.red);
        g.drawString("您好,世界! ", 5, 10);
        g.setColor(Color.green);
        g.drawString("Hello, World!", 5, 30);
        g.setColor(Color.blue);
        g.drawString("我就是 Applet 小程序! ", 5, 50);
    }
}
```

接着在 WebContent 项目中添加一个新的 JSP 页面 MyApplet.jsp。其代码如下：

```jsp
<%@ page contentType="text/html;charset=GB2312" %>
<html>
    <head>
        <title>MyApplet 小程序</title>
    </head>
    <body>
        MyApplet 小程序运行结果：<hr/>
        <jsp:plugin type="applet" code="MyApplet.class" codebase="."
            width="380" height="80">
            <jsp:fallback>
                MyApplet 小程序加载失败！
            </jsp:fallback>
        </jsp:plugin>
    </body>
</html>
```

最后将 Web_02 文件夹的 WEB-INF\classes 子文件夹中的 MyApplet.class 文件复制到项目文件夹 WebContent 中，然后启动 Tomcat 服务器，在 Eclipse 浏览器的地址栏中输入"http://localhost:8089/ myWeb/5.6.jsp"，运行结果如图 5-9 所示。

图 5-9 "MyApplet 小程序"页面

5.4.5 useBean、getProperty 与 setProperty 动作标记

useBean 动作标记用于应用一个 JavaBean 组件，而 getProperty 与 setProperty 动作标记分别用于获取与设置 JavaBean 的属性值。这 3 个动作标记与 JavaBean 的使用密切相关，具体用法请参阅后续有关章节。

微视频

5.5　JSP 注释方式

JSP 页面中的注释可分为 3 种，即 HTML/XHTML 注释、JSP 注释和 Java 注释。

5.5.1　HTML/XHTML 注释

HTML/XHTML 注释指的是在标记符号"<!--"与"-->"之间加入的内容。其语法格式为：

```
<!--comment|<%=expression%>-->
```

其中，comment 为注释内容，expression 为 JSP 表达式。

对于 HTML/XHTML 注释，JSP 引擎会将其发送到客户端，从而用户可以在浏览器中通过查看源代码的方式查看其内容，因此 HTML/XHTML 注释又称为客户端注释或输出注释。这种注释类似于 HTML 文件中的注释，唯一不同的是前者可在注释中应用表达式，以便动态生成不同内容的注释。例如：

```
<!-- 现在时间是：<%=(new java.util.Date()).toLocaleString()%> -->
```

在将该代码放在一个 JSP 文件的 body 中运行后，即可在其源代码中看到相应的注释内容。例如：

```
<!-- 现在时间是：2021-6-18 16:30:28 -->
```

5.5.2　JSP 注释

JSP 注释指的是在标记符号"<%--"与"--%>"之间加入的内容。其语法格式为：

```
<%-- comment --%>
```

其中，comment 为注释内容。

对于 JSP 注释，JSP 引擎在编译 JSP 页面时会自动忽略，不会将其发送到客户端。JSP 注释又称为服务器端注释或隐藏注释，它仅对服务器端的开发人员可见，对客户端是不可见的。

5.5.3　Java 注释

Java 注释只用于注释 JSP 页面中的有关 Java 代码，可分为以下 3 种情形。

（1）使用双斜杠"//"进行单行注释，其后至行末的内容均为注释。

（2）使用"/*"与"*/"进行多行注释，二者之间的内容均为注释。

（3）使用"/**"与"*/"进行多行注释，二者之间的内容均为注释。使用这种方式可将所注释的内容文档化。

【例 5.7】计算并显示 1～100 的所有整数之和（源代码\ch05\5.7.jsp）。

其具体代码如下：

```jsp
<!-- JSP 页面 <%=(new java.util.Date()).toLocaleString()%> -->
<!-- jsp 指令标记 -->
<%@ page contentType="text/html;charset=GB2312"%>
<%!
    //变量声明
    int sum;
    //方法声明
    public int getSum(int n){
        for(int i=1; i <= n; i++){
            sum=sum + i;
```

```
        }
        return sum;
    }
%>
<!--html 标记 -->
<%--html 标记 --%>
<html>
<head>
<title>累加和</title>
</head>
<body>
    <%
    //Java 程序段
    int m=100;
    %>
    1 ~
    <!-- Java 表达式 -->
    <%=m%>
    的所有整数之和为:
    <%-- Java 表达式 --%>
    <%= getSum(m)%>
</body>
</html>
```

在 Eclipse 浏览器的地址栏中输入"http://localhost:8089/myWeb/5.7.jsp",运行结果如图 5-10 所示。

图 5-10 "累加和"页面

5.6 新手疑难问题解答

问题 1：include 动作标记与 include 指令标记有什么区别？

解答：include 动作标记与 include 指令标记是不同的。include 动作标记在执行时才对包含的文件进行处理，因此 JSP 页面和其所包含的文件在逻辑和语法上是独立的。如果对包含的文件进行修改，那么在运行时将看到修改后的结果。而 include 指令标记所包含的文件如果发生变化，必须重新将 JSP 页面转译成 Java 文件（重新保存该 JSP 页面，然后再访问之，即可转译生成新的 Java 文件），否则只能看到修改前的文件内容。

问题 2：和 JavaScript 相比，JSP 的优势是什么？

解答：JavaScript 可以在客户端生成动态的 HTML，却不能和 Web 服务器进行交互来完成复杂的任务，例如数据库的访问和图像处理等。

5.7 实战训练

实战 1：设计一个可显示当前访问者序号的页面。

编写程序，通过声明变量与方法，然后使用脚本小程序与表达式，实现一个简单的计数器功能。程序运行结果如图 5-11 所示。

图 5-11　页面统计器

实战 2：if…else 语句的使用。

编写程序，首先声明变量与方法，然后使用脚本小程序与表达式，通过 if…else 语句实现一个简单的判断功能。程序运行结果如图 5-12 所示。

图 5-12　if…else 语句的使用

第 6 章

JSP 内置对象

JSP 内置对象无须创建即可直接使用，并提供了许多在 Web 应用开发中所需要的功能与特性。在 JSP 应用开发的过程中，内置对象的使用十分常见，事实上也是必不可少的。本章介绍 JSP 中的内置对象。

6.1 JSP 内置对象概述

由于 JSP 使用 Java 作为脚本语言，所以 JSP 具有强大的对象处理能力，并且可以动态地创建 Web 页面内容。但 Java 语法在使用一个对象前需要先实例化这个对象，这是一件比较烦琐的事情。JSP 为了简化开发，提供了一些内置对象，这些对象是在 JSP 运行环境中预先定义的，可在 JSP 页面的脚本部分直接加以使用。

在 JSP 中，内置对象共有 9 个，分别为 out 对象、request 对象、response 对象、session 对象、application 对象、exception 对象、page 对象、config 对象和 pageContext 对象。

6.2 request 对象

request 对象封装了由客户端生成的 HTTP 请求的所有细节，主要包括 HTTP 头信息、系统信息、请求方式和请求参数等。通过 request 对象提供的相应方法可以处理客户端浏览器提交的 HTTP 请求的各项参数。request 对象的常用方法如表 6-1 所示。

表 6-1 request 对象的常用方法

方 法	说 明
String getServerName()	获取接受请求的服务器的主机名
int getServerPort()	获取服务器接受请求所用的端口号
String getRemoteHost()	获取发送请求的客户端的主机名
String getRemoteAddr()	获取发送请求的客户端的 IP 地址
int getRemotePort()	获取客户端发送请求所用的端口号
String getRemoteUser()	获取发送请求的客户端的用户名
String getQueryString()	获取查询字符串

续表

方　　法	说　　明
String getRequestURL()	获取请求的 URL（不包括查询字符串）
String getRealPath(String path)	获取指定虚拟路径的真实路径
String getParameter(String name)	获取指定参数的值（字符串）
String[] getParameterValue(String name)	获取指定参数的所有值（字符串数组）
Enumeration getParameterNames()	获取所有参数名的枚举
Cookie[] getCookies()	获取与请求有关的 Cookie 对象（Cookie 数组）
Map getParameterMap()	获取请求参数的 Map
Object getAttribute(String name)	获取指定属性的值。若指定属性并不存在，则返回 null
Enumeration getAttributeNames()	获取所有可用属性名的枚举
String getHeader(String name)	获取 HTTP 协议定义的文件头信息
Enumeration getHeaders(String name)	返回指定名字的 request Header 的所有值，其结果是一个枚举型的实例
int getIntHeader(String name)	获取指定整数类型的文件头信息
long getDateHeader(String name)	获取指定日期类型的文件头信息
Enumeration getHeaderNames()	返回所有 request Header 的名字，其结果是一个枚举型的实例
String getProtocol()	获取客户端向服务器端传送数据所使用的协议名称
String getScheme()	获取请求所使用的协议名
String getMethod()	获取客户端向服务器端传送数据的方法（例如 GET、POST 等）
String getCharacterEncoding()	获取请求的字符编码方式
String getServletPath()	获取客户端所请求的脚本文件路径
String getContextPath()	获取 Context 路径（即站点名称）
int getContentLength()	获取请求体的长度（字节数）
String getContentType()	获取客户端请求的 MIME 类型。若无法得到该请求的 MIME 类型，则返回 -1
ServletInputStream getInputStream()	获取请求的输入流
BufferedReader getReader()	获取解码后的请求体
HttpSession getSession(Boolean create)	获取与当前客户端请求相关联的 HttpSession 对象。若参数 create 为 true，或不指定参数 create，且 session 对象已经存在，则直接返回之，否则就创建一个新的 session 对象并返回；若参数 create 为 false，且 session 对象已经存在，则直接返回，否则就返回 null
String getRequestedSessionId()	获取 session 对象的 ID 号
void setAttribute(String name, Object obj)	设置指定属性的值
void setCharacterEncoding(String encoding)	设置字符编码方式

6.2.1　访问请求参数

　　request 对象为请求对象，用于处理 HTTP 请求中的各项参数。在这些参数中，最常用的就是获取访问请求参数。当通过超链接的形式发送请求时，可以为该请求传递参数，这可以通过在超链接的后面加上 "?" 来实现。例如，发送一个请求到 delete.jsp 页面，并传递一个名称为 id 的参数，可以通过以下代码来实现。

```
<a href="delete.jsp?id=1">删除</a>
```

☆**大牛提醒**☆

如果要同时指定多个参数，各参数间使用与符号 "&" 分隔即可。

使用 request 对象的 getParameter()方法可以获取传递的参数值，如果指定的参数不存在，将返回 null；如果指定了参数名，但未指定参数值，将返回空的字符串""。

【**例 6.1**】使用 request 对象获取请求参数值（源代码\ch06\6.1.jsp）。

创建 6.1.jsp 文件，在该文件中添加一个用于链接到 reg.jsp 页面的超链接，并传递两个参数。

```
<%@ page language="Java" contentType="text/html; charset=UTF-8"
    pageEncoding="UTF-8"%>
<html>
<head>
<meta http-equiv="Content-Type" content="text/html; charset=UTF-8">
<title>使用 request 对象获取请求参数值</title>
</head>
<body>
    <a href="reg.jsp?id=1&user=">注册信息</a>
</body>
</html>
```

创建 reg.jsp 文件，在该文件中通过 request 对象的 getParameter()方法获取请求参数 id、user、pwd 的值并输出。

```
<%@ page language="Java" contentType="text/html; charset=UTF-8"
    pageEncoding="UTF-8"%>
<%
    String id=request.getParameter("id");      //获取 id 参数的值
    String id=request.getParameter("user");    //获取 user 参数的值
    String id=request.getParameter("pwd");     //获取 pwd 参数的值
%>
<html>
<head>
<meta http-equiv="Content-Type" content="text/html; charset=UTF-8">
<title>注册信息页</title>
</head>
<body>
    id 参数的值为：<%=id%><br>
    user 参数的值为：<%=user%><br>
    pwd 参数的值为：<%=pwd%>
</body>
</html>
```

在 Eclipse 浏览器的地址栏中输入 "http://localhost:8089/myWeb/6.1.jsp"，运行结果如图 6-1 所示。单击 "注册信息" 超链接，将进入注册信息页获取请求参数并输出，如图 6-2 所示。

图 6-1　页面显示

图 6-2　获取注册信息

6.2.2 在作用域中管理属性

在进行请求转发时，需要把一些数据传递到转发后的页面进行处理，这时就需要使用 request 对象的 setAttribute()方法将数据保存到 request 范围内的变量中。其语法格式如下：

```
request.setAttribute(String name,Object object);
```

参数说明：

（1）name 表示变量名，为 String 类型，在从转发后的页面取数据时就是通过这个变量名来获取数据的。

（2）object 用于指定需要在 request 范围内传递的数据，为 Object 类型。

在将数据保存到 request 范围内的变量中后，可以通过 request 对象的 getAttribute()方法获取该变量的值，语法格式如下：

```
request.getAttribute(String name);
```

其中，name 参数表示变量名，该变量名在 request 范围内有效。

【例 6.2】使用 request 对象的 setAttribute()方法保存 request 范围内的变量，并应用 request 对象的 getAttribute()方法读取 request 范围内的变量（源代码\ch06\6.2.jsp）。

创建 6.2.jsp 文件，在该文件中首先应用 Java 中的 try…catch 语句捕获页面中的异常信息，如果没有异常，则将运行结果保存到 request 范围内的变量中；如果出现异常，则将错误提示信息保存到 request 范围内的变量中。然后应用<jsp:forward>动作指令将页面转发到 res.jsp 页面中。

```jsp
<%@ page language="Java" contentType="text/html; charset=UTF-8"
    pageEncoding="UTF-8"%>
<html>
<head>
<meta http-equiv="Content-Type" content="text/html; charset=UTF-8">
<title>在作用域中管理属性</title>
</head>
<body>
<%
try{                                                    //捕获异常信息
    int a=100;
    int b=0;
    request.setAttribute("result",a/b);                 //保存执行结果
    }catch(Exception e){
    request.setAttribute("result","抱歉！页面产生错误！");   //保存错误提示信息
}
%>
<jsp:forward page="res.jsp"/>
</body>
</html>
```

创建 res.jsp 文件，在该文件中通过 request 对象的 getAttribute()方法获取保存在 request 范围内的变量 result 并输出。

```jsp
<%@ page language="Java" contentType="text/html; charset=UTF-8"
    pageEncoding="UTF-8"%>
<html>
<head>
<meta http-equiv="Content-Type" content="text/html; charset=UTF-8">
<title>信息页</title>
</head>
<body>
<%String message=request.getAttribute("result").toString();%>
<%=message%>
</body>
</html>
```

在 Eclipse 浏览器的地址栏中输入"http://localhost:8089/ myWeb/6.2.jsp",运行结果如图 6-3 所示。这里定义除数 b 的值为 0,因此返回的是错误提示信息。

☆大牛提醒☆

由于 getAttribute()方法的返回值为 Object 类型,所以需要调用其 toString()方法,将其转换为字符串类型。

图 6-3　错误提示信息

6.2.3　获取客户端信息

通过 request 对象可以获取客户端的相关信息,例如 HTTP 报头信息、客户信息提交方式、客户端主机 IP 地址、端口号等。

【例 6.3】获取客户端请求的有关信息(源代码\ch06\6.3.jsp)。

其具体代码如下:

```jsp
<%@ page contentType="text/html; charset=GB2312"%>
<html>
    <head>
        <title>获取客户端请求的有关信息</title>
    </head>
    <body>
        获取客户端提交信息的方式:<%= request.getMethod()%> <br>
        获取使用的协议:<%= request.getProtocol()%> <br>
        获取发出请求字符串的客户端地址:<%= request.getRequestURL()%> <br>
        获取提交数据的客户端IP地址:<%= request.getRemoteAddr()%> <br>
        获取服务器端口号:<%= request.getServerPort()%> <br>
        获取服务器的名称:<%= request.getServerName()%> <br>
        获取客户端的主机名:<%= request.getRemoteHost()%> <br>
        获取客户端所请求的脚本文件路径:<%=request.getServletPath()%> <br>
    </body>
</html>
```

在 Eclipse 浏览器的地址栏中输入"http://localhost:8089/myWeb/6.3.jsp",运行结果如图 6-4 所示。

图 6-4　获取客户端信息

6.3　response 对象

response 对象为响应对象,用于对客户端的请求进行动态响应,向客户端输出信息。response 微视频对象封装了 JSP 产生的响应，并发送到客户端以响应客户端的请求。请求的数据可以是各种数据类型，甚至是文件。response 对象在 JSP 页面内有效。response 对象的常用方法如表 6-2 所示。

表 6-2 response 对象的常用方法

方 法	说 明
void addHeader(String name,String value)	添加指定的标头。若指定标头已存在，则覆盖其值
void setHeader(String name,String value)	设置指定标头的值
boolean containsHeader(String name)	判断指定的标头是否存在
void sendRedirect(String url)	重定向（跳转）到指定的页面（URL）
String encodeRedirectURL(String url)	对用于重定向的 URL 进行编码
String encodeURL(String url)	对 URL 进行编码
void setCharacterEncoding(String encoding)	设置响应的字符编码方式
String getCharacterEncoding()	获取响应的字符编码方式
void setContentType(String type)	设置响应的 MIME 类型
String getContentType()	获取响应的 MIME 类型
void addCookie(Cookie cookie)	添加指定的 cookie 对象（用于保存客户端的用户信息）
int getBuffersize()	获取缓冲区的大小（KB）
void setBuffersize(int size)	设置缓冲区的大小（KB）
void flushBuffer()	强制将当前缓冲区的内容发送到客户端
void reset()	清空缓冲区中的所有内容
void resetBuffer()	清空缓冲区中除了标头与状态信息以外的所有内容
ServletOutputStream getOutputStream()	获取客户端的输出流对象
PrintWriter getWriter()	获取输出流对应的 writer 对象
void setContentLength(int length)	设置响应的 BODY 长度
void setStatus(int sc)	设置状态码（status code）。常用的状态码有 404（指示网页找不到的错误）、505（指示服务器内部错误）等
void sendError(int sc)	发送状态码（status code）
void sendError(int sc, String msg)	发送状态码与状态信息
void addDateHeader(String name, long date)	添加指定的日期类型标头
void addHeader(String name, String value)	添加指定的字符串类型标头
void addIntHeader(String name, int value)	添加指定的整数类型标头
void setDateHeader(String name, long date)	设置指定日期类型标头的值
void setHeader(String name, String value)	设置指定字符串类型标头的值
void setIntHeader(String name, int value)	设置指定整数类型标头的值

6.3.1 处理 HTTP 头文件

response 对象是 javax.servlet.http.HttpServletResponse 类的实例。当服务器创建 request 对象时，会同时创建用于响应该客户端的 response 对象。通过 response 对象可以设置 HTTP 响应报头，其中最常用的是禁用缓存、设置页面自动刷新和定时跳转网页。

1. 禁用缓存

在默认的情况下，浏览器将会对显示的网页内容进行缓存。当用户再次访问相关网页时，浏览器会判断网页是否有变化，如果没有变化，则直接显示缓存中的内容，这样可以提高网页的显示速度。对于一些安全性要求较高的网站，通常需要禁用缓存。

通过设置 HTTP 头的方法实现禁用缓存，代码如下：

```jsp
<%
    response.setHeader("Cache-Control", "no-store");
    response.setDateHeader("Expires",0);
%>
```

2. 设置页面自动刷新

通过设置 HTTP 头还可以实现页面的自动刷新。

【例 6.4】使页面每隔 10 秒自动刷新页面（源代码\ch06\6.4.jsp）。

其具体代码如下：

```jsp
<%@page contentType="text/html;charset=GB2312"%>
<html>
    <head>
        <title>页面自动刷新</title>
    </head>
    <body>
        <%!int i=0;%>
        <%
            response.setHeader("refresh", "10");
        %>
        <h1><%=i++%></h1>
    </body>
</html>
```

在 Eclipse 浏览器的地址栏中输入"http://localhost:8089/myWeb/6.4.jsp"，运行结果如图 6-5 所示。页面每隔 10 秒便自动刷新一次，并显示数字。

3. 定时跳转页面

通过设置 HTTP 头还可以实现定时跳转网页的功能。例如，使页面 5 秒钟后自动跳转到指定的网页 show.jsp，代码如下：

图 6-5　自动刷新页面

```jsp
<%
    response.setHeader("refresh", "5;URL=show.jsp");
%>
```

6.3.2　重定向页面（友情链接）

使用 response 对象提供的 sendRedirect()方法可以将网页重定向到另一个页面。重定向操作支持将地址重定向到不同的主机上，这一点与转发不同。在客户端浏览器上将会得到跳转的地址，并重新发送请求链接。用户可以从浏览器的地址栏中看到跳转后的地址。

在进行重定向操作后，response 对象中的属性全部失效，并且开始一个新的 response 对象。sendRedirect()方法的语法格式如下：

```
response.sendRedirect(String path)
```

其中，path 参数用于指定目标路径，可以是相对路径，也可以是不同主机的其他 URL 地址。

【例 6.5】 重定向页面（友情链接）（源代码\ch06\6.5.jsp）。

创建 6.5.jsp 文件，该文件是一个静态页面，内含一个供用户选择搜索引擎的表单。该表单被提交后，将由 JSP 页面 FriendLinksResult.jsp 进行处理。

```
<%@ page contentType="text/html;charset=GB2312"%>
<html>
    <head>
        <title>友情链接页面</title>
    </head>
    <body>
        <b>友情链接</b><br>
        <form action="FriendLinksResult.jsp" method="get">
        <select name="where">
            <option value="baidu" selected>百度
            <option value="sogou">搜狗
            <option value="youdao">有道
        </select>
        <input type="submit" value="跳转">
        </form>
    </body>
</html>
```

创建 FriendLinksResult.jsp 文件，该文件先调用 request 对象的 getParameter()方法获取通过表单提交的值，然后对其进行判断，再调用 response 对象的 sendRedirect()方法将页面重定向到指定的 URL 地址。

```
<%@ page contentType="text/html;charset=GB2312"%>
<html>
    <head>
        <title> sendRedirect 方法的使用</title>
    </head>
    <body>
        <%
            String address=request.getParameter("where");
            if(address != null){
                if(address.equals("baidu"))
                    response.sendRedirect("http://www.baidu.com");
                else if(address.equals("sogou"))
                    response.sendRedirect("http://www.sogou.com/");
                else if(address.equals("youdao"))
                    response.sendRedirect("http://www.youdao.com/");
            }
        %>
    </body>
</html>
```

在 Eclipse 浏览器的地址栏中输入"http://localhost:8089/myWeb/6.5.jsp"，运行结果如图 6-6 所示。单击"跳转"按钮，即可完成页面的重定向操作，如图 6-7 所示，打开就是百度网的首页。

图 6-6 "友情链接"页面

图 6-7 "百度"页面

6.3.3 将页面保存为 Word 文档

如果需要将当前页面保存为 Word 文档，只需调用 response 对象的 setContentType()方法并将响应的 MIME 类型设置为"application/msword"即可。

【例 6.6】将页面保存为 Word 文档（源代码\ch06\6.6.jsp）。

其具体代码如下：

```jsp
<%@ page contentType="text/html;charset=GB2312"%>
<html>
    <head>
        <title>SaveAsWord</title>
    </head>
    <body>
        <font size=3>
            <p>
                你好！
                <br>
                欢迎来到我的小店！
            <p>
        </font>
        <form action="" method="get">
            将当前页面保存为 Word 文档吗？
            <input type="submit" value="Yes" name="submit">
        </form>
<%
    String submit=request.getParameter("submit");
    if(submit == null)
        submit="";
    if(submit.equals("Yes"))
        response.setContentType("application/msword;charset=GB2312");
%>
    </body>
</html>
```

在 Eclipse 浏览器的地址栏中输入"http://localhost:8089/ myWeb/6.6.jsp"，运行结果如图 6-8 所示。单击 Yes 按钮，即可打开"文件下载"页面，如图 6-9 所示；单击"保存"按钮，即可保存当前页面，如图 6-10 所示为 SaveAsWord.doc 的内容。

图 6-8 SaveAsWord 页面

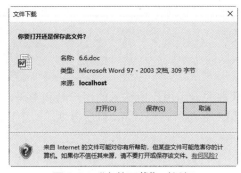

图 6-9 "文件下载"对话框

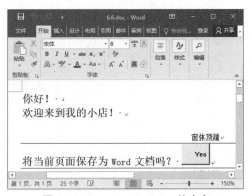

图 6-10 SaveAsWord.doc 的内容

6.3.4 设置输出缓冲

在通常情况下,服务器要输出到客户端的内容不会直接写到客户端,而是先写到一个输出缓冲区,这个缓冲区被定义为暂时放置输入或输出资料的内存。当满足以下 3 种情况之一时才会把缓冲区的内容写到客户端。

(1) JSP 页面的输出信息已经全部写入缓冲区。
(2) 缓冲区已满。
(3) 在 JSP 页面中调用了 response 对象的 flushBuffer()方法或 out 对象的 flush()方法。

例如,设置缓冲区的大小为 64 KB,代码如下:

```
response.setBufferSize(64);
```

如果将缓冲区的大小设置为 0 KB,则表示不缓冲。

6.3.5 设置 Cookie 信息

使用 response 对象的 addCookie()方法可以添加相应的用户名和密码 Cookie 信息;使用 request 对象的 getCookies()方法可以获取相应的 Cookie 数组,然后再对其进行遍历,最后输出各个 Cookie 的名称与值。

【例 6.7】通过 Cookie 信息获取当前用户的有关信息(源代码\ch06\6.7.jsp)。

创建 6.7.jsp 页面,该页面内含一个供用户输入用户名和密码的表单。该表单被提交后,将由 JSP 页面 UserLoginResult.jsp 进行处理。

```
<%@ page contentType="text/html;charset=GB2312"%>
<html>
    <head>
        <title>用户登录</title>
    </head>
    <body>
        <form method="post" action="UserLoginResult.jsp">
            <p>
                用户名:
                <input type="text" name="username" size="20">
            </p>
            <p>
                密 码:
                <input type="password" name="password" size="20">
            </p>
            <p>
                <input type="submit" value="登录" name="ok">
                <input type="reset" value="重置" name="cancel">
            </p>
        </form>
    </body>
</html>
```

创建 UserLoginResult.jsp 文件,在该文件中先获取并显示用户所输入的用户名和密码,然后调用 response 对象的 addCookie()方法添加相应的用户名与密码 Cookie,最后再生成一个目标页面为 UserLoginInfo.jsp 的 "[OK]" 链接。

```
<%@ page contentType="text/html;charset=GB2312"%>
<html>
    <head>
        <title>登录结果</title>
```

```
    </head>
    <%
        String username=request.getParameter("username");
        String password=request.getParameter("password");
        out.println("username:"+username+"<br>");
        out.println("password:"+password+"<br>");
        Cookie cookieUsername=new Cookie("username",username);
        Cookie cookiePassword=new Cookie("password",password);
        //cookieUsername.setMaxAge(30);
        //cookiePassword.setMaxAge(30);
        response.addCookie(cookieUsername);
        response.addCookie(cookiePassword);
    %>
    <br>
    <a href="UserLoginInfo.jsp">[OK]</a>
</html>
```

创建 UserLoginInfo.jsp 文件，在该文件中通过调用 request 对象的 getCookies()方法获取相应的 Cookie 数组，然后再对其进行遍历，输出各个 Cookie 的名称与值。

```
<%@ page contentType="text/html;charset=GB2312"%>
<html>
    <head>
        <title>登录信息</title>
    </head>
    <%
        Cookie[] cookies=request.getCookies();
        if(cookies!=null){
            for(int i=0;i<cookies.length;i++){
                out.println(cookies[i].getName()+":"+cookies[i].getValue()+"<br>");
            }
        }
    %>
</html>
```

在 Eclipse 浏览器的地址栏中输入"http://localhost:8089/myWeb/6.7.jsp"，运行结果如图 6-11 所示，在其中输入用户名和密码，单击"登录"按钮后，可打开如图 6-12 所示的"登录结果"页面，以显示用户所输入的用户名和密码。在单击其中的"[OK]"链接后，将打开如图 6-13 所示的"登录信息"页面，以显示当前用户的有关信息。

图 6-11 "用户登录"页面

图 6-12 "登录结果"页面

图 6-13 "登录信息"页面

微视频

6.4　session 对象

　　session 对象为会话对象，封装当前用户会话的有关信息。借助于 session 对象，可对各个客户端请求期间的会话进行跟踪。在实际应用中，通常用 session 对象存储用户在访问各个页面期间所产生的有关信息，并在页面之间进行共享。session 对象的常用方法如表 6-3 所示。

表 6-3　session 对象的常用方法

方　　法	说　　明
String getId()	获取 session 对象的 ID 号
boolean isNew()	判断是否为新的 session 对象。新的 session 对象是指该 session 对象已由服务器产生，但尚未被客户端使用过
void setMaxInactiveInterval(int interval)	设置 session 对象的有效时间或生存时间（单位为秒），即会话期间客户端两次请求的最长时间间隔。超过此时间，session 对象将会失效。若为 0 或负值，则表示该 session 对象永远不会过期
int getMaxInactiveInterval()	获取 session 对象的有效时间或生存时间（单位为秒）。若为 0 或负值，则表示该 session 对象永远不会过期
void setAttribute(String name,Object obj)	在 session 中设置指定的属性及其值
Object getAttribute(String name)	获取 session 中指定的属性值。若该属性不存在，则返回 null
Enumeration getAttributeNames()	获取 session 中所有属性名的枚举
void removeAttribute(String name)	删除 session 中指定的属性
void invalidate()	注销当前的 session 对象，并删除其中的所有属性
long getCreationTime()	获取 session 对象的创建时间（单位为毫秒，从 1970 年 1 月 1 日零时算起）
long getLastAccessedTime()	返回当前会话中客户端最后一次发出请求的时间（单位为毫秒，从 1970 年 1 月 1 日零时算起）

6.4.1　创建及获取客户的会话

　　通过 session 对象的 setAttribute()方法和 getAttribute()方法可以存储或读取客户的相关信息。setAttribute()方法用于将信息保存在 session 范围内，语法格式如下：

```
session.setAttribute(String name,Object obj)
```

参数说明：
（1）name：用于指定作用域在 session 范围内的变量名。
（2）obj：用于保存在 session 范围内的对象。
例如，将用户名"小明"保存到 session 范围内的 username 变量中，代码如下：

```
session.setAttribute("username","小明");
```

getAttribute()方法用于获取保存在 session 范围内的信息，语法格式如下：

```
session.getAttribute(String name,Object obj)
```

其中，name 指定保存在 session 范围内的关键字。
例如，读取保存到 session 范围内的 username 变量中的值，代码如下：

```
session.getAttribute("username");
```

☆**大牛提醒**☆

getAttribute()方法的返回值是 Object 类型，如果将获取到的信息赋给 String 类型的变量，则需要进行强制类型转换或调用其 toString()方法。例如，下面的两行代码都是正确的。

```
String user01=(String)session.getAttribute("username");        //强制类型转换
String user02=session.getAttribute("username").toString();     //调用 toString()方法
```

6.4.2 从会话中移动指定的绑定对象

使用 session 对象的 removeAttribute()方法可以将存储在 session 会话中的对象从 session 会话中移除，语法格式如下：

```
removeAttribute(String name)
```

其中，name 用于指定作用域在 session 范围内的变量名，注意，一定要保证该变量在 session 范围内有效，否则将抛出异常。

例如，将保存在 session 会话中的 username 对象移除，代码如下：

```
<%
    session.removeAttribute("username");
%>
```

6.4.3 销毁 session

当客户端长时间不向服务器发送请求时，session 对象会自动消失，但是对于实时统计在线人数的网站，每次都要等 session 过期后才能统计出准确的人数，这会浪费程序的运行时间，所以还需要手动销毁 session。

通过 session 对象的 invalidate()方法可以销毁 session，语法格式如下：

```
session.invalidate();
```

session 对象被销毁后，将不可以再使用该 session 对象。在 session 被销毁后，如果再调用 session 对象的任何方法，都将报出异常。

6.4.4 会话超时的管理

使用 session 对象中的 setMaxInactiveInterval()方法、getMaxInactiveInterval()方法、getLastAccessedTime()方法可以设置 session 会话的生命周期。例如，通过 setMaxInactiveInterval()方法设置 session 的有效期为 10 000s，超出这个范围 session 将失效。其代码如下：

```
session.setMaxInactiveInterval(10000);
```

6.4.5 session 对象应用实例

session 是较常使用的内置对象之一，与 request 对象相比其作用范围更大。下面通过一个实例介绍 session 对象的应用。

【例 6.8】通过 session 对象制作一个站点计数器，显示当前用户是访问本站点的第几个用户（源代码\ch06\6.8.jsp）。

其具体代码如下：

```
<%@ page contentType="text/html;charset=GB2312"%>
<html>
```

```jsp
        <head>
            <title>站点计数器</title>
        </head>
        <body>
        <%!
        int counter=0;
        synchronized void countPeople(){
            counter=counter+1;
        }
        %>
        <%
        if(session.isNew()){
            countPeople();
            session.setAttribute("counter", String.valueOf(counter));
        }
        %>
        <P>
        您是第
        <font color="red"> <%=(String)session.getAttribute("counter")%></font>
        个访问本站的用户.
        <br>
        SessionID:<%=session.getId()%><br>
        </body>
    </html>
```

在 Eclipse 浏览器的地址栏中输入"http://localhost: 8089/myWeb/6.8.jsp",运行结果如图 6-14 所示。

本实例通过调用 session 对象的 isNew()方法来判断当前用户是否开始一个新的会话(在刷新页面时不会开始一个新的会话,即 session 对象的 ID 号是不会改变的),只有在开始一个新的会话时才会增加计数,并将相应的计数结果作为

图 6-14　站点计数器

session 对象的 counter 属性保存起来。反之,显示的计算结果是从 session 对象的 counter 属性获取的。因此,本页面具有禁止用户通过刷新页面增加计数的功能。

本实例同时显示 session 的 ID 号。在刷新页面时 session 的 ID 号是不会改变的,这表明在刷新页面时并不会开始一个新的会话。

6.5　其他内置对象

微视频

除了上述介绍的内置对象外,JSP 还提供了其他内置对象,下面进行详细介绍。

6.5.1　application 对象

application 对象为应用对象,用于保存所有应用程序中的共有数据。它在服务器启动时自动创建,在服务器停止时销毁。当 application 对象没有被销毁时,所有用户都可以共享该 application 对象。与 session 对象相比,application 对象的生命周期更长,类似于系统的"全局变量"。application 对象的常用方法如表 6-4 所示。

表 6-4　application 对象的常用方法

方　　法	说　　明
void setAttribute(String name,Object obj)	在 application 中设置指定的属性及其值
Object getAttribute(String name)	获取 application 中指定的属性值。若该属性不存在，则返回 null
Enumeration getAttributeNames()	获取 application 中所有属性名的枚举
void removeAttribute(String name)	删除 application 中指定的属性
Object getInitParameter(String name)	获取 application 中指定的属性的初始值。若该属性不存在，则返回 null
String getServerInfo()	获取 JSP（Servlet）引擎的名称及版本号
int getMajorVersion()	获取服务器支持的 Servlet API 的主要版本号
int getMinorVersion()	获取服务器支持的 Servlet API 的次要版本号
String getRealPath(String path)	获取指定虚拟路径的真实路径（绝对路径）
ServletContext getContext(String uripath)	获取指定 Web Application 的 application 对象
String getMimeType(String file)	获取指定文件的 MIME 类型
URL getResource(String path)	获取指定资源（文件或目录）的 URL 路径
InputStream getResourceAsStream(String path)	获取指定资源的输入流
RequestDispatcher getRequestDispatcher(String uripath)	获取指定资源的 RequestDispatcher 对象
Servlet getServlet(String name)	获取指定名称的 Servlet
Enumeration getServlets()	获取所有 Servlet 的枚举
Enumeration getServletNames()	获取所有 Servlet 名称的枚举
void log(String msg)	将指定的信息写入 log（日志）文件中
void log(String msg,Throwable throwable)	将 stack trace（栈轨迹）及所产生的 Throwable 异常信息写入 log（日志）文件中
void log(Exception exception,String msg)	将指定异常的 stack trace（栈轨迹）及错误信息写入 log（日志）文件中

【例 6.9】通过 application 对象制作一个站点计数器，用于显示当前用户是访问本站点的第几个用户（源代码\ch06\6.9.jsp）。

其具体代码如下：

```jsp
<%@ page language="java" contentType="text/html;charset=GB2312"%>
<html>
   <head>
      <title>站点计数器</title>
   </head>
   <body>
   <%!
   synchronized void countPeople(){
      ServletContext application=getServletContext();
      Integer counter=(Integer)application.getAttribute("counter");
      if(counter == null){
         counter=1;
         application.setAttribute("counter", counter);
      } else {
         counter=counter+1;
         application.setAttribute("counter", counter);
      }
   }
```

```
        %>
        <%
            Integer allCounter=(Integer)application.getAttribute("counter");
            if(session.isNew()|| allCounter == null){
                countPeople();
            }
            Integer myCounter=(Integer)application.getAttribute("counter");
        %>
        <P>
            欢迎访问本站,您是本站的第
            <font color="red"> <%=myCounter%></font>
            个用户.
            <br>
        </body>
    </html>
```

在 Eclipse 浏览器的地址栏中输入 "http://localhost: 8089/myWeb/6.9.jsp", 运行结果如图 6-15 所示。

本实例将站点的访问计数结果保存到 application 对象的 counter 属性中, 这样站点的各个用户均可对其进行访问, 并在需要时递增其值。另外, 本实例根据当前会话是否为一个新的会话来决定是否递增站点的访问计数, 因此具有防止用户通过刷新页面来增加计数的功能。

图 6-15 "站点计数器" 页面

6.5.2 out 对象

out 对象为输出流对象, 主要用于向客户端输出流进行写操作, 可将有关信息发送到客户端的浏览器中。此外, 通过 out 对象还可对输出缓存区与输出流进行相应的控制与管理。out 对象的常用方法如表 6-5 所示。

表 6-5 out 对象的常用方法

方法	说明
void print(String str)	输出数据
void println(String str)	输出数据并换行
void newLine()	输出一个换行符
int getBufferSize()	获取缓冲区的大小
int getRemaining()	获取缓冲区剩余空间的大小
void flush()	输出缓冲区中的数据
void clear()	清除缓冲区中的数据, 并关闭对客户端的输出流
void clearBuffer()	清除缓冲区中的数据
void close()	输出缓冲区中的数据, 并关闭对客户端的输出流
boolean isAutoFlush()	缓冲区满时是否自动清空。该方法返回布尔值 (由 page 指令的 autoFlush 属性确定)。若返回值为 true, 则表示缓冲区满了会自动清除; 若为 false, 则表示缓冲区满了不会自动清除, 而是抛出异常

【例 6.10】通过 out 对象向客户端输出有关信息 (源代码\ch06\6.10.jsp)。

其具体代码如下：

```jsp
<%@ page contentType="text/html;charset=GB2312"%>
<html>
    <head>
        <title>out 对象使用示例</title>
    </head>
    <body>
        <%
        out.println("<br>输出字符串:");
        out.println("Hello,World!");
        out.println("<br>输出字符型数据:");
        out.println('*');
        out.println("<br>输出字符数组数据:");
        out.println(new char[]{'a','b','c'});
        out.println("<br>输出整型数据:");
        out.println(100);
        out.println("<br>输出长整型数据:");
        out.println(123456789123456789L);
        out.println("<br>输出单精度数据:");
        out.println(1.50f);
        out.println("<br>输出双精度数据:");
        out.println(123.50d);
        out.println("<br>输出布尔型数据:");
        out.println(true);
        out.println("<br>输出对象:");
        out.println(new java.util.Date());
        out.println("<br>缓冲区大小:");
        out.println(out.getBufferSize());
        out.println("<br>缓冲区剩余大小:");
        out.println(out.getRemaining());
        out.println("<br>是否自动清除缓冲区:");
        out.println(out.isAutoFlush());
        out.println("<br>调用 out.flush()");
        out.flush();
        out.println("<br>out.flush()OK!");          //不会输出
        out.println("<br>调用 out.clearBuffer()");   //不会输出
        out.clearBuffer();
        out.println("<br>out.clearBuffer()OK!");
        out.println("<br>调用 out.close()");
        out.close();
        out.println("<br>out.close()OK!");          //不会输出
        %>
    </body>
</html>
```

在 Eclipse 浏览器的地址栏中输入"http://localhost:8089/myWeb/6.10.jsp"，运行结果如图 6-16 所示。

图 6-16　输出客户信息

6.5.3 exception 对象

exception 对象为异常对象，其中封装了从某个 JSP 页面抛出的异常信息，常用于处理 JSP 页面在执行时所发生的错误或异常。exception 对象的常用方法如表 6-6 所示。

表 6-6 exception 对象的常用方法

方　法	说　明
String getMessage()	获取异常的描述信息（字符串）
String getLocalizedMessage()	获取本地化语言的异常描述信息（字符串）
String toString()	获取关于异常的简短描述信息（字符串）
void printStackTrace(PrintWriter s)	输出异常的栈轨迹
Throwable FillInStackTrace()	重写异常的栈轨迹

【例 6.11】通过 exception 对象抛出异常（源代码\ch06\6.11.jsp）。

创建 6.11.jsp 文件，在该文件中执行"int i= 100/0;"语句，这会产生一个异常。由于该页面包含一条"<%@ page errorPage="Exception.jsp"%>"指令，所以在发生异常时将自动跳转到 Exception.jsp 页面，并传入相应的 exception 对象。

```
<%@ page language="java" contentType="text/html;charset=GB2312"%>
<%@ page errorPage="Exception.jsp"%>
<html>
    <head>
        <title>exception 对象使用示例</title>
    </head>
    <body>
        <%
            int i= 100/0;
        %>
    </body>
</html>
```

创建 Exception.jsp 文件，该文件通过 exception 对象获取异常的有关信息。不过，为了访问 exception 对象，需使用 page 指令将 isErrorPage 属性设置为 true。

```
<%@ page language="java" contentType="text/html;charset=GB2312"%>
<%@ page isErrorPage="true" import="java.io.*"%>
<html>
    <head>
        <title>exception 对象使用示例</title>
    </head>
    <body>
        <font color="red">
        <%=exception.toString()%>
        <br>
        <%
        exception.printStackTrace(new PrintWriter(out));
        %>
        </font>
    </body>
</html>
```

在 Eclipse 浏览器的地址栏中输入"http://localhost:8089/myWeb/6.11.jsp"，运行结果如图 6-17 所示。

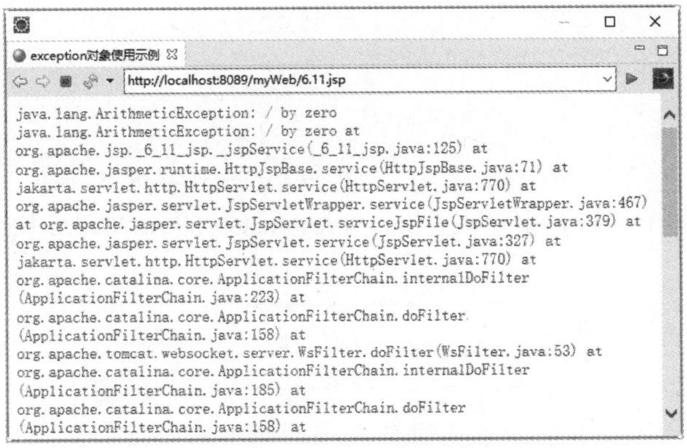

图 6-17 "exception 对象使用示例"页面

6.5.4 page 对象

page 对象为页面对象，是页面实例的引用，代表 JSP 页面本身，即 JSP 页面被转译后的 Servlet。page 对象的常用方法如表 6-7 所示。

表 6-7 page 对象的常用方法

方 法	说 明
class getClass()	获取当前对象的类
int hashCode()	获取当前对象的哈希（Hash）代码
boolean equals(Object obj)	判断当前对象是否与指定的对象相等
void copy(Object obj)	把当前对象复制到指定的对象中
Object clone()	复制当前对象
String toString()	获取表示当前对象的一个字符串
void notify()	唤醒一个等待的线程
void notifyAll()	唤醒所有等待的线程
void wait(int timeout)	使一个线程处于等待状态，直到指定的超时时间结束或被唤醒
void wait()	使一个线程处于等待状态，直到被唤醒

【例 6.12】获取当前页面对象的类以及表示该对象的字符串（源代码\ch06\6.12.jsp）。

创建 6.12.jsp 文件，在该文件中直接调用 page 对象的 getClass()方法与 toString()方法来获取当前页面对象的类以及表示该对象的字符串。通常在代码中可用 this 代替 page。

```
<%@ page language="java" contentType="text/html;charset=GB2312"%>
<%@ page info="My JSP Page."%>
<html>
    <head>
        <title>page 对象使用示例</title>
    </head>
    <body>
        Class: <%= page.getClass()%>
        <br>
        Class: <%= this.getClass()%>
        <br>
        String: <%= page.toString()%>
```

```
        <br>
        String: <%= this.toString()%>
        <br>
        Page Info: <%= this.getServletInfo()%>
    </body>
</html>
```

在 Eclipse 浏览器的地址栏中输入"http://localhost:8089/myWeb/6.12.jsp",运行结果如图 6-18 所示。

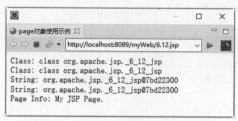

图 6-18 "page 对象使用示例"页面

6.5.5 config 对象

config 对象为配置对象,主要用于获取 Servlet 或者 JSP 引擎的初始化参数。config 对象的常用方法如表 6-8 所示。

表 6-8 config 对象的常用方法

方　法	说　明
String getInitParameter(String name)	获取指定 Servlet 初始化参数的值
Enumeration getInitParameterNames()	获取所有 Servlet 初始化参数的枚举
String getServletName()	获取 Servlet 的名称
ServletContext getServletContext()	获取 Servlet 上下文(ServletContext)

6.5.6 pageContext 对象

pageContext 对象为页面上下文对象,主要用于访问页面的有关信息。其实,pageContext 对象是整个 JSP 页面的代表,相当于页面中所有功能的集大成者,可实现对页面内所有对象的访问。

在 pageContext 对象中包含传递给 JSP 页面的指令信息,存储了 request 对象和 response 对象的引用。此外,out 对象、session 对象、application 对象和 config 对象也可以从 pageContext 对象中导出。可见,通过 pageContext 对象可以存取其他内置对象。pageContext 对象的常用方法如表 6-9 所示。

表 6-9 pageContext 对象的常用方法

方　法	说　明
Exception getException()	获取当前页(该页应为 Error Page)的 exception 对象
JspWriter getOut()	获取当前页的 out 对象
Object getPage()	获取当前页的 page 对象
ServletRequest getRequest()	获取当前页的 request 对象

续表

方法	说明
ServletResponse getResponse()	获取当前页的 response 对象
ServletConfig getServletConfig()	获取当前页的 config 对象
ServletContext getServletContext()	获取当前页的 application 对象
HttpSession getSession()	获取当前页的 session 对象
void setAttribute(String name,Object obj)	设置指定的属性及其值（在 page 范围内）
void setAttribute(String name,Object obj,int scope)	在指定范围内设置指定的属性及其值
public Object getAttribute(String name)	获取指定属性的值（在 page 范围内）。若无指定的属性，则返回 null
public Object getAttribute(String name,int scope)	在指定范围内获取指定属性的值。若无指定的属性，则返回 null
Object findAttribute(String name)	按顺序在 page、request、session 与 application 范围内查找并返回指定属性的值。若无指定的属性，则返回 null
void removeAttribute(String name)	在所有范围内删除指定的属性
void removeAttribute(String name,int scope)	在指定范围内删除指定的属性
int getAttributeScope(String name)	获取指定属性的作用范围
Enumeration getAttributeNamesInScope(int scope)	获取指定范围内的属性名枚举
void release()	释放 pageContext 对象所占用的资源
void forward(String relativeUrlPath)	将页面重定向到指定的地址
void include(String relativeUrlPath)	在当前位置包含指定的文件

6.6　新手疑难问题解答

问题 1：include 动作标记与 include 指令标记有什么区别？

解答：动态 include 用 jsp: include 动作实现，它总是会检查所含文件的变化，适用于包含动态页面，并且可以带参数；静态 include 用 include 伪码实现，一定不会检查所含文件的变化，适用于包含静态页面。

问题 2：forward 与 redirect 有什么区别？

解答：forward 是把另一个页面加载到本页面，不改变浏览器的路径；redirect 是跳转到另一个页面，会改变浏览器的路径。

6.7　实战训练

实战 1：绘制一个包含 3 种颜色的饼图。

编写程序，使用 response 对象中的方法响应客户端的请求，绘制一个包含 3 种颜色的饼图，运行结果如图 6-19 所示。

实战 2：设计一个系统登录功能页面。

编写程序，定义一个系统登录页面。系统登录是各类应用系统中用于确保系统安全性的一项至关重要的功能,其主要作用是验证用户的身份,并确定其操作权限。下面综合应用 JSP 的有关内置对象设计一个系统登录功能页面。

如图 6-20 所示为"系统登录"页面,在此页面中,输入用户名和密码后单击"登录"按钮,即可提交至服务器对用户的身份进行验证。若该用户为系统的合法用户,则跳转至"登录成功"页面,如图 6-21 所示;反之,则跳转至"登录失败"页面,如图 6-22 所示。

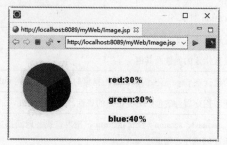

图 6-19　绘制的饼图

图 6-20　"系统登录"页面

图 6-21　"登录成功"页面

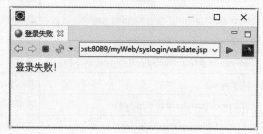

图 6-22　"登录失败"页面

第7章 JavaBean 组件

在进行 JSP 开发的过程中，不难发现很多代码并没有把 Java 面向对象的思想很好地体现出来，这会导致程序代码的重复甚至混乱。为此，Java 提供了 JavaBean 组件，它是一种可重用组件技术，也是传统的 Java Web 应用开发的核心技术之一。通过把 JavaBean 组件应用到 JSP 编程中可以提高程序的可读性、代码的重用性。本章介绍 JavaBean 组件的应用。

7.1 JavaBean 介绍

微视频

JavaBean 是 Java 中的一种可重用组件技术，类似于微软公司的 COM 技术。从本质上看，JavaBean 是一种通过封装属性和方法而具有某种功能的 Java 类，通常简称为 Bean。

7.1.1 JavaBean 概述

在 JSP 网页开发的初级阶段，需要将 Java 代码嵌入网页中，对 JSP 网页中的一些业务逻辑进行处理，例如字符串处理、数据库操作等。其开发模式流程如图 7-1 所示。

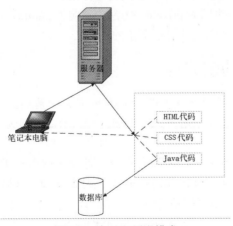

图 7-1 纯 JSP 开发模式

从图 7-1 中可以看出纯 JSP 开发模式流程简单，与此同时也伴随着一些问题，这种开发模式将大量的 Java 代码嵌入 JSP 页面中，必定会影响后期的修改和维护，因为这种开发模式的 JSP 页面上包含 Java 代码、CSS 代码、HTML 代码，同时还要加入业务逻辑处理代码，既不方便开发人员，也不能体现面向对象的思想，为此引入了 JavaBean+JSP 开发模式，其开发模式流程如图 7-2 所示。

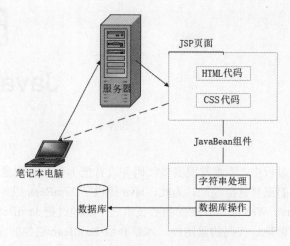

图 7-2　JavaBean+JSP 开发模式

从图 7-2 所示的开发模式中可以看出，JavaBean 组件的使用大大简化了 JSP 页面，在 JSP 页面中只包含 HTML 代码和 CSS 代码等，而引用的 JavaBean 组件完成了业务逻辑处理，例如字符串处理、数据库操作等。

7.1.2　JavaBean 的规范

JavaBean 是特殊的 Java 类，使用 Java 语言书写，且遵守 JavaBean API 规范。通常，一个标准的 JavaBean 需遵循以下规范。

（1）JavaBean 是一个公共的（public）类。
（2）JavaBean 类必须存在一个不带参数的构造函数。
（3）JavaBean 的属性应声明为 private，方法应声明为 public。
（4）JavaBean 提供了多种方法来存取类中的属性。

7.1.3　JavaBean 的创建

创建一个 JavaBean，其实就是在遵循 JavaBean 规范的基础上创建一个 Java 类，并将其保存为*.java 文件。下面以创建一个用户 JavaBean——UserBean 为例介绍 JavaBean 的创建过程，具体操作步骤如下。

步骤 1：选择 File→New→Package 菜单命令，打开 New Java Package 对话框，在 Name 文本框中输入包名（在此为 org.etspace.abc.bean），同时在 Source folder 文本框处指定其存放的文件夹（在此为 myWeb/src），如图 7-3 所示。

步骤 2：单击 Finish 按钮，关闭 New Java Package 对话框，在项目中可以看到创建的 org.etspace.abc.bean 包，如图 7-4 所示。

步骤 3：在项目中右击 org.etspace.abc.bean 包，并在其快捷菜单中选择 New→Class 菜单命令，打开 New Java Class 对话框，在 Name 文本框中输入类名"UserBean"，如图 7-5 所示。

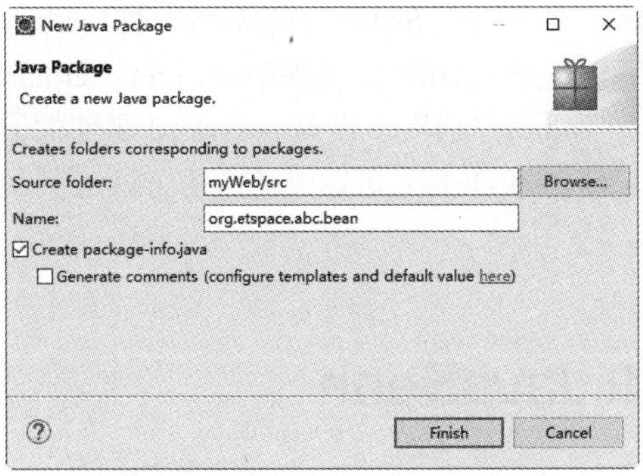

图 7-3　New Java Package 对话框

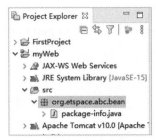

图 7-4　Project Explorer 窗口

步骤 4：单击 Finish 按钮，关闭 New Java Class 对话框。此时，在项目的 org.etspace.abc.bean 包中将自动创建一个 Java 类文件 UserBean.java，如图 7-6 所示。

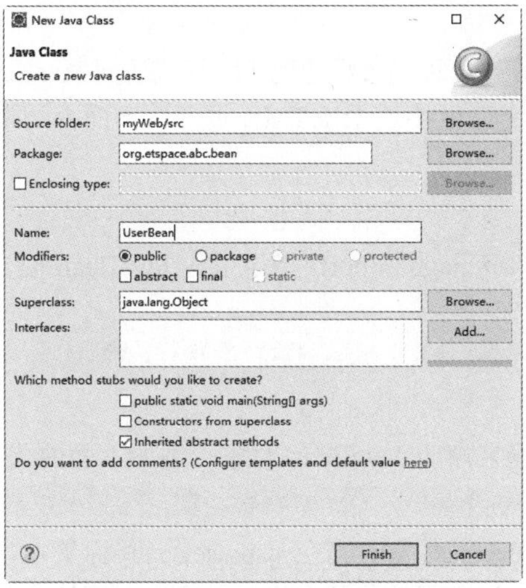

图 7-5　New Java Class 对话框

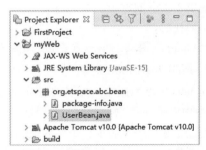

图 7-6　创建 UserBean.java 文件

步骤 5：输入并保存 UserBean.java 的代码，具体代码如下。

```java
package org.etspace.abc.bean;
public class UserBean {
    private String username=null;
    private String password=null;
    public UserBean(){
    }
    public void setUsername(String value){
        username=value;
    }
    public String getUsername(){
        return username;
    }
    public void setPassword(String value){
        password=value;
    }
    public String getPassword(){
        return password;
    }
}
```

创建的 UserBean 组件是一个很典型的 JavaBean，共有两个 String 型的属性，即 username 和 password。其中，setUsername(String value)方法用于设置 username 属性的值，getUsername() 方法用于获取 username 属性的值；setPassword(String value)方法用于设置 password 属性的值，getPassword()方法用于获取 password 属性的值。在 UserBean 外部，可通过相应的方法对其属性进行操作。

7.2 使用 JSP 和 JavaBean

微视频

在 Java Web 开发应用中，与 JavaBean 关系最为密切的是 JSP。使用 JSP+JavaBean 组合可以提高开发 Java Web 程序的效率。

7.2.1 通过 JSP 标签访问 JavaBean

在 JSP 网页中，既可以通过程序代码访问 JavaBean，也可以通过特定的 JSP 标签访问 JavaBean。采用后一种方法可以减少 JSP 网页中的程序代码，使它更接近于 HTML 页面。下面介绍访问 JavaBean 的 JSP 标签。

1. 导入 JavaBean 类

如果在 JSP 网页中访问 JavaBean，首先要通过<%@ page import>指令引入 JavaBean 类，例如下面的代码：

```
<%@ page import="mypack.CounterBean"%>
```

2. 声明 JavaBean 对象

在 Java Web 应用中，可以使用<jsp:useBean>标签来声明 JavaBean 对象，例如下面的代码：

```
<jsp:useBean id="myBean" class="mypack.CounterBean" scope="session"/>
```

通过上述代码声明了一个名为 myBean 的 JavaBean 对象。当在<jsp:useBean>标签中指定 class 属性时，必须给出完整的 JavaBean 的类名，包括类所属的包的名字。如果将前面的声明语句改为如下格式：

```
<jsp:useBean id="myBean" class="CounterBean" scope="session"/>
```

此时 JSP 编译器会找不到 CounterBean 类，从而抛出 ClassNotFoundException 异常。

另外，JSP 提供了访问 JavaBean 属性的标签，如果将 JavaBean 的某个属性输出到网页上，可以用<jsp:getProperty>标签实现，例如下面的代码：

```
<jsp:getProperty name="myBean" property="count"/>
```

上述<jsp:getProperty>标签根据 name 属性的值 myBean 找到由<jsp:useBean>标签声明的 ID 为 myBean 的 CounterBean 对象，然后输出它的 count 属性。

如果要给 JavaBean 的某个属性赋值，可以用<jsp:setProperty>标签实现，例如下面的代码：

```
<jsp:setProperty name="myBean" property="count" value="1"/>
```

在上述<jsp:setProperty>标签的代码中，可以根据 name 属性的值 myBean 找到由<jsp:useBean>标签声明的 ID 为 myBean 的 CounterBean 对象，然后给它的 count 属性赋值。

☆**大牛提醒**☆

如果一个 JSP 文件通过<jsp:setProperty>或<jsp:getProperty>标签访问一个 JavaBean 的属性，

必须在此 JSP 文件中先通过<jsp:useBean>标签来声明这个 JavaBean，否则<jsp:setProperty>和<jsp:getProperty>标签在运行时会抛出异常。

7.2.2 在 JSP 中调用 JavaBean

要想在 JSP 中调用 JavaBean，需要使用<jsp:useBean>标签，该标签主要用于创建和查找 JavaBean 的示例对象。其语法格式如下：

```
<jsp:useBean id="beanName" scope="page|request|session|application" class="packageName.className"/>
```

主要参数介绍如下：

（1）id 属性表示该 JavaBean 实例化后的对象名称。

（2）scope 属性用来指定该 JavaBean 的范围，也就是 JavaBean 实例化后的对象的存储范围，范围的取值分别是 page、request、session 和 application。

（3）class 属性用来指定 JavaBean 的类名，这里所指的类名包含 JavaBean 包的名字和具体 JavaBean 类的名字。

【例 7.1】在 7.1.jsp 文件中调用 7.1.3 节创建的 JavaBean，名称为 UserBean（源代码\ch07\7.1.jsp）。

其具体代码如下：

```jsp
<%@ page language="java" contentType="text/html;charset=GB2312"%>
<html>
<head>
    <title>调用 JavaBean</title>
</head>
<body>
    <%--通过 useBean 动作指令调用 JavaBean--%>
    <jsp:useBean id="user" scope="page" class="org.etspace.abc.bean.UserBean">
    </jsp:useBean>
    <%
        //设置 user 的 username 属性
        user.setUsername("王一诺");
        //设置 user 的 password 属性
        user.setPassword("123456");
        //打印输出 user 的 username 属性
        out.println("用户名: " + user.getUsername()+ "<br>");
        //打印输出 user 的 password 属性
        out.println("用户密码: " + user.getPassword());
    %>
</body>
</html>
```

在 Eclipse 浏览器的地址栏中输入"http://localhost:8089/myWeb/7.1.jsp"，运行结果如图 7-7 所示。在上述代码中，通过<jsp:useBean>指令调用名为 UserBean 的 JavaBean，并设置其实例化对象名为 user，其存储范围为 page。然后通过实例化对象名 user 分别设置其属性值，最后通过实例化对象名 user 分别获得其属性值并输出在页面中。

图 7-7 调用 JavaBean

微视频

7.3 设置 JavaBean 的范围

<jsp:useBean>标签中的 scope 属性表示一个 JavaBean 的范围,有 4 个取值,分别为 page、request、session、application。下面通过几个简单的实例来介绍 JavaBean 范围的设置方法,首先设计一个用于计数操作的 Java 类文件 Count.java。其代码如下:

```
package com.lzl.demo;
public class Count{
    private int count=0;
    public Count(){
        System.out.println("产生一个新的Count对象");
    }
    public int getCount(){
        return ++count;
    }
}
```

创建的 Java 类文件 Count.java 保存在 myWeb 文件夹下的 com.lzl.demo 项目包中,如图 7-8 所示。

7.3.1 页面范围

page 表示页面范围,即 JavaBean 保存在一页的范围中,跳转后这个 JavaBean 就无效了。

【例 7.2】定义 JavaBean 在 page 范围内(源代码\ch07\7.2.jsp)。

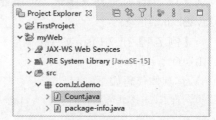

图 7-8 创建 Java 类文件 Count.java

创建 7.2.jsp 文件,该文件定义了一个 page 范围内的 JavaBean。

```
<%@ page language="java" contentType="text/html; charset=UTF-8"
    pageEncoding="GBK"%>
<jsp:useBean id="coun" scope="page" class="com.lzl.demo.Count"/> <!-- 定义page范围的JavaBean-->
<html>
<head>
<meta http-equiv="Content-Type" content="text/html; charset=ISO-8859-1">
<title>Insert title here</title>
</head>
<body>
<!--<jsp:getProperty>标签代替getter()方法的调用-->
<h1>访问次数: <jsp:getProperty name="coun" property="count"/></h1>
<jsp:forward page="page_bean_1.jsp"/>
</body>
</html>
```

创建跳转页面 page_bean_1.jsp,代码如下:

```
<%@ page language="java" contentType="text/html; charset=UTF-8"
    pageEncoding="GBK"%>
<jsp:useBean id="coun" scope="page" class="com.lzl.demo.Count"/><!-- 定义page范围的JavaBean-->
<html>
<head>
<meta http-equiv="Content-Type" content="text/html; charset=ISO-8859-1">
<title>Insert title here</title>
</head>
<body>
```

```
<!--<jsp:getProperty>标签代替 getter()方法的调用-->
<h1>访问次数: <jsp:getProperty name="coun" property="count"/></h1>
</body>
</html>
```

在 Eclipse 浏览器的地址栏中输入"http://localhost:8089/myWeb/7.2.jsp",运行结果如图 7-9 所示。

因为定义的是 page 范围的 JavaBean,所以跳转后会产生新的 Count 对象并在后台显示,如图 7-10 所示。

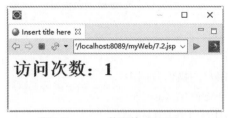

图 7-9　page 范围的 JavaBean

图 7-10　Tomcat 后台输出

7.3.2　请求范围

request 表示请求范围,即 JavaBean 保存在一个服务器的跳转范围中。

【例 7.3】设置 request 范围内的 JavaBean 并跳转(源代码\ch07\7.3.jsp)。

创建 7.3.jsp 文件,该文件定义了一个 request 范围内的 JavaBean。

```
<%@ page language="java" contentType="text/html; charset=UTF-8"
    pageEncoding="GBK"%>
<jsp:useBean id="coun" scope="request" class="com.lzl.demo.Count"/> <!--定义了一个 request 范围的 JavaBean -->
<html>
<head>
<meta http-equiv="Content-Type" content="text/html; charset=ISO-8859-1">
<title>Insert title here</title>
</head>
<body>
<h1>访问次数: <jsp:getProperty name="coun" property="count"/></h1>
<jsp:forward page="request_bean_1.jsp"/>
</body>
</html>
```

创建跳转页面 request_bean_1.jsp,代码如下:

```
<%@ page language="java" contentType="text/html; charset=UTF-8"
    pageEncoding="GBK"%>
<jsp:useBean id="coun" scope="request" class="com.lzl.demo.Count"/><!--定义了一个 request 范围的 JavaBean -->
<html>
<head>
<meta http-equiv="Content-Type" content="text/html; charset=ISO-8859-1">
<title>Insert title here</title>
</head>
<body>
<h1>访问次数: <jsp:getProperty name="coun" property="count"/></h1>
</body>
</html>
```

在 Eclipse 浏览器的地址栏中输入"http://localhost:8089/myWeb/7.3.jsp",运行结果如图 7-11 所示。

当服务器跳转到 request_bean_1.jsp 时不会再重复产生 Count 对象,所以控制台只会显示一句"产生一个新的 Count 对象",如图 7-12 所示。

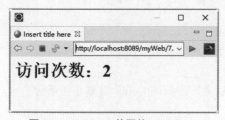

图 7-11 request 范围的 JavaBean

图 7-12 Tomcat 后台输出

7.3.3 会话范围

session 表示会话范围,即 JavaBean 保存在一个用户的操作范围中。

【例 7.4】定义 session 范围内的 JavaBean(源代码\ch07\7.4.jsp)。

创建 7.4.jsp 文件,该文件定义了一个 session 范围内的 JavaBean。

```
<%@ page language="java" contentType="text/html; charset=UTF-8"
    pageEncoding="GBK"%>
<jsp:useBean id="coun" scope="session" class="com.lzl.demo.Count"/>
<html>
<head>
<title>Insert title here</title>
</head>
<body>
<h1>访问次数: <jsp:getProperty name="coun" property="count"/></h1>
</body>
</html>
```

在 Eclipse 浏览器的地址栏中输入"http://localhost:8089/myWeb/7.4.jsp",运行结果如图 7-13 所示。

当一个用户连接到 JSP 页面后,这个 session 对象会一直保留,无论进行什么操作都不会重新声明新的 JavaBean 对象。也就是说,无论刷新这个页面几次,它都不会产生新的 JavaBean 对象,所以最终只会显示一句"产生一个新的 Count 对象",运行结果如图 7-14 所示。

图 7-13 session 范围内的 JavaBean

图 7-14 Tomcat 后台输出

7.3.4 Web 应用范围

application 表示 Web 应用范围,即 JavaBean 在整个服务器上保存,服务器关闭时才会消失。

【例 7.5】定义 application 范围内的 JavaBean(源代码\ch07\7.5.jsp)。

创建 7.5.jsp 文件,该文件定义了一个 session 范围内的 JavaBean。

```
<%@ page language="java" contentType="text/html; charset=UTF-8"
    pageEncoding="GBK"%>
```

```
<jsp:useBean id="coun" scope="application" class="com.lzl.demo.Count"/>
<html>
<head>
<title>Insert title here</title>
</head>
<body>
<h1>访问次数：<jsp:getProperty name="coun" property="count"/></h1>
</body>
</html>
```

在 Eclipse 浏览器的地址栏中输入"http://localhost:8089/myWeb/7.5.jsp"，运行结果如图 7-15 所示。application 范围的 JavaBean 是所有用户共同拥有的，在声明之后就会保存在服务器中，所有用户都可以访问。

图 7-15　application 范围内的 JavaBean

7.4　设置 JavaBean 的属性

微视频

<jsp:setProperty>标签用于设置 JavaBean 的属性值。通过<jsp:setProperty>标签来设置 JavaBean 属性的方法有 4 种，分别为自动匹配（也被称为根据所有参数设置 JavaBean 属性）、指定属性、指定参数和指定内容，如表 7-1 所示。

表 7-1　JavaBean 属性的设置方法表

序　号	类　　型	语　法　格　式
1	自动匹配	<jsp:setProperty name="实例化对象名" property="*"/>
2	指定属性	<jsp:setProperty name="实例化对象名" property="属性名称"/>
3	指定参数	<jsp:setProperty name="实例化对象名" property="*"param="参数名称"/>
4	指定内容	<jsp:setProperty name="实例化对象名" property="属性名称"value="内容"/>

其中，各属性的作用如表 7-2 所示。

表 7-2　<jsp:setProperty>标签的属性

属　　性	说　　明
name	用于指定 JavaBean 的实例名
property	用于指定 JavaBean 的属性名
param	用于指定 HTTP 表单（或请求）的参数名
value	用于指定属性值

☆大牛提醒☆

在使用<jsp:setProperty>标签之前，必须使用<jsp:useBean>标签得到一个可操作的 JavaBean，而且该 JavaBean 中必须有相应的设置方法。

首先创建一个 Java 类文件 FirstBean.java，创建方法可以参照 7.1.3 小节的内容。这个 JavaBean 的功能非常简单，包含 name 和 age 两个属性以及对应的 getter、setter 方法。其代码如下：

```
package com.lzl.demo;
```

```java
public class FirstBean{
 //包含两个属性
    private String name;
    private int age;
 //对应的getter、setter方法
    public void setName(String name){
        this.name=name;
    }
    public void setAge(int age){
        this.age=age;
    }
    public String getName(){
        return name;
    }
    public int getAge(){
        return age;
    }
}
```

创建的 Java 类文件 FirstBean.java 保存在 myWeb 文件夹下的 com.lzl.demo 项目包中，如图 7-16 所示。

7.4.1 根据所有参数设置

使用<jsp:setProperty>标签可以根据所有参数设置 JavaBean 属性，其语法格式如下：

```
<jsp:setProperty name="实例化对象名" property="*"/>
```

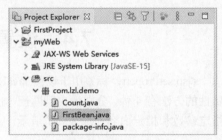

图 7-16 创建 Java 类文件 FirstBean.java

其中"*"表示根据表单传递的所有参数来设置 JavaBean 的属性。比如，通过表单传递两个参数 username 和 password，这时就可以自动地对 JavaBean 中的 username 属性及 password 属性进行赋值。这里必须注意的是，表单的参数值必须和 JavaBean 中的属性名称保持大小写一致，否则无法进行赋值操作。

【例 7.6】JavaBean 与表单，通过表单将属性的值提交到 JSP 页面（源代码\ch07\7.6.jsp）。

首先创建输入表单页面 7.6.html，代码如下：

```html
<html>
<head>
<meta charset="UTF-8">
<title>Insert title here</title>
</head>
<body>
<form action="7.6.jsp" method="post"><!--将输入表单的 name 和 age 传递给 7.6.jsp -->
姓名：<input type="text" name="name"><br><!--name 输入框-->
年龄：<input type="text" name="age"><br><!--age 输入框-->
<input type="submit" value="提交">
<input type="reset" value="重置">
</form>
</body>
</html>
```

上面的表单中有 name 和 age 控件，名称分别和 FirstBean.java 中的 name 和 age 属性相同。

接着创建接收页面文件 7.6.jsp，代码如下：

```jsp
<%@ page language="java" contentType="text/html; charset=UTF-8"
    pageEncoding="GBK"%>
    <jsp:useBean id="first" scope="page" class="com.lzl.demo.FirstBean"/> <!--引入 JavaBean-->
```

```
    <jsp:setProperty name="first" property="*"/>
<html>
<head>
<title>Insert title here</title>
</head>
<body>
<!--获取输入的表单信息-->
<h1>姓名: <%=first.getName()%></h1>
<h1>年龄: <%=first.getAge()%></h1>
</body>
</html>
```

在 Eclipse 浏览器的地址栏中输入"http://localhost:8089/myWeb/7.6.html",运行结果如图 7-17 所示,在其中输入表单信息,这里设置了属性自动匹配。

单击"提交"按钮,即可打开表单信息接收页面,这里输出的信息与表单输入的一样,如图 7-18 所示。

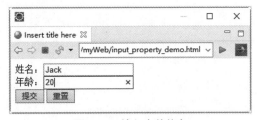

图 7-17 输入表单信息

图 7-18 输出表单信息

7.4.2 根据指定属性设置

<jsp:setProperty>标签可以根据指定属性设置 JavaBean 属性,其语法格式如下:

```
<jsp:setProperty name="实例化对象名" property="属性名称"/>
```

【例 7.7】JavaBean 与表单,通过指定属性将表单信息提交到 JSP 页面(源代码\ch07\7.7.jsp)。首先创建输入表单页面 7.7.html,代码如下:

```
<html>
<head>
<meta charset="UTF-8">
<title>Insert title here</title>
</head>
<body>
<form action="7.7.jsp" method="post"><!--将输入表单的 name 和 age 传递给 7.7.jsp -->
姓名: <input type="text" name="name"><br><!--name 输入框-->
年龄: <input type="text" name="age"><br><!--age 输入框-->
<input type="submit" value="提交">
<input type="reset" value="重置">
</form>
</body>
</html>
```

上面的表单中有 name 和 age 控件,名称分别和 FirstBean.java 中的 name 和 age 属性相同。

接着创建接收页面文件 7.7.jsp,代码如下:

```
<%@ page language="java" contentType="text/html; charset=UTF-8"
    pageEncoding="GBK"%>
    <jsp:useBean id="first" scope="page" class="com.lzl.demo.FirstBean"/> <!--引入
JavaBean-->
    <jsp:setProperty name="first" property="name"/> <!-- 设置 name 属性 -->
```

```
<html>
<head>
<meta http-equiv="Content-Type" content="text/html; charset=ISO-8859-1">
<title>Insert title here</title>
</head>
<body>
<!--获取输入的表单信息-->
<h1>姓名: <%=first.getName()%></h1>
<h1>年龄: <%=first.getAge()%></h1>
</body>
</html>
```

在 Eclipse 浏览器的地址栏中输入"http://localhost:8089/myWeb/7.7.html",运行结果如图 7-19 所示,在其中输入表单信息,这里只设置了 name 属性的内容。

单击"提交"按钮,即可打开表单信息接收页面,因为只设置了 name 属性的内容,所以在输出时 name 不变,但是 age 却变成了默认值 0,如图 7-20 所示。

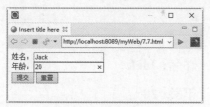

图 7-19　输入表单信息

图 7-20　指定属性

7.4.3　根据指定参数设置

使用<jsp:setProperty>标签可以根据指定参数设置 JavaBean 属性,其语法格式如下:

```
<jsp:setProperty name="实例化对象名" property="数值名称"/>
```

与根据指定属性设置 JavaBean 属性的方法相比,根据指定参数设置 JavaBean 属性具有更好的弹性。第 1 种方法要求设置所有的参数,第 2 种方法可以用来设置指定的参数。例如,通过表单传递了两个参数 username 和 password,这时就可以指定只为 JavaBean 的 username 属性赋值,也可以指定只为 JavaBean 的 password 属性赋值。

【例 7.8】JavaBean 与表单,通过指定参数将表单信息提交到 JSP 页面(源代码\ch07\7.8.jsp)。

首先创建输入表单页面 7.8.html,代码如下:

```
<html>
<head>
<meta charset="UTF-8">
<title>Insert title here</title>
</head>
<body>
<form action="7.8.jsp" method="post"><!--将输入表单的 name 和 age 传递给 7.8.jsp -->
姓名: <input type="text" name="name"><br><!--name 输入框-->
年龄: <input type="text" name="age"><br><!--age 输入框-->
<input type="submit" value="提交">
<input type="reset" value="重置">
</form>
</body>
</html>
```

上面的表单中有 name 和 age 控件,名称分别和 FirstBean.java 中的 name 和 age 属性相同。

接着创建接收页面文件 7.8.jsp,代码如下:

```
<%@ page language="java" contentType="text/html; charset=UTF-8"
    pageEncoding="GBK"%>
    <jsp:useBean id="first" scope="page" class="com.lzl.demo.FirstBean"/>
    <jsp:setProperty name="first" property="name" param="age"/> <!--name 参数的内容赋
给 age 属性-->
    <jsp:setProperty name="first" property="age" param="name"/><!--age 参数的内容赋给
name 属性-->
    <html>
    <head>
    <meta http-equiv="Content-Type" content="text/html; charset=ISO-8859-1">
    <title>Insert title here</title>
    </head>
    <body>
    <!--name 和 age 获取到的值是对方的-->
    <h1>姓名：<%=first.getName()%></h1>
    <h1>年龄：<%=first.getAge()%></h1>
    </body>
    </html>
```

在 Eclipse 浏览器的地址栏中输入"http://localhost:8089/myWeb/7.8.html"，运行结果如图 7-21 所示，在其中输入表单信息。

单击"提交"按钮，即可打开表单信息接收页面，由于要将 name 参数的内容赋给 age 属性，将 age 参数的内容赋给 name 属性，输出的信息会和输入的信息对换，如图 7-22 所示。

图 7-21　输入表单信息

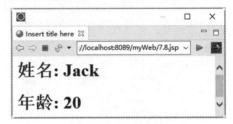

图 7-22　指定参数

7.4.4　根据指定内容设置

使用<jsp:setProperty>标签可以根据指定内容设置 JavaBean 属性，其语法格式如下：

```
<jsp:setProperty name="实例化对象名" property="属性名称" value="内容"/>
```

【例 7.9】JavaBean 与表单，通过指定内容将表单信息提交到 JSP 页面（源代码\ch07\7.9.jsp）。
首先创建输入表单页面 7.9.html，代码如下：

```
<html>
<head>
<meta charset="UTF-8">
<title>Insert title here</title>
</head>
<body>
<form action="7.9.jsp" method="post"><!--将输入表单的 name 和 age 传递给 7.8.jsp-->
姓名：<input type="text" name="name"><br><!--name 输入框-->
年龄：<input type="text" name="age"><br><!--age 输入框-->
<input type="submit" value="提交">
<input type="reset" value="重置">
</form>
</body>
</html>
```

上面的表单中有 name 和 age 控件，名称分别和 FirstBean.java 中的 name 和 age 属性相同。接着创建接收页面文件 7.9.jsp，代码如下：

```
<%@ page language="java" contentType="text/html; charset=UTF-8"
    pageEncoding="GBK"%>
    <%int age=16;%>    <!--声明一个 age 变量并赋初值为 16-->
    <jsp:useBean id="first" scope="page" class="com.lzl.demo.FirstBean"/>
    <jsp:setProperty name="first" property="name" value="JACK"/> <!--指定 name 属性的内容为 JACK-->
    <jsp:setProperty name="first" property="age" value="<%=age%>"/><!--指定 age 属性的内容为上面声明的变量值 16-->
<html>
<head>
<meta http-equiv="Content-Type" content="text/html; charset=ISO-8859-1">
<title>Insert title here</title>
</head>
<body>
<h1>姓名：<%=first.getName()%></h1>
<h1>年龄：<%=first.getAge()%></h1>
</body>
</html>
```

在 Eclipse 浏览器的地址栏中输入"http://localhost:8089/myWeb/7.9.html"，运行结果如图 7-23 所示，在其中输入表单信息。

单击"提交"按钮，即可打开表单信息接收页面，由于直接使用 value 对 name、age 两个属性的内容进行了设置，所以不论用户提交的是什么，输出都是设置的内容，如图 7-24 所示。

图 7-23　输入表单信息

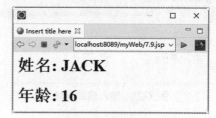
图 7-24　指定内容

☆大牛提醒☆

在 7.4.1～7.4.4 节介绍的几种方法中，使用自动匹配是最方便的，在开发中也较为常见。

7.5　获取 JavaBean 的属性值

微视频

<jsp:getProperty>标签用于获取 JavaBean 的属性值，这个标签会自动调用 JavaBean 的 getter() 方法，语法格式为：

```
<jsp:getProperty name= "beanName" property= "propertyName"/>
```

其中，各属性的作用如表 7-23 所示。

表 7-23　<jsp:getProperty>标签的属性

属　　性	说　　明
name	用于指定 JavaBean 的实例名
property	用于指定 JavaBean 的属性名

☆**大牛提醒**☆

在使用<jsp:getProperty>标签之前，必须使用<jsp:useBean>标签得到一个可操作的 JavaBean，而且该 JavaBean 中必须保证有相应的获取方法。

【例 7.10】JavaBean 与表单，通过获取属性值将表单信息提交到 JSP 页面（源代码\ch07\7.10.jsp）。

首先创建输入表单页面 7.10.html，代码如下：

```
<html>
<head>
<meta charset="UTF-8">
<title>Insert title here</title>
</head>
<body>
<form action="7.10.jsp" method="post"><!--将输入表单的 name 和 age 传递给 7.10.jsp-->
姓名：<input type="text" name="name"><br><!--name 输入框-->
年龄：<input type="text" name="age"><br><!--age 输入框-->
<input type="submit" value="提交">
<input type="reset" value="重置">
</form>
</body>
</html>
```

接着创建获取属性的页面文件 7.10.jsp，代码如下：

```
<%@ page language="java" contentType="text/html; charset=UTF-8"
    pageEncoding="GBK"%>
<jsp:useBean id="first" scope="page" class="com.lzl.demo.FirstBean"/><!--引入 JavaBean-->
<jsp:setProperty name="first" property="*"/>
<html>
<head>
<meta http-equiv="Content-Type" content="text/html; charset=ISO-8859-1">
<title>Insert title here</title>
</head>
<body>
<!--<jsp:getProperty>标签代替 getter()方法的调用-->
<h1>姓名：<jsp:getProperty name="first" property="name"/></h1>
<h1>年龄：<jsp:getProperty name="first" property="age"/></h1>
</body>
</html>
```

在 Eclipse 浏览器的地址栏中输入"http://localhost:8089/myWeb/7.10.html"，运行结果如图 7-25 所示，在其中输入表单信息。

单击"提交"按钮，即可获取属性并将表单信息输出到页面，如图 7-26 所示。

图 7-25　输入信息

图 7-26　取得属性值

7.6 移除 JavaBean

微视频

JavaBean 在使用<jsp:useBean>创建后,如果不想使用了,可以通过以下 4 种属性范围内的 removeAttribute()方法移除 JavaBean。

(1) page:使用 pageContext. removeAttribute(JavaBean 名称)。
(2) request:使用 request. removeAttribute(JavaBean 名称)。
(3) session:使用 session. removeAttribute(JavaBean 名称)。
(4) application:使用 application. removeAttribute(JavaBean 名称)。

下面以移除 page 范围内的 JavaBean 对象为例,介绍移除 JavaBean 对象的方法。

【例 7.11】移除 page 范围内的 JavaBean 对象(源代码\ch07\7.11.jsp)。

其具体代码如下:

```jsp
<%@ page language="java" contentType="text/html; charset=UTF-8"
    pageEncoding="GBK"%>
<jsp:useBean id="coun" scope="page" class="com.lzl.demo.Count"/>
<html>
<head>
<title>Insert title here</title>
</head>
<body>
<h1>访问次数:<jsp:getProperty name="coun" property="count"/></h1>
<% pageContext.removeAttribute("coun");%>   //移除 page 范围内的 JavaBean 对象 coun
</body>
</html>
```

在删除 JavaBean 时,使用以上 4 种属性范围的操作都可以达到目的,选择其中一种即可。

7.7 新手疑难问题解答

问题 1:JSP 与 JavaBean 搭配使用有什么好处?

解答:HTML 和 Java 程序分离,便于维护,可以降低对 JSP 页面开发人员的 Java 编程能力的要求。JSP 侧重于动态生成页面,事务处理由 JavaBean 来完成,可以利用 JavaBean 的可重用性提高开发效率。

问题 2:在使用<jsp:setProperty>时为什么出现"Cannot find any information on property [NAME] in a bean of type [bean.UserBean]"这样的错误信息?

解答:在使用<jsp:setProperty>和<jsp:getProperty>标签时,它们的 property 属性一定要用小写,而不管 JavaBean 中的属性名的大小写如何,否则就会报错。

7.8 实战训练

实战 1:验证用户登录信息。

编写程序,通过创建 JavaBean 组件来验证用户登录信息是否正确,具体要求为在用户登录页面输入用户名与密码后(图 7-27)单击"登录"按钮提交表单,若用户名与密码的输入正确(在此假定正确的用户名与密码分别为 admin 与 12345),显示如图 7-28 所示的登录成功页面,否则显示如图 7-29 所示的登录失败页面。

图 7-27 "用户登录"页面

图 7-28 登录成功页面

图 7-29 登录失败页面

实战 2：简单的注册验证程序。

编写程序，通过创建 JavaBean 组件来完成一个简单的注册验证程序，用户在表单中填写姓名、年龄，如果输入正确就将输入的内容显示出来，如果输入的内容不正确，则在错误的地方进行提示，将正确的内容保留下来。如图 7-30 所示，输入的姓名、年龄都合法，验证通过，因此显示如图 7-31 所示；如图 7-32 所示，输入的姓名的长度为 5，验证没通过，因此显示如图 7-33 所示，提示用户名是 6～15 位字母或数字。

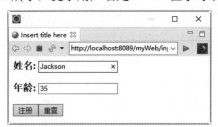

图 7-30 合法输入

图 7-31 正确输出

图 7-32 姓名输入不合法

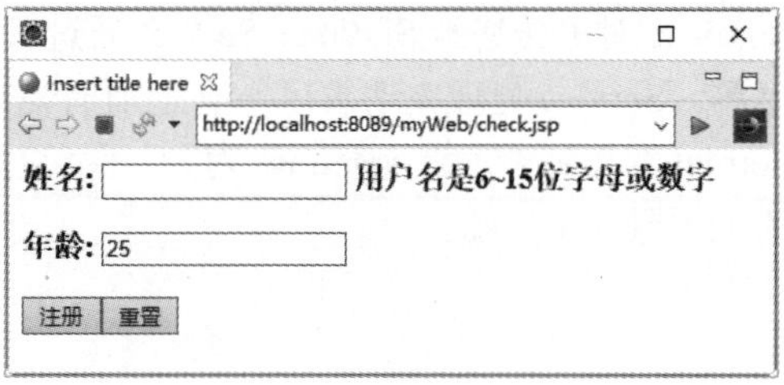

图 7-33 提示错误信息

第 8 章

Servlet 技术

Servlet 是用 Java 语言编写应用到 Web 服务器端的扩展技术，可以方便地对 Web 应用中的 HTTP 请求进行处理，从而生成动态的 Java Web 页面。Servlet 是位于 Web 服务器内部的服务器端的 Java 应用程序，在安全性、扩展性以及性能方面都十分优秀，它在 Java Web 程序开发及 MVC 模式的应用方面起到了极其重要的作用。本章介绍 Servlet 技术。

8.1 Servlet 简介

微视频

Servlet（Server Applet）的全称是 Java Servlet，它是使用 Java 语言编写的服务器端程序。Servlet 运行于支持 Java 语言的应用服务器中，主要功能在于交互式地浏览和修改数据，从而生成动态 Web 内容。从原理上讲，Servlet 可以响应任何类型的请求，但绝大多数情况下 Servlet 只用来扩展基于 HTTP 的 Web 服务器。

8.1.1 工作原理

Servlet 运行需要特定的容器，即 Servlet 运行时所需要的运行环境。在本书中采用 Tomcat 作为 Servlet 的容器，由 Tomcat 为 Servlet 提供基本的运行环境。

当 Web 服务器接收到一个 HTTP 请求时，会将请求交给 Servlet 容器，Servlet 容器首先对所请求的 URL 进行解析，并根据 web.xml 配置文件找到相应的处理 Servlet，同时将 request、response 对象传递给 Servlet。Servlet 通过 request 对象获取客户端请求者、请求信息以及其他信息等。Servlet 处理完请求后，会把所有需要返回的信息放入 response 对象中并返回客户端，Servlet 容器就会刷新 response 对象，并将控制权重新交给 Web 服务器。如图 8-1 所示为 Servlet 的工作原理示意图。

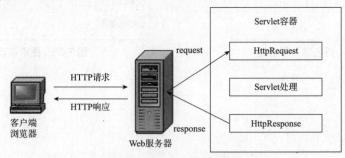

图 8-1　Servlet 的工作原理

当 Servlet 容器收到请求时，Servlet 引擎就会判断这个 Servlet 是否为第一次访问，如果是第一次访问，Servlet 引擎调用 init()方法初始化这个 Servlet。每个 Servlet 只被初始化一次，后续的请求只是新建一个线程，再调用 Servlet 中的 service()方法。当多个用户请求同时访问一个 Servlet 时，由 Servlet 容器负责为每个用户启动一个线程，这些线程的启动和销毁都由 Servlet 容器负责。

8.1.2 生命周期

Servlet 是运行在服务器端的程序，它的运行状态由 Servlet 容器来维护。Servlet 的生命周期一般是从 Web 服务器开始运行时开始，然后不断地处理来自浏览器的请求，并通过 Web 服务器将响应结果返回给客户端，直到 Web 服务器停止运行，Servlet 才会被清除。

一个 Servlet 的生命周期一般包含加载、初始化、运行和销毁 4 个阶段。这个过程又被称为 Servlet 的生命周期，如图 8-2 所示为 Servlet 的生命周期示意图。

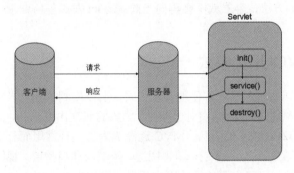

图 8-2　Servlet 的生命周期示意图

1. 加载阶段

当 Web 服务器启动或 Web 客户请求 Servlet 服务时，Servlet 容器加载一个 Java Servlet 类。在一般情况下，Servlet 容器是通过 Java 类加载器加载一个 Servlet 的，这个 Servlet 可以是本地的，也可以是远程的。

☆大牛提醒☆

Servlet 只需要加载一次，然后实例化该类的一个或多个实例。

2. 初始化阶段

Servlet 容器调用 Servlet 的 init()方法对 Servlet 进行初始化，在初始化时将会读取配置信息，完成数据连接等工作。

在初始化阶段，将包含初始化参数和容器环境信息的 ServletConfig 对象传入 init()方法中，ServletConfig 对象负责向 Servlet 传递信息，如果传递失败，则会发生 ServletException 异常，Servlet 将不能正常工作。此时，该 Serlvet 将会被容器清除掉，由于初始化尚未完成，所以不会调用 destroy() 方法释放资源。清除该 Servlet 后容器将重新初始化这个 Servlet，如果抛出 UnavailableException 异常，并且指定了最小的初始化间隔时间，那么需要等待该指定时间之后再进行新的 Servlet 的初始化。

3. 运行阶段

当 Web 服务器接收到浏览器的访问请求后，会将该请求传给 Servlet 容器。Servlet 容器将从 Web 客户端接收到的 HTTP 请求封装成 HttpServletRequest 对象，将由 Servlet 生成的响应封装成 HttpServletResponse 对象，然后以这两个对象作为参数调用 service()方法。在 service()方法中，通过 HttpServletRequest 对象获取客户端的信息，通过 HttpServletResponse 对象生成 HTTP 响应数据。

容器在某些情况下会将多个 Web 请求发送给同一个 Servlet 实例进行处理。在这种情况下，一般通过 Servlet 实现 SingleThreadModel 接口来处理多线程的问题，从而保证一次只有一个线程访问 service()方法。容器可以通过维护一个请求队列或维护一个 Servlet 实例池来实现这样的功能。

4. 销毁阶段

Servlet 被初始化后一直在内存中保存，直到服务器重启时 Servlet 对象被销毁。在这种情况下，通过调用 destroy()方法回收 init()方法中使用的资源，例如关闭数据库连接等。destroy()方法完成后，容器必须释放 Servlet 实例，以便它能够被回收。

一旦调用 destroy()方法，容器就不会再向当前 Servlet 发送任何请求。如果容器还需要使用 Servlet，则必须创建新的 Servlet 实例。

8.1.3 实现 MVC 开发模式

由于 Java 语言可以实现科学、方便地开发模式，所以受到了开发人员的广泛支持。在开发模式中应用最广的是 MVC 模式，其实对于 MVC 模式的研究由来已久，但是一直没有得到很好的推广和应用，随着 J2EE 技术的成熟，MVC 逐渐成为了一种常用而且重要的设计模式。

MVC 将应用程序的开发分为 3 层，即视图层、控制层和模型层。视图层不负责对业务逻辑的处理和数据流程的控制，其主要负责从用户那里获取数据和向用户展示数据。模型层与视图层之间没有直接的联系，其主要负责处理业务逻辑和数据库的底层操作。控制层主要负责处理视图层的交互，控制层从视图层接收请求，然后从模型层取出对请求的处理结果，并将结果返回给视图层。在控制层中只负责控制数据的流向，并不涉及具体的业务逻辑处理。MVC 三层结构之间的关系如图 8-3 所示。

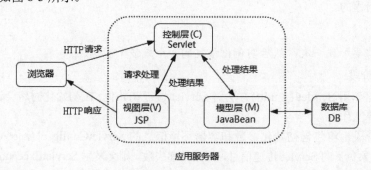

图 8-3　MVC 结构

从图 8-3 可以看出，Servlet 在 MVC 开发模式中承担着重要的角色。在 MVC 结构中，控制层主要是由 Servlet 实现的，Servlet 可以从浏览器端接收请求，然后从模型层取出处理结果，再将处理结果返回给浏览器端的用户。在整个 MVC 结构中，Servlet 主要负责对数据流向的控制。

现在很多开源框架都能很好地实现 MVC 的开发模式，并且对 MVC 的实现也都非常出色，但是在这些框架中控制数据流向时仍采用 Servlet。

8.2 Servlet 常用的接口和类

微视频

Servlet 与 Java 应用程序相似，也是依靠继承父类和实现接口来实现的。使用 Servlet 必须要引入两个包，即 javax.servlet 和 javax.servlet.http。所有的 Servlet 应用都是通过实现这两个包中的接口或继承这两个包中的类来完成的。

javax.servlet 包中提供的类和接口主要用来控制 Servlet 的生命周期，是编写 Servlet 必须要实现的。javax.servlet.http 包中提供的类和接口主要用于处理与 HTTP 相关的操作，每个 Servlet 都必须实现 Servlet 接口，在实际开发中一般是通过继承 HttpServlet 或 GenericServlet 来实现 Servlet 接口。

本节主要介绍 HttpServlet 类、HttpServlet 接口、HttpSession 接口、ServletConfig 接口和 ServletContext 接口。

8.2.1 Servlet()方法

在 javax.servlet 包的 Servlet 接口中有一个很重要的 service()方法。一旦服务器接收到浏览器发送的 HTTP 请求，服务器将直接调用这个 Servlet 中的 service()方法，在这个请求中指定相应的 Servlet 名称，因此这个方法就是 Servlet 应用程序的入口，相当于 Java 应用程序中的 main 函数。

服务器将 ServletRequest（即 JSP 中的 request）和 ServletResponse（即 JSP 中的 response）对象作为参数传入 service()方法中。ServletRequest 对象实现了 HTTPServletRequest 接口，其封装了浏览器向服务器发送的请求；而 ServletResponse 对象实现了 HTTPServletResponse 接口，其封装了服务器向浏览器返回的信息。它们都是实现了 javax.Servlet 包中顶层接口的类。

8.2.2 HttpServlet 类

HttpServlet 是一个抽象类，它提供了一个处理 HTTP 的框架，用来处理客户端的 HTTP 请求。HttpServlet 类中的 service()方法支持使用 GET 或 POST 方式传递数据，即在 service()方法中可以通过调用 doGet()方法或 doPost()方法来实现。

HttpServlet 类的这些方法都由 service()方法调用，该类的常用方法如表 8-1 所示。

表 8-1 HttpServlet 类的常用方法

返回类型	方法	说明
void	doDelete(HttpServletRequest request, HttpServletResponse response) throws ServletException, IOException;	这个操作允许客户端请求从服务器上删除 URL 指定的资源。这一方法的默认执行结果是返回一个 HTTP BAD_REQUEST 错误。当需要处理 delete 请求时，必须重载这一方法
void	doGet(HttpServletRequest request, HttpServletResponse response) throws ServletException,IOException;	这个操作仅允许客户端从一个 HTTP 服务器获取资源。这个 GET 操作不能修改存储的数据，对该方法的重载将自动地支持 HEAD 方法。该方法的默认执行结果是返回一个 HTTP BAD_REQUEST 错误
void	doHead(HttpServletRequest request, HttpServletResponse response) throws ServletException,IOException;	默认的情况是这个操作会按照一个无条件的 GET 方法来执行，该操作不向客户端返回任何数据，而仅返回包含内容长度的头信息

续表

返回类型	方法	说明
void	doOptions(HttpServletRequest request, HttpServletResponse response) throws ServletException,IOException;	这个操作自动地决定支持哪一种 HTTP 方法。一般不需要重载这个方法
void	doPost(HttpServletRequest request, HttpServletResponse response) throws ServletException,IOException;	这个操作包含了请求体的数据，Servlet 可以按照这些请求进行操作。该方法默认返回一个 HTTP BAD_REQUEST 错误。当需要处理 POST 操作时，必须在 HttpServlet 的子类中重载这一方法
void	doPut(HttpServletRequest request, HttpServletResponse response) throws ServletException,IOException;	这个操作类似于通过 FTP 发送文件，它可能会对数据产生影响。该方法默认返回一个 HTTP BAD_REQUEST 错误。当需要处理 PUT 操作时，必须在 HttpServlet 的子类中重载这一方法
void	doTrace(HttpServletRequest request, HttpServletResponse response) throws ServletException,IOException;	该方法用来处理一个 HTTP TRACE 操作，这个操作的默认执行结果是产生一个响应，这个响应包含 trace 请求中发送的所有头域的信息
long	getLastModified(HttpServletRequest request);	返回这个请求实体的最后修改时间。为了支持 GET 操作，必须重载这一方法，以精确地反映最后的修改时间。其返回自 1970-1-1 日（GMT）以来的毫秒数。默认返回一个负数，表示最后修改时间未知

8.2.3 HttpSession 接口

Servlet 引擎使用 HttpSession 接口创建一个 HTTP 客户端和 HTTP 服务器的会话。这个会话一般会在多个请求中持续一个指定的时间段。一个会话通常只跟一个用户进行通信，该用户可以多次访问站点。服务器可以保持多种方式的会话，例如使用 cookies 或通过写入 URL。HttpSession 接口的常用方法如表 8-2 所示。

表 8-2 HttpSession 接口的常用方法

返回类型	方法	说明
long	getCreationTime()	返回建立 session 的时间，这个时间指自 1970-1-1 日（GMT）以来的毫秒数
String	getId()	返回分配给这个 session 的标识符
long	getLastAccessedTime()	返回客户端最后一次发出与这个 session 有关的请求的时间，如果这个 session 是新建立的，则返回-1
int	getMaxInactiveInterval()	返回一个秒数，这个秒数表示客户端在不发出请求时 session 被 Servlet 维持的最长时间
Object	getValue(String name)	返回一个标识为 name 的对象，该对象必须是已绑定到 session 上的对象
String[]	getValueNames()	以一个数组返回绑定到 session 上的所有数据的名称。当 session 无效后再调用这个方法会抛出一个 IllegalStateException
void	invalidate()	该方法用于终止 session。所有绑定在这个 session 上的数据都会被清除
boolean	isNew()	返回一个布尔值，以判断这个 session 是不是新的
void	putValue(String name, Object value)	以给定的名字绑定给定的对象到 session 中

续表

返回类型	方法	说明
void	removeValue(String name)	取消给定名字的对象在 session 上的绑定
int	setMaxInactiveInterval(int interval)	设置一个秒数，这个秒数表示客户端在不发出请求时 session 被 Servlet 维持的最长时间

8.2.4　ServletConfig 接口

ServletConfig 接口位于 javax.servlet 包中，其封装了 Servlet 的配置信息，在 Servlet 初始化期间被传递。init()方法将保存这个对象，以便能够用 getServletConfig()方法返回。每一个 ServletConfig 对象对应着一个唯一的 Servlet。该接口的常用方法如表 8-3 所示。

表 8-3　ServletConfig 类的常用方法

返回类型	方法	说明
String	getInitParameter(String name)	返回 String 类型的名为 name 的初始化参数值
Enumeration	getInitParameterNames()	返回所有初始化参数名的枚举集合
ServletContext	getServletContext()	返回当前 Servlet 的 ServletContext 对象

8.2.5　ServletContext 接口

ServletContext 接口是一个 Servlet 环境对象，Servlet 引擎通过该对象向 Servlet 提供环境信息。每个 Web 应用程序的每个 Java 虚拟机都有一个 Context。在一个处理多个虚拟主机的 Servlet 引擎中，每一个虚拟主机被视为一个单独的环境。ServletContext 类的常用方法如表 8-4 所示。

表 8-4　ServletContext 类的常用方法

返回类型	方法	说明
Object	getAttribute(String name)	返回 Servlet 环境对象中指定的属性对象
Enumeration	getAttributeNames()	返回一个 Servlet 环境对象中可用的属性名的列表
ServletContext	getContext(String uripath)	返回一个 Servlet 环境对象，这个对象包含了特定 URI 路径的 Servlet 和资源
int	getMajorVersion()	返回 Servlet 引擎支持的 Servlet API 的主版本号
int	getMinorVersion()	返回 Servlet 引擎支持的 Servlet API 的次版本号
String	getMimeType(String file)	返回指定文件的 MIME 类型，其值由 Servlet 引擎的配置决定
String	getRealPath(String path)	返回一个 String 类型的路径
URL	getResource(String uripath)	返回一个 URL 对象，该对象表明一些环境变量的资源。该方法允许服务器生成环境变量并分配给任何资源的任何 Servlet
InputStream	getResourceAsStream(String uripath)	返回一个 InputStream 对象，该对象引用指定 URL 的 Servlet 环境对象的内容
RequestDispatcher	getRequestDispatcher(String uripath)	如果在这个指定的路径下能够找到活动的资源，返回一个特定 URL 的 RequestDispatcher 对象，否则返回一个空值，Servlet 引擎负责用一个 Request Dispatcher 对象封装目标路径。这个 Request Dispatcher 对象可以用来完成请求的传送

续表

返回类型	方法	说明
String	getServerInfo()	返回一个 String 类型，其中包括 Servlet 引擎的名字和版本号
void	log(String msg)	将指定信息写到一个 Servlet 环境对象的 log 文件中
void	setAttribute(String name, Object o)	给 Servlet 环境对象中的对象指定一个名称
void	removeAttribute(String name)	从指定的 Servlet 环境对象中删除一个属性

微视频

8.3　创建和配置 Servlet

在 Java Web 开发中，一般由 Servlet 进行数据流向的控制，并通过 HttpServletResponse 对象对请求做出响应。创建的 Servlet 必须继承 HttpServlet 类，并实现 doGet()方法和 doPost()方法。Servlet 在创建后必须在 web.xml 文件中进行配置才能生效。

【例 8.1】 创建继承 HttpServlet 类的 Servlet 并配置 Servlet（源代码\ch08\8.1\MyServlet.java）。

创建和配置 Servlet 的具体操作步骤如下。

步骤 1：在 Eclipse IDE 中选择并展开 myWeb 项目，右击 src 文件夹，在弹出的快捷菜单中选择 New→Servlet 菜单命令，如图 8-4 所示。

步骤 2：打开 Create Servlet 窗口，在 Java package 文本框中输入包名"servlet"，在 Class name 文本框中输入 Servlet 名"MyServlet"，Superclass 默认为"javax.servlet.http.HttpServlet"，如图 8-5 所示。

图 8-4　新建 Servlet 命令

图 8-5　Create Servlet 窗口

步骤 3：单击 Finish 按钮，Servlet 创建完成，并自动生成 web.xml 配置文件。

步骤 4：修改 MyServlet.java 中的代码，具体如下。

```
package servlet;
import java.io.IOException;
import java.io.PrintWriter;
import jakarta.servlet.ServletException;
import jakarta.servlet.http.HttpServlet;
import jakarta.servlet.http.HttpServletRequest;
import jakarta.servlet.http.HttpServletResponse;
public class MyServlet extends HttpServlet {
```

```java
    public void doGet(HttpServletRequest request, HttpServletResponse response)
        throws ServletException, IOException {
        response.setContentType("text/html");
        response.setCharacterEncoding("GB2312");    //设置中文显示编码
        PrintWriter out=response.getWriter();
        out.println("<html>");
        out.println("<head><title>Servlet的使用</title></head>");
        out.println("<body>");
        out.println("Servlet 简单实例<br>");
        out.println("Servlet 创建<br>");
        out.println("Servlet 配置");
        out.println("</body>");
        out.println("</html>");
        out.flush();
        out.close();
    }
    public void doPost(HttpServletRequest request, HttpServletResponse response)
        throws ServletException, IOException {
        doGet(request,response);
    }
}
```

在上述代码中，使用 Servlet 容器默认的方式对 Servlet 进行初始化和销毁，因此没有 init() 方法和 destroy()方法，只包含了处理具体功能的 doGet()方法和 doPost()方法。这两个方法用来处理以 GET 或 POST 方式提交的请求。在 doPost()方法中直接调用 doGet()方法，而在 doGet()方法中实现打印一个简单的 HTML 页面的功能。

步骤 5：配置 Servlet 信息的 web.xml 文件（源代码\ch08\web.xml）。

```xml
<?xml version="1.0" encoding="UTF-8"?>
<web-app>
    <servlet>
        <!--Servlet 名称和类的配置-->
        <servlet-name>MyServlet</servlet-name>
        <servlet-class>servlet.MyServlet</servlet-class>
    </servlet>
    <servlet-mapping>
        <!--Servlet 访问路径的配置-->
        <servlet-name>MyServlet</servlet-name>
        <url-pattern>/servlet/MyServlet</url-pattern>
    </servlet-mapping>
</web-app>
```

在上述代码中，web.xml 文件在<servlet>和<servlet-mapping>标签中配置 Servlet 的信息。<servlet>节点中的<servlet-name>指定 Servlet 的名称，与<servlet-mapping>节点中<servlet-name>的名称保持一致。<servlet-class>指定 Servlet 类的路径，有包的需要写上包名，否则 Servlet 引擎找不到对应的 Servlet 类。在<servlet-mapping>节点中<url-pattern>指定 Servlet 的访问路径。

步骤 6：将 myWeb 项目部署到 Tomcat，启动 Tomcat。在浏览器的地址栏中输入地址 "http://localhost:8089/myWeb/servlet/MyServlet"，运行结果如图 8-6 所示。

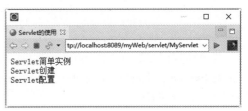

图 8-6 运行 Servlet

☆大牛提醒☆

修改 web.xml 后，必须重启 Tomcat 服务器。

8.4 使用 Servlet 获取信息

Servlet 与 HTTP 有着紧密的联系，HTTP 各个方面的内容几乎都可以使用 Servlet 进行处理。本节详细介绍如何使用 Servlet 获取 HTTP 的信息。

8.4.1 获取 HTTP 头部信息

使用 Servlet 获取 HTTP 的头部信息，这些信息一般包含在 HTTP 请求中。当用户访问一个页面时，会提交一个 HTTP 请求给服务器的 Servlet 引擎。

【例 8.2】在 myWeb 项目中创建并使用 Servlet 获取 HTTP 头部信息的类。

创建 Servlet（源代码\ch08\8.2\ServletHeader.java），代码如下：

```java
package servlet;
import java.io.*;
import java.util.*;
import jakarta.servlet.*;
import jakarta.servlet.http.*;
public class ServletHeader extends HttpServlet {
    public void doGet(HttpServletRequest request, HttpServletResponse response)
        throws IOException, ServletException {
        response.setContentType("text/html");
        PrintWriter out=response.getWriter();
        //获取 HTTP 请求中头部信息
        Enumeration enumer=request.getHeaderNames();
        while(enumer.hasMoreElements()) {   //循环输出
            String name=(String)enumer.nextElement();
            String value=request.getHeader(name);
            out.println(name + " = " + value + "<br>");
        }
    }
}
```

在上述代码中，创建获取 HTTP 头部信息的 Servlet 类，在该类中通过 request 对象的 getHeaderNames()方法获取包含信息名称的枚举类型。在 while 循环中，通过枚举类提供的 hasMoreElements()方法进行循环，并通过枚举类提供的 nextElement()方法获取元素的名称，通过 request 对象的 getHeader()方法根据元素的名称获得其值。最后将名称和值打印输出。

在 web.xml 中添加如下代码（源代码\ch08\8.2\web.xml）。

```xml
<servlet>
        <servlet-name>header</servlet-name>
        <servlet-class>servlet.ServletHeader</servlet-class>
</servlet>
<servlet-mapping>
        <servlet-name>header</servlet-name>
        <url-pattern>/ServletHeader</url-pattern>
</servlet-mapping>
```

将上述代码添加到 web.xml 中的<web-app>和</web-app>之间。<servlet-name>标签之间定义的是 Servlet 的名称，<servlet-class>标签之间是 Servlet 类的包名和类名，<url-pattern>之间是 Servlet 的访问路径。

启动 Tomcat 服务器。在浏览器的地址栏中输入 Servlet 的地址"http://localhost:8089/myWeb/ServletHeader"，运行结果如图 8-7 所示。

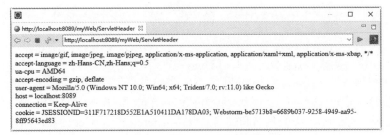

图 8-7 获取 HTTP 头部信息

8.4.2 获取请求对象信息

使用 Servlet 不仅可以获取 HTTP 的头部信息，还可以获取发出请求的对象自身的信息，例如，用户提交请求使用的协议或用户提交表单的方法等。

【例 8.3】在 myWeb 项目中创建并使用 Servlet 获取发出请求对象自身的类。

创建获取发出请求对象信息的 Servlet（源代码\ch08\8.3\OurselfInfo.java）。

```
package servlet;
import java.io.*;
import javax.servlet.*;
import javax.servlet.http.*;

public class OurselfInfo extends HttpServlet {

    public void doGet(HttpServletRequest request, HttpServletResponse response)
            throws IOException, ServletException {
        response.setContentType("text/html");
        response.setCharacterEncoding("UTF-8");
        PrintWriter out=response.getWriter();
        out.println("<html>");
        out.println("<body>");
        out.println("<head>");
        out.println("<title>请求对象自身信息</title>");
        out.println("</head>");
        out.println("<body>");
        out.println("使用Servlet获取发出请求对象信息<br>");
        out.println("表单提交方式： " + request.getMethod()+ "<br>");
        out.println("使用协议： " + request.getProtocol()+ "<br>");
        out.println("Remote 主机： " + request.getRemoteAddr()+ "<br>");
        out.println("Servlet 地址： " + request.getRequestURI()+ "<br>");
        out.println("</font></body>");
        out.println("</html>");
    }

    public void doPost(HttpServletRequest request, HttpServletResponse response)
            throws IOException, ServletException {
        doGet(request,response);
    }
}
```

在上述代码中，创建继承 HttpServlet 的类，在类的 doGet()方法中获取发出请求对象的信息，即表单的提交方式、使用的协议、Remote 主机的地址以及 Servlet 的地址。

在 web.xml 中添加如下代码（源代码\ch08\8.3\web.xml）。

```
<servlet>
    <servlet-name>ourself</servlet-name>
```

```
        <servlet-class>servlet.OurselfInfo</servlet-class>
</servlet>
<servlet-mapping>
        <servlet-name>ourself</servlet-name>
        <url-pattern>/OurselfInfo</url-pattern>
</servlet-mapping>
```

将上述代码复制到 web.xml 的<web-app>和</web-app>之间。<servlet-name>是 Servlet 的名称，<servlet-class>是 Servlet 类的包名和类名，<url-pattern>是 Servlet 的访问路径。

启动 Tomcat 服务器，在浏览器的地址栏中输入获取请求对象信息的地址"http://localhost:8089/myWeb/OurselfInfo"，运行结果如图 8-8 所示。

图 8-8　获取请求对象的信息

8.4.3　获取参数信息

使用 Servlet 还可以获取用户提交的参数信息，这些参数可以是表单以 POST 或 GET 方式提交的数据，也可以是直接通过超链接传递的参数。

【例 8.4】在 myWeb 项目中使用 Servlet 获取用户提交的参数信息。

创建用户输入信息的页面（源代码\ch08\8.4\form.jsp）。

```
<%@ page language="java" import="java.util.*" pageEncoding="UTF-8"%>
<!DOCTYPE HTML PUBLIC "-//W3C//DTD HTML 4.01 Transitional//EN">
<html>
    <head>
        <title>表单提交参数</title>
    <meta http-equiv="pragma" content="no-cache">
    <meta http-equiv="cache-control" content="no-cache">
    <meta http-equiv="expires" content="0">
    <meta http-equiv="keywords" content="keyword1,keyword2,keyword3">
    <meta http-equiv="description" content="This is my page">
    </head>
    <body>
        <form action="ParamForm" method="GET">
            <table>
                <tr>
                    <td>水果</td>
                    <td><input type="text" name="fruit"></td>
                </tr>
                <tr>
                    <td>颜色</td>
                    <td><input type="text" name="color"></td>
                </tr>
                <tr>
                    <td colspan="2">
                        <input type="submit" value="提交">
                    </td>
                </tr>
            </table>
        </form>
    </body>
</html>
```

在上述代码中，通过 table 表格创建用户输入信息，即水果和水果颜色两个参数。在该页面中，通过 form 表单将用户输入的两个参数提交给 ParamForm 处理。

创建获取用户输入信息的 Servlet（源代码\ch08\8.4\ParamForm.java）。

```java
package servlet;
import java.io.*;
import java.util.*;
import javax.servlet.*;
import javax.servlet.http.*;
public class ParamForm extends HttpServlet {
    public void doGet(HttpServletRequest request, HttpServletResponse response)
        throws IOException, ServletException {
        response.setContentType("text/html");
        response.setCharacterEncoding("UTF-8");
        PrintWriter out=response.getWriter();
        out.print("使用form表单提交参数:<br>");
        out.print("水果: " + request.getParameter("fruit")+ "<br>");
        out.print("颜色: " + request.getParameter("color")+ "<br>");
    }
    public void doPost(HttpServletRequest request, HttpServletResponse response)
        throws IOException, ServletException {
        doGet(request, response);
    }
}
```

在上述代码中，创建继承 HttpServlet 的类，在该类的 doGet()方法中设置相应编码是 UTF-8，通过 request 对象的 getParameter()方法获取 fruit 和 color 两个参数的值，并通过 PrintWriter 类的对象 out 输出参数的信息。

在 web.xml 中添加如下代码（源代码\ch08\8.4\web.xml）。

```xml
<servlet>
        <servlet-name>param</servlet-name>
        <servlet-class>servlet.ParamForm</servlet-class>
</servlet>
<servlet-mapping>
        <servlet-name>param</servlet-name>
        <url-pattern>/ParamForm</url-pattern>
</servlet-mapping>
```

将上述代码复制到 web.xml 的<web-app>和</web-app>之间。<servlet-name>指定 Servlet 的名称，<servlet-class>指定 Servlet 类的包名和类名，<url-pattern>指定 Servlet 的访问路径。

启动 Tomcat 服务器，在浏览器的地址栏中输入用户输入信息的页面的地址"http://localhost:8089/myWeb/form.jsp"，运行结果如图 8-9 所示。输入信息后单击"提交"按钮，运行结果如图 8-10 所示。

图 8-9　用户输入页面

图 8-10　提交信息的显示

8.5 在 JSP 页面中调用 Servlet 的方法

在之前介绍的 Servlet 中，都是通过直接在浏览器的地址栏中输入具体的 Servlet 地址进行访问的，而在实际应用中不可能直接在浏览器中输入 Servlet 的地址进行访问，一般是通过调用 Servlet 进行访问。本节主要介绍在 JSP 页面中调用 Servlet 的两种方式，即通过表单提交调用 Servlet 和通过超链接调用 Servlet。

8.5.1 通过表单提交调用 Servlet

在 JSP 页面中通过表单提交调用 Servlet，主要是将 Servlet 的地址写入表单的 action 属性中，这样在表单提交数据后就调用 Servlet，然后由其来处理表单提交的数据。

【例 8.5】在项目中使用表单提交调用 Servlet。

创建 User 类（源代码\ch08\8.5\User.java）。

```java
package bean;
public class User {
    private String name;
    private String sex;
    private String[] interest;
    public String getName(){
        return name;
    }
    public void setName(String name){
        this.name=name;
    }
    public String getSex(){
        return sex;
    }
    public void setSex(String sex){
        this.sex=sex;
    }
    public String[] getInterest(){
        return interest;
    }
    public void setInterest(String[] interest){
        this.interest=interest;
    }
    public String showSex(String s){
        if(s.equals("man")){
            return "男";
        }else{
            return "女";
        }
    }
    public String showInterest(String[] ins){
        String str="";
        for(int i=0;i<ins.length;i++){
            str += ins[i] + " ";
        }
        return str;
    }
}
```

在上述代码中定义一个用户类，在类中定义私有成员变量 name、sex 和 interest，并定义它们的 setXxx()方法和 getXxx()方法。在类中定义了显示性别的 showSex()方法和将兴趣数组转换为字符串的 showInterest()方法。

创建填写信息页面（源代码\ch08\8.5\index.jsp）。

```jsp
<%@ page language="java" import="java.util.*" pageEncoding="UTF-8"%>
<!DOCTYPE HTML PUBLIC "-//W3C//DTD HTML 4.01 Transitional//EN">
<html>
    <head>
        <title>表单提交</title>
        <meta http-equiv="pragma" content="no-cache">
        <meta http-equiv="cache-control" content="no-cache">
        <meta http-equiv="expires" content="0">
        <meta http-equiv="keywords" content="keyword1,keyword2,keyword3">
        <meta http-equiv="description" content="This is my page">
    </head>
    <body>
        <form action="FormServlet" method="GET">
            <table>
                <tr>
                    <td>姓名：</td>
                    <td><input type="text" name="name"/></td>
                </tr>
                <tr>
                    <td>性别：</td>
                    <td>
                        <input type="radio" name="sex" checked="checked" value="man"/>男
                        <input type="radio" name="sex" value="women"/>女
                    </td>
                </tr>
                <tr>
                    <td>爱好：</td>
                    <td>
                        <input type="checkbox" name="interest" value="篮球"/>篮球
                        <input type="checkbox" name="interest" value="足球"/>足球
                        <input type="checkbox" name="interest" value="游泳"/>游泳
                        <input type="checkbox" name="interest" value="唱歌"/>唱歌
                        <input type="checkbox" name="interest" value="跳舞"/>跳舞
                    </td>
                </tr>
                <tr>
                    <td colspan="2"><input type="submit" value="提交"/></td>
                </tr>
            </table>
        </form>
    </body>
</html>
```

在上述代码中，创建用户输入姓名、选择性别和兴趣的页面，并通过表单 form 处理提交后由 FormServlet 处理。

创建 Servlet，处理表单提交的信息（源代码\ch08\8.5\FormServlet.java）。

```java
package servlet;
import java.io.IOException;
import java.io.PrintWriter;
import jakarta.servlet.ServletException;
import jakarta.servlet.http.HttpServlet;
import jakarta.servlet.http.HttpServletRequest;
import jakarta.servlet.http.HttpServletResponse;
import bean.User;
```

```java
public class FormServlet extends HttpServlet {
    public void doGet(HttpServletRequest request, HttpServletResponse response)
            throws ServletException, IOException {
        response.setContentType("text/html");
        response.setCharacterEncoding("UTF-8");  //设置编码,否则汉字显示为乱码
        //获取姓名
        String name=request.getParameter("name");
        //获取性别
        String sex=request.getParameter("sex");
        //获取兴趣数组
        String[] interests=request.getParameterValues("interest");
        User user=new User();
        user.setName(name);
        user.setSex(sex);
        user.setInterest(interests);
        PrintWriter out=response.getWriter();
        out.println("<html>");
        out.println("<head><title>A Servlet</title></head>");
        out.println("<body>");
        out.print("表单提交数据: <br>");
        out.print("姓名: " + user.getName()+ "<br>");
        out.print("性别: " + user.showSex(user.getSex())+ "<br>");
        out.print("兴趣: " + user.showInterest(user.getInterest())+ "<br>");
        out.println("</body>");
        out.println("</html>");
        out.flush();
        out.close();
    }
    public void doPost(HttpServletRequest request, HttpServletResponse response)
            throws ServletException, IOException {
        doGet(request, response);
    }
}
```

在上述代码中，创建继承 HttpServlet 的类 FormServlet，在该类中定义 doGet()方法，在该方法中获取用户输入的姓名、性别和兴趣，创建 User 类的对象 user。调用 showSex()方法并将返回值赋给 user 的私有成员变量 sex；调用 showInterest()方法将获取的兴趣数组转换为字符串，然后赋值给 user 的私有成员变量 interest。使用 PrintWriter 类的对象 out 将用户的信息在 JSP 页面中打印出来。

在 web.xml 文件中添加如下代码（源代码\ch08\8.5\web.xml）。

```xml
<servlet>
    <servlet-name>FormServlet</servlet-name>
    <servlet-class>servlet.FormServlet</servlet-class>
</servlet>
<servlet-mapping>
    <servlet-name>FormServlet</servlet-name>
    <url-pattern>/FormServlet</url-pattern>
</servlet-mapping>
```

在上述代码中添加 Servlet 的配置信息——一对<servlet>和<servlet-mapping>，即设置 FormServlet 的名称（FormServlet）和类的路径（servlet.FormServlet）以及 Servlet 的访问路径（FormServlet）。

运行 Tomcat，在浏览器中输入"http://localhost:8089/myWeb/index.jsp"，运行结果如图 8-11 所示，输入信息后单击"提交"按钮，运行结果如图 8-12 所示。

图 8-11 表单页面

图 8-12 Servlet 处理

8.5.2 通过超链接调用 Servlet

当有用户输入的内容提交给服务器时，一般使用表单提交调用 Servlet。对于没有用户输入数据的情况，一般通过超链接的方式来调用 Servlet，这种情况还可以传递参数给 Servlet。

【例 8.6】在项目中创建使用超链接调用 Servlet 并传递一个参数的页面。

创建调用 Servlet 的超链接页面（源代码\ch08\8.6\link.jsp）。

```
<%@ page language="java" import="java.util.*" pageEncoding="UTF-8"%>
<!DOCTYPE HTML PUBLIC "-//W3C//DTD HTML 4.01 Transitional//EN">
<html>
    <head>
        <title>超链接</title>
    <meta http-equiv="pragma" content="no-cache">
    <meta http-equiv="cache-control" content="no-cache">
    <meta http-equiv="expires" content="0">
    <meta http-equiv="keywords" content="keyword1,keyword2,keyword3">
    <meta http-equiv="description" content="This is my page">
    </head>
    <body>
        <a href="LinkServlet?param=link">超链接调用 Servlet</a>
    </body>
</html>
```

在上述代码中，通过在 JSP 页面中使用超链接调用 Servlet，并在调用 Servlet 的过程中传递参数 param 到 Servlet 中。

创建继承 HttpServlet 类的 LinkServlet（源代码\ch08\8.6\LinkServlet.java）。

```
package servlet;
import java.io.IOException;
import java.io.PrintWriter;
import javax.servlet.ServletException;
import javax.servlet.http.HttpServlet;
import javax.servlet.http.HttpServletRequest;
import javax.servlet.http.HttpServletResponse;
import bean.User;
public class LinkServlet extends HttpServlet {
    public void doGet(HttpServletRequest request, HttpServletResponse response)
            throws ServletException, IOException {
        response.setContentType("text/html");
        response.setCharacterEncoding("UTF-8");
        //获取参数 param
        String p=request.getParameter("param");
        PrintWriter out=response.getWriter();
        out.println("<html>");
        out.println("<head><title>A Servlet</title></head>");
        out.println("<body>");
        out.print("超链接获得的数据: <br>");
        out.print("param 参数: " + p + "<br>");
```

```
            out.println("</body>");
            out.println("</html>");
            out.flush();
            out.close();
    }
    public void doPost(HttpServletRequest request, HttpServletResponse response)
            throws ServletException, IOException {
        doGet(request, response);
    }
}
```

在上述代码中,通过 request 对象的 getParameter()方法获取参数 param 的值,并通过 PrintWriter 类的对象 out 将参数信息打印到页面上。

在 web.xml 文件中添加如下代码(源代码\ch08\8.6\web.xml)。

```
<servlet>
    <servlet-name>LinkServlet</servlet-name>
    <servlet-class>servlet.LinkServlet</servlet-class>
</servlet>
<servlet-mapping>
    <servlet-name>LinkServlet</servlet-name>
    <url-pattern>/LinkServlet</url-pattern>
</servlet-mapping>
```

在上述代码中配置 Servlet 的信息。在 web.xml 页面中添加一对<servlet>和<servlet-mapping>,即设置 LinkServlet 的名称(LinkServlet)和类的路径(servlet.LinkServlet)以及 Servlet 的访问路径(LinkServlet)。

启动 Tomcat 服务器,在浏览器的地址栏中输入"http://localhost:8089/myWeb/link.jsp",运行结果如图 8-13 所示,此时单击超链接将跳转到 Servlet 处理,并显示获取的参数信息,如图 8-14 所示。

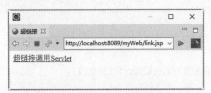

图 8-13 超链接页面

图 8-14 Servlet 显示信息

8.6 新手疑难问题解答

问题 1:在使用 request 对象的 getRemoteAddr()方法获取主机地址时得到的地址是"0:0:0:0:0:0:0:1",怎样显示地址是"127.0.0.1"?

解答:显示地址是"127.0.0.1"的解决方式主要有两种,具体如下。

(1)将访问路径 localhost:8080 修改为 127.0.0.1:8080。

(2)修改本机的配置文件"C:\Windows\System32\drivers\etc"下面的 localhost 文件,打开后可以看到"# ::1 localhost"的配置,可以删除它。当然也可以修改本机的 IP,例如修改 127.0.0.1 为 127.0.0.2,那么以后访问时 127.0.0.2 就是本机的 IP 了。

问题 2:在 Servlet 中,为什么设置了编码格式中文还是显示为乱码呢?

解答:在 Servlet 中设置编码格式时,一定要在取得输出类 PrintWriter 的对象之前。如果在取得对象后设置编码，则中文字符不能正常显示。

8.7　实战训练

实战 1：使用 Servlet 下载文件。

编写程序，使用 Servlet 下载指定文件，首先创建显示下载文件页面 download.jsp；接着创建处理下载文件的 Servlet，名称为 FileDownload.java；最后修改 web.xml 并添加相应的代码。启动 Tomcat 服务器，在浏览器的地址栏中输入下载文件页面的地址"http://localhost:8089/myWeb/download.jsp"，运行结果如图 8-15 所示，单击"form 标记.doc 下载"超链接，系统会提示保存文件，如图 8-16 所示。

图 8-15　文件下载页面

图 8-16　保存提示

实战 2：记录并显示用户登录系统的次数。

编写程序，设计一个 Servlet，其功能为记录并显示用户登录系统的次数。首先创建一个用于记录并显示用户登录系统的次数 Servlet，名称为 CookieServlet.java；接着修改 web.xml 文件，并添加配置代码。启动 Tomcat 服务器，在浏览器的地址栏中输入下载文件页面的地址"http://localhost:8089/myWeb/CookieServlet"，运行结果如图 8-17 所示。

图 8-17　显示用户登录系统的次数

实战 3：使用 Servlet 设计一个验证码实例。

编写程序，使用 Servlet 设计一个验证码实例。启动 Tomcat 服务器，在浏览器的地址栏中输入下载文件页面的地址"http://localhost:8089/myWeb/InputCheckCode.jsp"，运行结果如图 8-18 所示。在其中输入验证码，若系统生成的验证码图片不清楚，可单击"看不清，换一个…"链接进行更换。输入正确的验证码，然后单击"确定"按钮，可打开如图 8-19 所示的验证码显示页面。若未输入验证码就单击"确定"按钮，则会显示如图 8-20 所示的"验证码不能为空!"对话框。若输入的验证码不正确，单击"确定"按钮则会显示如图 8-21 所示的"验证码输入错误!"对话框。

图 8-18　验证码输入页面

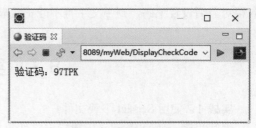
图 8-19　验证码显示页面

图 8-20　"验证码不能为空！"对话框

图 8-21　"验证码输入错误！"对话框

第 9 章 过滤器与监听器技术

在 Web 应用开发中，在进行具体的业务逻辑处理之前，可以使用过滤器对所有的访问和请求进行统一处理，然后进入真正的业务逻辑处理阶段。Servlet 监听器主要用于监听 Web 应用程序的启动和关闭，在创建监听器时需要继承相应的接口，并在配置文件中对其进行配置。本章介绍过滤器与监听器技术。

9.1 认识过滤器与监听器

微视频

过滤器（Filter）是服务器与客户端请求与响应的中间层组件。监听器（Listener）是 Servlet 规范中定义的一种特殊类，其对应观察者模式，当事件发生时会自动触发该事件对应的监听器。

9.1.1 过滤器简介

在实际项目开发中，Servlet 过滤器主要用于对浏览器的请求进行过滤处理，再将过滤后的请求转给下一个资源。过滤器是以一种组件的形式绑定到 Web 应用程序当中的，与其他的 Web 应用程序组件不同的是，过滤器是采用"链（FilterChain）"的方式进行处理的。

过滤器用于在 Servlet 之外对 HttpServletRequest 或 HttpServletResponse 进行修改，在一个 FilterChain 中包含多个 Filter。客户端的请求 request 在交给 Servlet 处理时首先经过 FilterChain 中的所有 Filter，服务器响应 response 在从 Servlet 返回客户端浏览器信息时也会经过 FilterChain 中的所有 Filter。Filter 的处理过程如图 9-1 所示。

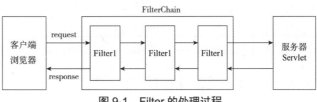

图 9-1 Filter 的处理过程

根据 Filter 的处理过程，可以发现 Filter 就像客户端浏览器与服务器端 Servlet 之间的一层过滤网，无论进出都会经过 Filter。

9.1.2 监听器简介

Servlet 监听器是 Servlet 2.3 规范新增的功能，在 Servlet 2.4 规范中得到了增强。Servlet 监

听器的功能与 Java 的 GUI 程序中的监听器类似，可以监听在 Web 应用程序中由于状态改变而引起的 Servlet 容器产生的事件，并做出相应的处理。

Servlet 监听器主要用于监听 ServletContext、HttpSession 和 ServletRequest 等域对象的创建与销毁事件，以及监听这些域对象中属性发生修改的事件。

ServletContext 的域对象是 application，从服务器启动至结束都有效，在整个 Web 应用程序中只存在一个，所有页面都可以访问这个对象；HttpSession 的域对象是 session，在一个会话过程中有效；ServletRequest 的域对象是 request，在一个用户请求过程中有效。

监听器一般可以在事件发生前、发生后进行一些处理，可以用来统计在线人数和在线用户、统计网站访问量、在系统启动时初始化信息等。

9.2 过滤器接口

微视频

过滤器机制是由 jakarta.servlet 包中的 Filter 接口、FilterConfig 接口和 FilterChain 接口实现的。一个过滤器类必须实现 Filter 接口，本节主要介绍这 3 个接口的使用。

9.2.1 Filter 接口

过滤器的创建和销毁由 Web 服务器控制。在实际开发中，每个过滤器对象都要直接或间接地实现 Filter 接口，在 Filter 接口中定义了 3 个方法，即 init()方法、doFilter()方法和 destroy()方法，如表 9-1 所示。

表 9-1　Filter 接口的常用方法

返回类型	方 法 名	说　　明
void	init(FilterConfig filterConfig)	在 Web 容器创建过滤器对象时调用，filterConfig 参数封装了过滤器的配置信息
void	doFilter(ServletRequest request, ServletResponse response, FilterChain chain)	当过滤器对象拦截访问请求时，由 Servlet 容器调用 Filter 接口的 doFilter()方法
void	destroy()	在 Web 容器销毁过滤器时调用，仅调用一次

在 Filter 接口的 doFilter()方法中，参数 request 封装了请求信息，参数 response 封装了相应信息，该方法是对 request 和 response 进行过滤操作。其参数 chain 调用 doFilter()方法将请求和响应传递给下一个过滤器，若是最后一个过滤器，则将请求和响应传递给所请求的服务器。如果过滤器的 doFilter()方法没有调用 FilterChain 对象的 doFilter()方法，则请求和响应将被拦截。

9.2.2 FilterConfig 接口

FilterConfig 是过滤器的配置对象，由 Servlet 容器实现，主要作用是获取过滤器中的配置信息，该接口中声明的常用方法如表 9-2 所示。

表 9-2　FilterConfig 接口声明的常用方法

返回类型	方 法 名	说　　明
String	getFilterName()	获取过滤器的名称

续表

返回类型	方 法 名	说　明
String	getInitParameter(String name)	获取过滤器的初始化参数值
Enumeration	getInitParameterNames()	获取过滤器的所有初始化参数
ServletContext	getServletContext()	返回一个 ServletContext 对象

9.2.3　FilterChain 接口

FilterChain 是过滤器的传递工具，同样是由 Servlet 容器实现的，这个接口定义的常用方法如表 9-3 所示。

表 9-3　FilterChain 接口定义的常用方法

返回类型	方　法	说　明
void	doFilter(ServletRequest request, ServletResponse response)	该方法将过滤后的请求传递给下一个过滤器，如果当前过滤器是最后一个过滤器，那么将请求传递给服务器

9.3　创建和配置过滤器

微视频

创建一个实现 Filter 接口的过滤器对象，并实现 Filter 接口声明的 3 个方法。创建完 Filter，必须在 web.xml 文件中配置 Filter 后过滤器才能生效。

【例 9.1】创建 Filter，使用过滤器禁止来自本机（IP:127.0.0.1）的请求，并配置 Filter。

步骤 1：创建 class 类，使其实现 Filter 接口，并实现接口中的抽象方法（源代码\ch09\9.1\MyFilter.java）。

```
package filter;
import java.io.IOException;
import java.io.PrintWriter;
import jakarta.servlet.*;
public class MyFilter implements Filter {
    private FilterConfig fc;
    private String ip;
    @Override
    public void doFilter(ServletRequest request, ServletResponse response, FilterChain chain)
            throws IOException, ServletException {
            //获取客户端发送请求的 IP
        String userIP=request.getRemoteAddr();
            //设置输出编码是 GB2312,否则汉字会出现乱码
        response.setCharacterEncoding("GB2312");
            //获得输出对象 out
        PrintWriter out=response.getWriter();
            //如果请求 IP 与客户端 IP 一致,禁止执行
        if(userIP.equals(ip)){
           //输出信息
           out.println("您的 IP: " + ip + "被禁止访问！");
        } else {
           chain.doFilter(request, response);
        }
    }
```

```
        @Override
        public void init(FilterConfig fc)throws ServletException {
            //对过滤器配置信息类的对象 fc 赋值
            this.fc=fc;
            //获取参数 ip 的地址,在配置文件中设置了限制访问的 ip
            ip=fc.getInitParameter("ip");
        }
        @Override
        public void destroy(){
        }
    }
```

在上述代码中，创建实现 Filter 接口的过滤类，该类实现 Filter 接口中声明的 3 个抽象方法，并定义类的私有成员变量 fc 和 ip。在初始化方法 init()中，将方法的参数 fc 赋值给类的成员变量 fc，通过 fc 对象的 getInitParameter()方法获取在配置文件中设置的参数 ip 的值，并将该值赋给类的成员变量 ip。

☆大牛提醒☆

doFilter()方法是处理业务逻辑，在 init()方法和 destroy()方法中不涉及业务逻辑，它们可以是空方法。

步骤 2：在创建完 Filter 后配置 Filter 信息，在 web.xml 中<servlet>节点的前面添加如下代码（源代码\ch09\9.1\web.xml）。

```xml
<filter>
    <filter-name>MyFilter</filter-name>
    <filter-class>filter.MyFilter</filter-class>
    <!-- 过滤器中的参数 -->
    <init-param>
        <param-name>ip</param-name>
        <param-value>127.0.0.1</param-value>
    </init-param>
 </filter>
<filter-mapping>
    <filter-name>MyFilter</filter-name>
    <url-pattern>/*</url-pattern>
</filter-mapping>
```

在上述代码中，添加 Filter 的配置信息到 web.xml 中。<filter>节点设置过滤器自身的属性，即注册过滤器；<filter-mapping>节点设置过滤器的访问路径，即映射过滤器。<filter>节点中的<filter-name>和<filter-mapping>节点中的<filter-name>必须保持一致，<filter-class>指定过滤器类对应的 Java 类文件，注意一定要将包名和类名写全。在<init-param>节点中设置过滤器初始化时要加载的参数，<param-name>指定初始化参数的名称，<param-value>指定初始化参数的值，在过滤器中可以没有初始化参数，也可以有多个初始化参数。<url-pattern>指定过滤器对哪些访问路径有效，"/*"是指所有请求（JSP 页面或 Servlet）都必须经过过滤器处理。

启动 Tomcat 服务器，在浏览器的地址栏中输入项目的 JSP 页面地址"http://localhost:8089/myWeb/"，运行结果如图 9-2 所示。

图 9-2　Filter 禁止 IP

9.4 监听器接口

微视频

Servlet 2.5 中有 8 种监听器接口,按照监听事件的不同,可以将监听器接口分为 3 类,本节介绍各监听器接口的使用。

9.4.1 认识监听器接口

在 Servlet 2.5 和 JSP 2.0 中有 8 个监听器接口和 6 个 Event 类,监听器接口与对应的事件类如表 9-4 所示。

表 9-4 监听器接口与对应的事件类

Listener 接口	Event 类
ServletContextListener	ServletContextEvent
ServletContextAttributeListener	ServletContextAttributeEvent
HttpSessionListener	HttpSessionEvent
HttpSessionActivationListener	
HttpSessionAttributeListener	HttpSessionBindingEvent
HttpSessionBindingListener	
ServletRequestListener	ServletRequestEvent
ServletRequestAttributeListener	ServletRequestAttributeEvent

Servlet 2.5 中提供了 8 个监听器接口,可以按照监听对象和监听事件的不同进行分类,具体如下。

1. 根据监听对象不同分类

根据监听对象不同可以分为以下 3 类:

(1) 根据监听应用程序环境对象(ServletContext)不同分为 ServletContextListener 接口和 ServletContextAttributeListener 接口。

(2) 根据监听用户会话对象(HttpSession)不同分为 HttpSessionListener 接口和 HttpSessionAttributeListener 接口。

(3) 根据监听请求消息对象(ServletRequest)不同分为 ServletRequestListener 接口和 ServletRequestAttributeListener 接口。

2. 根据监听事件不同分类

根据监听事件不同可以分为以下 3 类:

(1) 监听域对象自身的创建与销毁的事件监听器,有 HttpSessionListener 接口、ServletContextListener 接口和 ServletRequestListener 接口。

(2) 监听域对象中属性的增加和删除的事件监听器,有 HttpSessionAttributeListener 接口、ServletContextAttributeListener 接口和 ServletRequestAttributeListener 接口。

(3) 监听绑定到 HttpSession 域中某个对象的状态的事件监听器(创建普通 JavaBean),有 HttpSessionBindingListener 接口和 HttpSessionActivationListener 接口。

不同功能的监听器需要实现不同的 Listener 接口,一个监听器也可以实现多个接口,从而实现多种功能的监听器一起工作。

9.4.2 监听对象的创建与销毁

监听 session、application、request 对象的创建与销毁的监听器接口分别是 HttpSessionListener 接口、ServletContextListener 接口和 ServletRequestListener 接口。

1. HttpSessionListener 接口

在 javax.servlet.http 包中提供了 HttpSessionListener 接口，主要用于监听 HTTP 会话的创建和销毁。该接口提供了两个方法，如表 9-5 所示。

表 9-5 HttpSessionListener 接口提供的方法

返回类型	方法	说明
void	sessionCreated(HttpSessionEvent se)	加载及初始化 session 对象
void	sessionDestroyed(HttpSessionEvent se)	销毁 session 对象

HttpSessionListener 接口的主要用途是统计在线人数、记录访问日志等。用户需要在 web.xml 中配置 session 的超时参数，其代码如下：

```
<session-config>
    <session-timeout>5</session-timeout>
</session-config>
```

注意：session 的单位是分，其超时的参数并不是精确的。

2. ServletContextListener 接口

在 javax.servlet 包中提供了 ServletContextListener 接口，主要用于监听 ServletContext 对象的创建和删除。该接口提供了两个方法，如表 9-6 所示。

表 9-6 ServletContextListener 接口提供的方法

返回类型	方法	说明
void	contextDestroyed(ServletContextEvent sce)	加载及初始化 application 对象
void	contextInitialized(ServletContextEvent sce)	销毁 application 对象

ServletContextListener 接口的主要用途是作为定时器、加载全局属性对象、创建全局数据库连接以及加载缓存信息等。在 web.xml 中配置项目的初始化信息，在 contextInitialized()方法中启动，代码如下：

```
<context-param>
    <param-name>属性名</param-name>
    <param-value>属性值</param-value>
</context-param>
```

3. ServletRequestListener 接口

在 javax.servlet 包中提供了 ServletRequestListener 接口，从而实现对客户端请求的监听。如果在监听程序中获得了客户端的请求，那么就可以对这些请求进行统一的处理。该接口主要实现对客户端请求的监听，它提供了两个方法，如表 9-7 所示。

ServletRequestListener 接口的主要用途是读取 request 参数、记录访问历史。

表 9-7　ServletRequestListener 接口提供的方法

返回类型	方　　法	说　　明
void	requestDestroyed(ServletRequestEvent sre)	销毁 ServletRequest 对象
void	requestInitialized(ServletRequestEvent sre)	加载及初始化 ServletRequest 对象

9.4.3　监听对象的属性

监听 session、application、request 对象中属性发生修改的监听器接口分别是 HttpSessionAttributeListener、ServletContextAttributeListener、ServletRequestAttributeListener。

1. HttpSessionAttributeListener 接口

在 javax.servlet.http 包中提供了 HttpSessionAttributeListener 接口，主要用于监听 HTTP 会话对象的 active（激活）和 passivate（锐化）。该接口提供了 3 个方法，如表 9-8 所示。

表 9-8　HttpSessionAttributeListener 接口提供的方法

返回类型	方　　法	说　　明
void	attributeAdded(HttpSessionBindingEvent event)	通知正在收听的对象有对象加入 session 范围
void	attributeRemoved(HttpSessionBindingEvent event)	通知正在收听的对象有对象从 session 范围移除
void	attributeReplaced(HttpSessionBindingEvent event)	通知正在收听的对象在 session 范围内有对象取代另一个对象

2. ServletContextAttributeListener 接口

在 javax.servlet 包中提供了 ServletContextAttributeListener 接口，用于监听 ServletContext 属性的添加、删除和修改。该接口提供了 3 个方法，如表 9-9 所示。

表 9-9　ServletContextAttributeListener 接口提供的方法

返回类型	方　　法	说　　明
void	attributeAdded(ServletContextAttributeEvent event)	通知正在收听的对象有对象加入 application 范围
void	attributeRemoved(ServletContextAttributeEvent event)	通知正在收听的对象有对象从 application 范围移除
void	attributeReplaced(ServletContextAttributeEvent event)	通知正在收听的对象在 application 范围内有对象取代另一个对象

3. ServletRequestAttributeListener 接口

在 javax.servlet 包中提供了 ServletRequestAttributeListener 接口，主要用于实现对客户端请求参数设置的监听。该接口主要提供 3 个方法，如表 9-10 所示。

表 9-10　ServletRequestAttributeListener 接口提供的方法

返回类型	方　　法	说　　明
void	attributeAdded(ServletRequestAttributeEvent srae)	通知正在收听的对象有对象加入 request 范围
void	attributeRemoved(ServletRequestAttributeEvent srae)	通知正在收听的对象有对象从 request 范围移除
void	attributeReplaced(ServletRequestAttributeEvent srae)	通知正在收听的对象在 request 范围内有对象取代另一个对象

9.4.4 监听 session 内的对象

监听 session 内的对象而非 session 本身的监听器接口分别是 HttpSessionBindingListener 和 HttpSessionActivationListener，这两个接口不需要在 web.xml 中进行配置。

1. HttpSessionBindingListener 接口

在 javax.servlet.http 包中提供了 HttpSessionBindingListener 接口，主要用于监听 HTTP 会话中对象的绑定信息。该接口提供了两个方法，如表 9-11 所示。

表 9-11 HttpSessionBindingListener 接口提供的方法

返回类型	方法名	说明
void	valueBound(HttpSessionBindingEvent event)	自动调用加入 session 范围内的对象（绑定）
void	valueUnbound(HttpSessionBindingEvent event)	自动调用从 session 中移除的对象（解除绑定）

2. HttpSessionActivationListener 接口

在 javax.servlet.http 包中提供了 HttpSessionActivationListener 接口，主要用于监听 HTTP 会话中属性的设置请求。该接口提供了两个方法，如表 9-12 所示。

表 9-12 HttpSessionActivationListener 接口提供的方法

返回类型	方法名	说明
void	sessionDidActivate(HttpSessionEvent se)	设置 session 为有效状态（活化）
void	sessionWillPassivate(HttpSessionEvent se)	设置 session 为无效状态（钝化）

注意：实现钝化和活化必须实现 Serializable 接口。绑定是通过 setAttribute()方法保存到 session 对象当中，解除绑定是通过 removeAttribute()方法去除。钝化是将 session 对象持久化到存储设备上，活化是将 session 对象从存储设备上进行恢复。

9.5 创建和配置监听器

微视频

监听器主要用于监听 Web 容器中的有效时间，其由 Servlet 容器管理。使用监听器监听执行程序，当触发事件时根据程序的需求做出相应的操作。

【例 9.2】创建和配置监听器。

步骤 1：创建实现 ServletContextListener 接口的监听类，用于监听 application 对象（源代码 \ch09\9.2\MyListener.java）。

```java
package listener;
import jakarta.servlet.*;
public class MyListener implements ServletContextListener {
    public void contextDestroyed(ServletContextEvent sce){
        System.out.println("销毁 application 对象");
    }
    public void contextInitialized(ServletContextEvent sce){
        System.out.println("初始化 application 对象");
        String str=sce.getServletContext().getInitParameter("count");
        System.out.println("count=" + str);
    }
}
```

在上述代码中创建实现 ServletContextListener 接口的类，用于监听 application 对象。在该类中实现接口中的两个抽象方法，在 contextDestroyed()方法中打印销毁 application 的信息，在 contextInitialized()方法中打印初始化 application 对象和初始化的参数信息。

步骤 2：在 web.xml 文件的<web-app>中添加监听器的配置信息，具体代码如下（源代码\ch09\9.2\web.xml）。

```
<listener>
        <listener-class>listener.MyListener</listener-class>
</listener>
<context-param>
        <param-name>count</param-name>
        <param-value>10</param-value>
</context-param>
```

在上述代码中添加监听器的配置信息，即在<listener>节点中添加<listener-class>指出监听器对应的 Java 类，需要注意的是类在包中时需要加上包名。添加初始化参数信息，即通过<context-param>节点添加参数，<param-name>指出参数的名称，<param-value>指出参数的值。启动 Tomcat 服务器，在 Eclipse 的 Console 窗口中运行结果如图 9-3 所示。

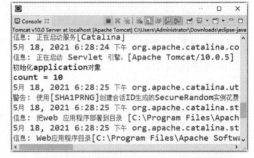

图 9-3　启动监听 application 的监听器

9.6　Servlet 3.0 的新特性

微视频

Servlet 3.0 作为 Java EE 6 规范体系中的一员，与 Java EE 6 规范一起发布。该版本在 Servlet 2.5 版本的基础上提供了若干新特性，用于简化 Web 应用的开发和部署。使用 Servlet 3.0 需要的环境要求是 MyEclipse 1.0 或以上版本，发布到 Tomcat 7.0 或以上版本，创建 J2EE 6.0 或以上版本的应用。Servlet 3.0 添加了注解、异步处理和插件支持。

9.6.1　注解

Servlet 3.0 版本新增了注解支持，用于简化 Servlet、过滤器和监听器的声明，从而使 web.xml 配置文件从 Servlet 3.0 版本开始不再是必选的了。

在 Servlet 3.0 中使用@WebServlet、@WebFilter、@WebListener 几个注解来替代 web.xml 文件中的 Servlet、Filter、Listener 配置。

1. @WebServlet 注解

@WebServlet 注解用于将一个类声明为 Servlet，该注解将会在部署时被 Web 容器处理，容器将根据具体的属性配置把相应的类部署为 Servlet。

@WebServlet 注解具有一些常用的属性，如表 9-13 所示。以下所有属性均为可选属性，但是 value 或 urlPatterns 通常是必需的，且二者不能共存，如果同时指定，通常是忽略 value 的取值。

表 9-13 @WebServlet 注解的常用属性

属 性 名	类 型	描 述
name	String	指定 Servlet 的 name 属性，相当于<servlet-name>。如果没有显式指定，则该 Servlet 的取值是类的全限定名，即包名.类型
value	String[]	该属性相当于 urlPatterns 属性。这两个属性不能同时使用
urlPatterns	String[]	指定一组 Servlet 的 URL 匹配模式，相当于<url-pattern>标签
loadOnStartup	int	指定 Servlet 的加载顺序，相当于<load-on-startup>标签
initParams	WebInitParam[]	指定一组 Servlet 初始化参数，相当于<init-param>标签
asyncSupported	boolean	声明 Servlet 是否支持异步操作模式，相当于<async-supported>标签
description	String	Servlet 的描述信息，相当于<description>标签
displayName	String	Servlet 的显示名，通常配合工具使用，相当于<display-name>标签

【例 9.3】创建继承 HttpServlet 并使用注解的 Servlet 类（源代码\ch09\9.3\ServletAnno.java）。其具体代码如下：

```java
package servlet;
import java.io.IOException;
import java.io.PrintWriter;
import jakarta.servlet.*;
import jakarta.servlet.annotation.WebServlet;
import jakarta.servlet.http.*;
@WebServlet(urlPatterns="/servlet")//访问地址
public class ServletAnno extends HttpServlet {
    public void doGet(HttpServletRequest request, HttpServletResponse response)
            throws ServletException, IOException {
        PrintWriter out=response.getWriter();
        out.print("Servlet3.0 注解");
        //设置编码格式是GB2312,即显示为中文
        request.setCharacterEncoding("GB2312");
        response.setCharacterEncoding("GB2312");
        PrintWriter out=response.getWriter();
        out.print("Servlet3.0 注解");
        out.flush();
        out.close();
    }
    public void doPost(HttpServletRequest request, HttpServletResponse response)
            throws ServletException, IOException {
        this.doGet(request, response);
    }
}
```

在上述代码中创建继承 HttpServlet 的类，在该类中使用@WebServlet 注解的 urlPatterns 属性设置 Servlet 的访问路径，并定义 doGet()方法和 doPost()方法。

启动 Tomcat 服务器，在浏览器的地址栏中输入 Servlet 的访问地址"http://localhost:8089/myWeb/servlet"，运行结果如图 9-4 所示。

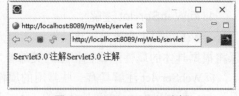

图 9-4 @WebServlet 注解

2. @WebInitParam 注解

@WebInitParam 注解通常配合@WebServlet 或者@WebFilter 使用。它的作用是为 Servlet 或过滤器

指定初始化参数，这相当于 web.xml 中<servlet>和<filter>节点中的<init-param>的子节点。@WebInitParam 注解提供了一些常用的属性，如表 9-14 所示。

表 9-14 @WebInitParam 注解的常用属性

属 性 名	类 型	是否可选	描 述
name	String	否	指定参数的名字，相当于<param-name>
value	String	否	指定参数的值，相当于<param-value>
description	String	是	关于参数的描述，相当于<description>

【例 9.4】在 Servlet 中使用注解添加参数（源代码\ch09\9.4\ServletParam.java）。
其具体代码如下：

```
package servlet;
import java.io.IOException;
import java.io.PrintWriter;
import jakarta.servlet.*;
import jakarta.servlet.annotation.WebInitParam;
import jakarta.servlet.annotation.WebServlet;
import jakarta.servlet.http.*;
//访问地址,设置参数
@WebServlet(urlPatterns={"/param"}, initParams={@WebInitParam(name="Fruit", value=
"苹果")})
public class ServletParam extends HttpServlet {
    public void init()throws ServletException {
        System.out.println("Fruit=" + this.getInitParameter("Fruit"));
    }
    public void doGet(HttpServletRequest request, HttpServletResponse response)
        throws ServletException, IOException {
        //设置编码格式是 GB2312,即显示为中文
        request.setCharacterEncoding("GB2312");
        response.setCharacterEncoding("GB2312");
        PrintWriter out=response.getWriter();
        out.print("Servlet3.0 注解");
        out.flush();
        out.close();
    }
    public void doPost(HttpServletRequest request, HttpServletResponse response)
        throws ServletException, IOException {
        this.doGet(request, response);
    }
}
```

在上述代码中创建继承 HttpServlet 的类，在该类中使用@WebServlet 注解的 urlPatterns 属性设置 Servlet 的访问路径，在 initParams 属性中通过@WebInitParam 注解设置参数 Fruit 及其值。在该类中定义 doGet()方法、doPost()方法和 init()方法，在初始化方法 init()中，通过当前对象的 getInitparameter()方法获取在注解中设置的参数 Fruit 的值，并在控制台输出。

启动 Tomcat 服务器，在浏览器的地址栏中输入 Servlet 的访问地址"http://localhost:8089/myWeb/param"，运行结果如图 9-5 所示，并在 Eclipse 的 Console 窗口中输出设置的参数信息，如图 9-6 所示。

3. @WebFilter 注解

@WebFilter 注解用于将一个类声明为过滤器，在部署时容器处理该注解，容器将根据具体的属性配置将相应的类部署为过滤器。该注解提供了一些常用的属性，如表 9-15 所示。这些属性均为可选属性，但是 value、urlPatterns、servletNames 三者中必须至少包含一个，且 value 和 urlPatterns 不能同时指定，否则将忽略 value 的值。

图 9-5 @WebInitParam 注解

图 9-6 输出设置的参数信息

表 9-15 @WebFilter 注解的常用属性

属 性 名	类 型	描 述
filterName	String	指定过滤器的 name 属性,相当于<filter-name>标签
value	String[]	该属性与 urlPatterns 属性相同,但是两者不能同时使用
urlPatterns	String[]	指定一组过滤器的 URL 匹配模式,相当于<url-pattern>标签
servletNames	String[]	指定过滤器应用于哪些 Servlet,其值是@WebServlet 中 name 属性的取值或 web.xml 中<servlet-name>的取值
dispatcherTypes	DispatcherType	指定过滤器的转发模式,转发模式有 ASYNC、ERROR、FORWARD、INCLUDE、REQUEST
initParams	WebInitParam[]	指定一组过滤器的初始化参数,相当于<init-param>标签
asyncSupported	boolean	声明过滤器是否支持异步操作,相当于<async-supported>标签
description	String	该过滤器的描述信息,相当于<description>标签
displayName	String	过滤器名,通常配合工具使用,相当于<display-name>标签

【例 9.5】创建实现 Filter 接口的过滤器,并使用@WebFilter 注解禁止 IP 是 127.0.0.1 的页面访问(源代码\ch09\9.5\FilterAnno.java)。

其具体代码如下:

```
package filter;
import java.io.IOException;
import java.io.PrintWriter;
import jakarta.servlet.*;
import jakarta.servlet.annotation.WebFilter;
import jakarta.servlet.annotation.WebInitParam;
//asyncSupported=true 对应 filter 也需要定义 asyncSupported=true,支持异步操作
@WebFilter(urlPatterns={ "/*" }, filterName="filterAnno", asyncSupported=true,
    initParams={@WebInitParam(name="ip", value="127.0.0.1")})
public class FilterAnno implements Filter {
    private FilterConfig fc;
    private String ip;
    @Override
    public void doFilter(ServletRequest request, ServletResponse response, FilterChain chain)
            throws IOException, ServletException {
        System.out.println("使用@WebFilter 注解");
        //获取客户端发送请求的 IP
        String userIP=request.getRemoteAddr();
        //如果请求 IP 与客户端 IP 一致,禁止执行
        if(userIP.equals(ip)){
            //设置输出编码是 GB2312,否则汉字会出现乱码
            response.setCharacterEncoding("GB2312");
```

```
                //获得输出对象 out
                PrintWriter out=response.getWriter();
                //输出信息
                out.println("您的 IP: " + ip + "被禁止访问！");
            } else {
                chain.doFilter(request, response);
            }
    }
    @Override
    public void init(FilterConfig fc)throws ServletException {
        //对过滤器配置信息类的对象 fc 赋值
        this.fc=fc;
        //获取参数 ip 的地址,在配置文件中设置了限制访问的 ip
        ip=fc.getInitParameter("ip");
        System.out.print("ip 地址: "+ip);
    }
    @Override
    public void destroy(){
    }
}
```

在上述代码中，使用@WebFilter 注解的 urlPatterns 属性设置对所有页面进行过滤，在 initParams 属性中通过@WebInitParam 设置参数 ip 以及其值，通过 filterName 属性设置过滤器的名称是 filterAnno，通过设置 asyncSupported 属性值是 true 来设置过滤器可以异步操作。

启动 Tomcat 服务器，在浏览器的地址栏中输入 IP 是 127.0.0.1 的页面地址，这里输入"http://127.0.0.1:8089/myWeb/index.jsp"，运行结果如图 9-7 所示。

图 9-7 @WebFilter 注解

4. @WebListener 注解

@WebListener 注解用于将一个类声明为监听器，使用该注解的类必须实现 ServletContextListener、ServletContextAttributeListener、ServletRequestListener、ServletRequestAttributeListener、HttpSessionListener、HttpSessionAttributeListener 中至少一个接口。@WebListener 注解的使用非常简单，其属性如表 9-16 所示。

表 9-16 @WebListener 注解的常用属性

属 性 名	类 型	是否可选	描 述
value	String	是	该监听器的描述信息

【例 9.6】创建继承 ServletContextListener 接口的监听器，并使用@WebListener 注册监听器（源代码\ch09\9.6\ApplicationListener.java）。

其具体代码如下：

```
package listener;
import jakarta.servlet.*;
import jakarta.servlet.annotation.WebListener;
/**
 * 监听器实现 ServletContextListener
 */
@WebListener
public class ApplicationListener implements ServletContextListener {
    public void contextDestroyed(ServletContextEvent sce){
        System.out.println("销毁 application 对象");
    }
```

```
    public void contextInitialized(ServletContextEvent sce){
        System.out.println("初始化application对象");
    }
}
```

在上述代码中使用@WebListener注解注册监听器，再创建实现 ServletContextListener 接口的监听器，并实现接口中声明的抽象方法。

启动 Tomcat 服务器，在 Eclipse 的 Console 窗口中看到服务器运行时启动 application 对象，如图9-8所示。

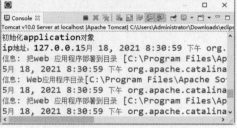

图 9-8　@WebListener 注解

9.6.2　异步处理

Servlet 3.0 的异步处理就是让 Servlet 在处理费时的请求时不要阻塞，要一部分一部分地显示。也就是说，在使用 Servlet 异步处理之后，页面可以一部分一部分地显示数据，而不是一直卡，等到请求响应结束后一起显示。

在使用异步处理之前，一定要在@WebServlet 注解中给出 asyncSupported=true，否则默认Servlet 是不支持异步处理的。如果存在过滤器，也要设置@WebFilter注解的 asyncSupported=true。

☆大牛提醒☆

响应类型必须是 text/html，即 response.setContentType("text/html;charset=UTF-8");

为了支持异步处理，在 Servlet 3.0 中 ServletRequest 提供了 startAsync()方法，该方法有两种重载形式，其语法格式如下：

```
AsyncContext startAsync()throws java.lang.IllegalStateException;   //第 1 种重载形式
AsyncContext startAsync(ServletRequest servletRequest, ServletResponse servletResponse)
             throws java.lang.IllegalStateException            //第 2 种重载形式
```

这两个方法都会返回 AsyncContext 接口的实现对象，前者会直接利用原有的请求与响应对象来创建 AsyncContext，后者可以传入自行创建的请求、响应封装对象。在调用 startAsync()方法取得 AsyncContext 对象之后，此次请求的响应会被延后，并释放容器分配的线程。

一般可以通过 AsyncContext 类的 getRequest()方法和 getResponse()方法来获取请求和响应的对象，这次对客户端的响应缓存至调用 AsyncContext 类的 complete()方法或 dispatch()方法才结束。complete()方法表示响应完成，dispatch()方法表示将调派指定的 URL 进行响应。

如果调用 ServletRequest 类的 startAsync()方法获取 AsyncContext 类的对象，那么必须设置容器 Servlet 支持异步处理。如果使用@WebServlet 注解，则需要设置其 asyncSupported 属性值是 true。

【例 9.7】在 Servlet 3.0 中使用注解进行异步处理。

步骤 1：创建继承 HttpServlet 并进行异步处理的 Servlet 类（源代码\ch09\9.7\AsyncServlet.java）。

```
package servlet;
import java.io.IOException;
import java.io.PrintWriter;
import java.util.Date;
import jakarta.servlet.*;
import jakarta.servlet.annotation.WebServlet;
import jakarta.servlet.http.*;
@WebServlet(urlPatterns="/async", asyncSupported=true)
```

```java
public class AsyncServlet extends HttpServlet{
    @Override
    public void doGet(HttpServletRequest req, HttpServletResponse resp)
    throws IOException, ServletException{
        //设置编码格式
        resp.setContentType("text/html;charset=UTF-8");
        //获取输出对象
        PrintWriter out=resp.getWriter();
        //打印当前时间,即启动 Servlet 时间
        out.println("启动 Servlet: " + new Date()+ ".<br>");
        out.flush();
        //主线程退出,在子线程中执行业务调用,并由其负责输出响应
        AsyncContext ac=req.startAsync();
        //创建并启动子线程
        new Thread(new Async(ac)).start();
        //打印启动子线程时间,即结束 Servlet 时间
        out.println("结束 Servlet: " + new Date()+ ".<br>");
        out.println("启动子线程: " + new Date()+ ".<br>");
        out.flush();
    }
}
```

在上述代码中创建继承 HttpServlet 的类，在该类前面使用@WebServlet 注解，设置当前 Servlet 的访问路径，设置 asyncSupported 是 true，即该 Servlet 支持异步处理。在该类中设置编码格式是 UTF-8，获取输出对象 out，使用该对象打印启动 Servlet 的时间，通过 HttpServletRequest 类提供的 startAsync()方法获取 AsyncContext 类的对象 ac，并将该对象作为参数传递给线程类 Async 的构造方法。

步骤 2：创建子线程类（源代码\Servlet3.0\servlet\Async.java）。

```java
package servlet;
import java.io.PrintWriter;
import java.util.Date;
import jakarta.servlet.AsyncContext;
public class Async implements Runnable {
    //设置私有成员变量
    private AsyncContext ac=null;
    //线程类的构造方法
    public Async(AsyncContext ac){
        this.ac=ac;
    }
    //线程体
    public void run(){
        try {
            //等待 10 秒钟,模拟业务逻辑的执行
            Thread.sleep(10000);
            //获取输出对象
            PrintWriter out=ac.getResponse().getWriter();
            out.println("业务处理完毕: " + new Date()+ ".<br>");
            out.flush();         //强制输出缓冲区
            ac.complete();       //响应完成
        } catch(Exception e){
            e.printStackTrace();
        }
    }
}
```

在上述代码中创建实现 Runnable 接口的类，在该类中定义 AsyncContext 类型的私有成员变量，并在类的构造方法中对其进行赋值。在线程体（即 run()方法）中调用 Thread 类的 sleep()

方法，使当前线程睡眠 10 s，通过 AsyncContext 类提供的 getResponse()方法获取 response 对象，调用其 getWriter()方法获取输出对象 out，并输出子线程的结束时间，再调用 AsyncContext 类提供的 complete()方法表示响应完成。

启动 Tomcat 服务器，在浏览器的地址栏中输入 Servlet 的访问地址 "http://localhost:8089/myWeb/async"，运行结果如图 9-9 所示。

9.6.3 上传组件

Servlet 2.5 以前的版本在上传文件时需要使用 commons-fileupload 等第三方的上传组件，而 Servlet 3.0 提供了文件上传的处理方案，只需要在 Servlet 前面添加@MultipartConfig 注解即可。

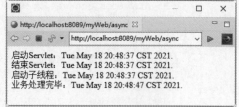

图 9-9 异步处理

1. @MultipartConfig 注解

@MultipartConfig 注解主要是为了辅助 Servlet 3.0 中 HttpServletRequest 提供的对上传文件的支持。该注解标注在 Servlet 的上面，用来表示该 Servlet 处理请求的 MIME 类型是 multipart/form-data。另外，它还提供了若干属性用于简化对上传文件的处理，如表 9-17 所示。

表 9-17 @MultipartConfig 注解的常用属性

属 性 名	类 型	是否可选	描 述
fileSizeThreshold	int	是	当数据量大于该值时，内容将被写入文件
location	String	是	存放生成的文件地址
maxFileSize	long	是	允许上传的文件最大值，默认值为-1，指没有限制
maxRequestSize	long	是	针对该 multipart/form-data 请求的最大数量，默认值为-1，指没有限制

2. Part 类

HttpServletRequest 接口提供了处理文件上传的两个方法，方法如下。

（1）Part getPart(String name)：根据名称来获取文件的上传域。

（2）Collection<Part> getParts()：获取所有文件的上传域。

Part 类的每一个对象对应一个文件上传域，该对象提供了用来访问上传文件的文件类型、大小、输入流等方法，并提供了一个 write(String file)方法将文件写入服务器磁盘。

3. enctype 属性

在向服务器上传文件时，需要在 form 表单中使用<input type="file"···/>文件域，并设置 form 表单的 enctype 属性。表单的 enctype 属性指定的是表单数据的编码方式，该属性有以下 3 个值。

（1）application/x-www-form-urlencoded：默认的编码方式，它只处理表单域里的 value 属性值，采用这种编码方式的表单会将表单域的值处理成 URL 编码方式。

（2）multipart/form-data：这种编码方式以二进制流的方式来处理表单数据，把文件域指定文件的内容也封装到请求参数中。

（3）text/plain 编码方式：当表单的 action 属性为 mailto:URL 形式时比较方便，这种方式主要适用于直接使用表单发送邮件。

如果将 enctype 属性设置为 application/x-www-form-urlencoded 或者不设置，在提交表单时只发送上传文件文本框中的字符串，即浏览器所选择文件的绝对路径，对服务器获取该文件在客户端上的绝对路径没有任何作用，因为服务器不可能访问客户机的文件系统。因此，一般设置 enctype 属性的值为 multipart/form-data。

【例 9.8】使用注解实现文件的上传。

步骤 1：创建上传文件的页面（源代码\ch09\9.8\file.jsp）。

```jsp
<%@ page language="java" import="java.util.*" pageEncoding="UTF-8"%>
<!DOCTYPE HTML PUBLIC "-//W3C//DTD HTML 4.01 Transitional//EN">
<html>
<head>
<title>My JSP 'file.jsp' starting page</title>
<meta http-equiv="pragma" content="no-cache">
<meta http-equiv="cache-control" content="no-cache">
<meta http-equiv="expires" content="0">
<meta http-equiv="keywords" content="keyword1,keyword2,keyword3">
<meta http-equiv="description" content="This is my page">
</head>
<body>
    <form action="FileServlet" method="post" enctype="multipart/form-data">
        简 历：<input type="file" name="resume" /><br /> <input type="submit" value="注册" />
    </form>
</body>
</html>
```

步骤 2：创建继承 HttpServlet 类并使用@MultipartConfig 注解支持文件上传的类（源代码\ch09\9.8\FileServlet.java）。

```java
package servlet;
import java.io.IOException;
import jakarta.servlet.ServletException;
import jakarta.servlet.annotation.MultipartConfig;
import jakarta.servlet.annotation.WebServlet;
import jakarta.servlet.http.*;
@WebServlet(urlPatterns="/FileServlet")
@MultipartConfig(maxFileSize=1024 * 1024)
public class FileServlet extends HttpServlet {
    @Override
    public void doPost(HttpServletRequest req, HttpServletResponse resp)
            throws ServletException, IOException {
        //设置页面编码格式是UTF-8
        req.setCharacterEncoding("UTF-8");
        //通过 req 对象获取文件表单字段,即 Part 类的对象
        Part part=req.getPart("resume");
        //从 Part 对象中获取需要的数据
        System.out.println("上传文件的 MIME 类型:" + part.getContentType());
        System.out.println("上传文件的字节数: " + part.getSize());
        System.out.println("表单中文件字段名称: " + part.getName());
        //获取头,这个头中包含了上传文件的名称
        System.out.println("上传文件信息: " + part.getHeader("Content-Disposition"));
        part.write("D:/resume.doc");        //保存上传文件,写入服务器磁盘
        //截取上传文件的名称
        String filename=part.getHeader("Content-Disposition");
        int start=filename.lastIndexOf("filename=\"")+ 10;
        int end=filename.length()- 1;
        filename=filename.substring(start, end);
        //打印上传文件的名称
        System.out.println("上传文件的名称: " + filename);
    }
    public void doGet(HttpServletRequest req, HttpServletResponse resp)
```

```
            throws ServletException, IOException {
        doPost(req, resp);
    }
}
```

在上述代码中,在 Servlet 类的前面使用了@MultipartConfig 注解,然后通过 request 对象的 getPart("fieldName")方法来获取<input:file>中的文件对象,即 Part 类型的对象,其表示一个文件表单项。通过 Part 类提供的方法获取上传文件的信息,并在控制台输出。

启动 Tomcat 服务器,在浏览器的地址栏中输入上传文件信息页面的地址"http://localhost:8089/myWeb/file.jsp",运行结果如图 9-10 所示。单击"注册"按钮,查看效果如图 9-11 所示。

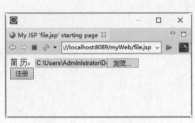

图 9-10　文件上传页面

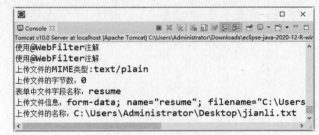

图 9-11　上传输出信息

9.7　新手疑难问题解答

问题 1:过滤器和监听器与 Servlet 有什么关系?

解答:过滤器和监听器都是 Servlet 规范的高级特性,提供辅助性功能,与 Servlet 没有业务关联。过滤器主要用于过滤 request 和 response 对象,而监听器主要用于监控 context、session 和 request 的相关事件。

问题 2:过滤器和监听器有什么区别?

解答:过滤器是用来过滤的,在 Java Web 中传入的 request 和 response 提前过滤掉一些信息,或提前设置一些参数,然后再传入 Servlet 或 Struts 的 action 进行业务逻辑处理,例如过滤掉非法 URL,或者在传入 Servlet 或 Struts 的 action 前统一设置字符集,或去掉一些非法字符。过滤器的流程是线性的,URL 传来后进行检查,再保持原来的流程继续向下执行,被下一个 Filter、Servlet 接收等。

监听器在 C/S 模式中经常用到,其作用是对特定的事件产生一个处理。监听可以在很多模式下用到,例如观察者模式是用来监听的,Struts 可以用监听来启动。Servlet 监听器用于监听一些重要事件的发生,监听器对象可以在事情发生前、发生后做一些必要的处理。

9.8　实战训练

实战 1:统计网站当前的在线人数。

编写程序,使用 session 监听器统计网站当前的在线人数,即统计网站当前有多少个 session。启动 Tomcat 服务器,在浏览器的地址栏中输入用于用户登录的页面地址"http://localhost:8089/myWeb/login.jsp",运行结果如图 9-12 所示。在其中输入用户名"admin",如图 9-13 所示。单击"登录"按钮,即可显示在线人数为 1 人,如图 9-14 所示。再使用其他浏览器进行用户登录,登录后会显示当前在线人数为两人,如图 9-15 所示。

图 9-12　用户登录页面

图 9-13　输入用户名

图 9-14　统计在线人数

图 9-15　用其他浏览器登录

实战 2:使用过滤器解决中文乱码问题。

编写程序,使用 Filter 解决中文乱码问题。首先创建继承 Filter 接口的类 ChineseFilter.java,然后在 web.xml 文件中添加转换编码过滤器的配置信息,最后创建 JSP 页面,显示中文信息。启动 Tomcat 服务器,在浏览器的地址栏中输入 JSP 页面地址"http://localhost:8089/myWeb/chinese.jsp",运行结果如图 9-16 所示。

图 9-16　汉字显示

第 10 章

Java Web 中的数据库开发

学习 Java Web 开发，一定会遇到 JDBC 技术，因为 JDBC 技术可以非常方便地操作各种主流数据库。目前大部分应用程序都是使用数据库存储数据的，通过 JDBC 技术既可以查询数据库中的数据，又可以对数据库中的数据进行添加、删除、修改等操作。本章介绍如何使用 JDBC 操作 MySQL 数据库。

10.1 JDBC 的原理

微视频

JDBC（Java DataBase Connectivity）的中文名称是 Java 数据库连接，它是一套用于执行 SQL 语句的 Java API。应用程序可以通过这套 API 与关系数据库进行数据交换，使用 SQL 语句来完成对数据库中数据的查询、新增、更新和删除等操作。JDBC 由两层构成，一层是 JDBC API，它在 Java 应用程序中和 JDBC 驱动程序管理器进行通信，负责发送程序中的 SQL 语句；其下一层是 JDBC 驱动程序与实际连接数据库的第三方驱动程序进行通信，返回查询信息或者执行规定的操作。

JDBC 操作数据库中数据的大致步骤如图 10-1 所示。

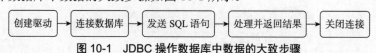

图 10-1　JDBC 操作数据库中数据的大致步骤

在 Java 程序中连接数据库的前提是程序中有数据驱动包，添加数据库驱动包的步骤如下。

步骤 1：进入官方下载主页下载压缩包，网址为"https://dev.mysql.com/downloads/"，单击 Connector/J，如图 10-2 所示。

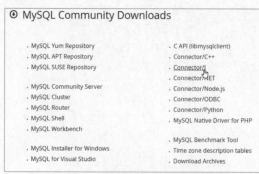

图 10-2　数据驱动包下载页面

步骤2：选择Platform Independent 平台，单击mysql-connector-java-8.0.23.zip 右侧的Download 按钮进行下载，如图10-3所示。

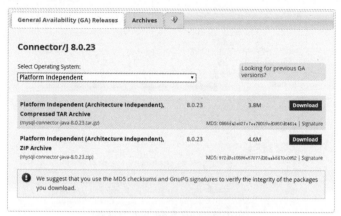

图10-3　下载数据驱动包

步骤3：将下载的压缩包解压到指定文件夹，在Eclipse中选择当前项目，然后右击，在弹出的快捷菜单中选择Build Path→"Configure Build Path…"菜单命令，如图10-4所示。

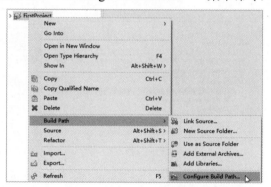

图10-4　选择"Configure Build Path…"菜单命令

步骤4：打开Properties for FirstProject对话框，选择左侧的Java Build Path选项，再切换到Libraries选项卡，如图10-5所示。

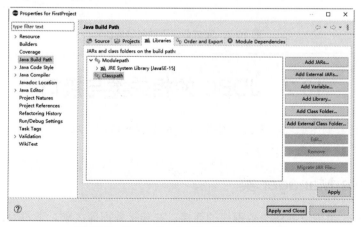

图10-5　Properties for FirstProject对话框

步骤 5：单击 Add External JARs 按钮，打开 JAR Selection 对话框，在其中选择压缩包解压后的 jar 包，如图 10-6 所示。

图 10-6　JAR Selection 对话框

步骤 6：单击"打开"按钮，返回到 Properties for FirstProject 对话框中，可以看到添加的 jar 包显示在 Modulepath 下，依次单击 Apply 按钮和 Apply and Close 按钮，即可完成 jar 包的添加，如图 10-7 所示。

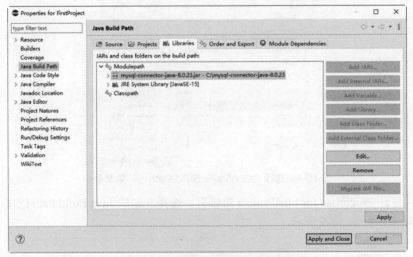

图 10-7　完成数据驱动包的添加

10.2　JDBC 的相关类与接口

微视频

为了方便进行数据库编程，在 Java 中提供了很多类和接口。本节将介绍几个与连接数据库和操作数据库中的数据相关的类与接口。

10.2.1　DriverManager 类

DriverManager 类用于创建与数据库的连接。在连接数据库之前，通过系统的 Class 类的 forName()方法加载可连接的数据库驱动。

加载数据库驱动程序的语法格式如下：

```
Class.forName("数据库驱动名");
Class.forName("com.mysql.cj.jdbc.Driver");   //MySQL 驱动的注册
```

根据自己的数据库填写对应的数据库驱动名称。本章中以 MySQL 数据库为例进行讲解和学习。

加载好的驱动会注册到 DriverManager 类中，此时通过 DriverManager 类的 getConnection() 方法与对应的数据库建立连接。其语法格式如下：

```
DriverManager.getConnection(String url,String loginName,String password);
```

其中，url 是数据库所在位置和时区设置，loginName 和 password 是数据库登录名和密码。

url 的语法格式可以如下：

```
String url="jdbc:mysql://127.0.0.1:3306/school?serverTimezone=UTC";
```

其中，//127.0.0.1 表示本地 IP 地址，3306 是 MySQL 的默认端口，school 是数据库名称，serverTimezone=UTC 是通过"？"通配符设置时区参数，这是为了保证服务和 Java 程序操作数据库中的数据时在时间上统一。UTC 是世界同一时间的简称，它比北京时间早 8 小时。在中国，时区参数可以取值为 Asia/Shanghai。

10.2.2　Connection 接口

Connection 接口代表 Java 程序和数据库的连接，只有在获得该连接对象后才能访问数据库并操作数据表。在 Connection 接口中定义了一系列方法，其常用方法如表 10-1 所示。

表 10-1　Connection 接口定义的常用方法

方 法 名 称	功 能 描 述
createStatement()	创建并返回一个 Statement 实例
prepareStatement()	创建并返回一个 PreparedStatement 实例，可对 SQL 语句进行预编译处理
prepareCall()	创建并返回一个 CallableStatement 实例，通常在调用数据库存储过程时创建该实例
commit()	将从上一次提交或回滚以来进行的所有更改同步到数据库，并释放 Connection 实例当前拥有的所有数据库锁定
rollback()	取消当前事务中的所有更改，并释放当前 Connection 实例拥有的所有数据库锁定
close()	立即释放 Connection 实例占用的数据库和 JDBC 资源，即关闭数据库连接

创建连接 MySQL 数据库的连接对象的语法如下：

```
Connection  con=DriverManager.getConnection(String  url,String  loginName,String password);
```

10.2.3　Statement 接口

Statement 接口用来执行静态的 SQL 语句，并返回执行结果。例如，对于 INSERT、UPDATE 和 DELETE 语句，调用 executeUpdate(String sql)方法；对于 SELECT 语句，调用 executeQuery (String sql)方法，并返回一个永远不能为 null 的 ResultSet 实例。

Statement 对象是通过 Connection 接口对象的 createStatement()方法创建的，具体书写格式如下：

```
Statement sql=con.createStatement();
```

Statement 接口提供的常用方法如表 10-2 所示。

表 10-2 Statement 接口提供的常用方法

方 法 名 称	功 能 描 述
executeQuery(String sql)	执行指定的静态 SELECT 语句，并返回一个 ResultSet 实例
executeUpdate(String sql)	执行静态 INSERT、UPDATE 或 DELETE 语句，并返回同步更新记录的条数的 int 值
clearBatch()	清除位于 Batch 中的所有 SQL 语句
addBatch(String sql)	将 INSERT 或 UPDATESQL 命令添加到 Batch 中
executeBatch()	批量执行 SQL 语句。若全部执行成功，则返回由更新条数组成的数组
close()	立即释放 Statement 实例占用的数据库和 JDBC 资源

10.2.4 PreparedStatement 接口

PreparedStatement 接口继承并扩展了 Statement 接口，用来执行动态的 SQL 语句，即包含参数的 SQL 语句。通过 PreparedStatement 实例执行的动态 SQL 语句将被预编译并保存到 PreparedStatement 实例中，从而可以反复并且高效地执行该 SQL 语句。

需要注意的是，在通过 setXxx()方法为 SQL 语句中的参数赋值时，建议利用与参数类型匹配的方法，也可以利用 setObject()方法为各种类型的参数赋值。PreparedStatement 接口的使用方法如下：

```
PreparedStatement ps=connection
    .prepareStatement("SELECT * FROM table_name WHERE id>? AND(name=? OR name=?)");
ps.setInt(1, 6);
ps.setString(2, "马先生");
ps.setObject(3, "李先生");
ResultSet rs=ps.executeQuery();
```

其中，参数中的 1、2、3 表示从左到右第几个通配符。

10.2.5 ResultSet 接口

ResultSet 接口类似于一个数据表，通过该接口的实例可以获得检索结果集，以及对应数据表的相关信息，例如列名和类型等，ResultSet 实例通过执行查询数据库的语句生成。

ResultSet 实例有以下几个特点：

（1）ResultSet 实例可通过 next()方法遍历，且只能遍历一次。

（2）ResultSet 实例中的数据有行列编号，从 1 开始遍历。

（3）ResultSet 中定义的很多方法在修改数据时不能同步到数据库，需要执行 updateRow()方法或 insertRow()方法完成同步操作。

（4）ResultSet 实例通过数据库中的列属性名来获取相应的值。

微视频

10.3 JDBC 连接数据库

在了解了 JDBC 连接和操作数据库的相关类和接口之后，下面以访问 MySQL 数据库的 student

数据表中的数据为例，介绍 JDBC 连接数据库的操作过程。

10.3.1 加载数据库驱动程序

在加载数据库驱动之前要确保数据库对应的驱动类加载到程序中，代码如下：

```
DriverManager.registerDriver(Driver driver);
```

或者

```
Class.forName("com.mysql.cj.jdbc.Driver");
```

10.3.2 创建数据库连接

创建数据库连接的代码如下：

```
String url="jdbc:mysql://127.0.0.1:3306/ school?serverTimezone=UTC";
Connection con= DriverManager.getConnection(url);
```

如果数据库设置了登录名和口令，则在创建连接时需要在方法中包含用户名和密码，这里用户名为"root"、密码为空字符串。

```
Connection con=DriverManager.getConnection(url, "root", "")
```

10.3.3 获取 Statement 对象

Connection 创建 Statement 的方式主要由两种，分别如下。
- createStatement()：创建基本的 Statement 对象。
- prepareStatement()：创建 PreparedStatement 对象。

这里以创建基本的 Statement 对象为例，创建方式如下：

```
Statement sql=con.createStatement();
```

10.3.4 执行 SQL 语句

对于建立连接的数据库，通过已获得的 Statement 对象发送 SQL 语句来执行 SQL 语句，这里是查询 student 表中的内容。

```
ResultSet res=sql.executeQuery("SELECT * FROM 'student'");
```

所有 Statement 都有以下 3 种执行 SQL 语句的方法。
- execute()：可以执行任何 SQL 语句。
- executeQuery()：通常执行查询语句，执行后返回代表结果集的 ResultSet 对象。
- executeUpdate()：主要用于执行数据操纵语句（DML）和数据定义语句（DDL）。

10.3.5 获得执行结果

如果执行的 SQL 语句是查询语句，执行结果将返回一个 ResultSet 对象，该对象中保存了 SQL 语句查询的结果。程序可以通过操作该 ResultSet 对象来获得查询结果。

```
while(res.next()){//遍历查询结果,输出name属性值
    System.out.println("student 表中 name 字段的值是："+res.getString("name"));
}
```

【例 10.1】连接数据库并进行遍历数据操作，MySQL 数据库中 student 表的数据如图 10-8 所

示（源代码\ch10\10.1.txt）。

其具体代码如下：

```java
import java.sql.*;
public class Jdbc {
    public static void main(String[] args){
        Connection con=null;
        try {//加载 MySQL 数据库驱动
            Class.forName("com.mysql.cj.jdbc.Driver");
            //连接 MySQL 数据库中的 student 数据表
            con=DriverManager.getConnection("jdbc:mysql:   //127.0.0.1:3306/11
                                           ?serverTimezone=UTC","root","");
            Statement sql=con.createStatement();          //获取 Statement 对象
            //执行 SQL 语句,并将结果返回到 ResultSet 对象中
            ResultSet res=sql.executeQuery("SELECT * FROM 'student'");
            while(res.next()){                 //遍历查询结果,输出 name 属性值
                System.out.println("student 表中 name 字段的值是: "+res.getString("name"));
            }
            con.close();                       //关闭与数据库的连接
        } catch(SQLException e){               //数据库连接和数据库操作中可能出现的异常捕获
            e.printStackTrace();
        } catch(ClassNotFoundException e1){   //注册本地 MySQL 数据库驱动时可能出现的驱动
            e1.printStackTrace();
        }
    }
}
```

运行结果如图 10-9 所示。

id	name	gender	birthday
001	张珊	女	2000-01-01
002	张欢	女	2019-02-05
003	赵明	男	2000-04-24
004	王强	男	2000-07-08

图 10-8　student 表

图 10-9　遍历数据表中的 name 字段

10.3.6　关闭连接

每次数据库操作结束后都要关闭数据库连接，释放资源，包括关闭 ResultSet、Statement 和 Connection 等资源。关闭连接的代码如下：

```
con.close();
```

微视频

10.4　操作数据库

对连接的数据库可以进行创建数据表、插入数据、查询数据和删除数据等操作。

10.4.1　创建数据表

创建数据表是对数据库内容的更新，下面从数据库和 Java 程序两个角度讲解创建数据表的操作。

1. 在数据库中创建数据表

在数据库中创建数据表的 SQL 语句如下：

```
CREATE TABLE table_name(属性列表);
```

属性列表就是属性名和数据类型，以及一些属性的属性设置关键字。

☆大牛提醒☆

删除数据表的 SQL 语句如下：

```
DROP TABLE table_name;
```

2. 在 Java 程序中创建数据表

在 Java 中可以用 Statement 类对象的 executeUpdate()方法来实现数据表的创建，具体语法如下：

```
//在 Java 程序中创建数据表
String sqlCreat="CREATE TABLE table_name(属性列表)";
Statement 对象.executeUpdate(sql);
```

☆大牛提醒☆

在 Java 程序中删除数据表的语句如下：

```
String sqlDelet="DROP TABLE table_name";
```

【例 10.2】在已建立连接的数据库 school 中创建数据表 teacher（源代码\ch10\10.2.txt）。

其具体代码如下：

```java
public class CreatTa_teacher {
    public static void main(String[] args){
        Connection con=null;
        String dateBase="school";
        JDbcConnect JdbcCon=new JDbcConnect();          //创建连接数据库的类对象
        try {
            //通过连接数据库的类对象 JdbcCon 调用连接数据库方法连接数据库
            con=JdbcCon.connect(dateBase);
            Statement sql=con.createStatement();         //获取 Statement 对象
            //执行 SQL 语句,创建数据表 teacher
            String sqlStr="CREATE TABLE teacher(" +
                    "    t_id INT  AUTO_INCREMENT," +
                    "    t_name VARCHAR(25)," +
                    "    t_position VARCHAR(25)," +
                    "    salary FLOAT," +
                    "    PRIMARY KEY(t_id)" +
                    "    );";
            int res=sql.executeUpdate(sqlStr);
            System.out.println(res);
            con.close();                                 //关闭与数据库的连接
        } catch(SQLException e){                         //数据库连接和数据库操作中可能出现的异常捕获
            e.printStackTrace();
        } catch(ClassNotFoundException e1){              //注册本地 MySQL 数据库驱动时可能出现的驱动
            e1.printStackTrace();
        }}}
```

运行结果如图 10-10 所示，在数据库中出现了一个新的数据表 teacher。

图 10-10　创建数据表 teacher

10.4.2 插入数据

插入数据是对数据库中数据表内容的更新,下面从数据库和 Java 程序两个角度讲解插入数据的操作。

1. 在数据库中向数据表插入数据

在数据库中向数据表插入数据的 SQL 语句如下：

```
INSERT INTO  table_name(属性列表)VALUES(属性值);
```

属性值与属性列表上的位置一一对应。

2. 在 Java 程序中向数据表插入数据

在 Java 中可以用 Statement 类对象的 executeUpdate()方法来实现数据的插入,具体语法如下：

```
//Java 程序向数据库插入数据
String sqlCreat="INSERT INTO  table_name(属性列表)VALUES(属性值)";
Statement 对象.executeUpdate(sql);
```

【例 10.3】在数据表 teacher 中插入一条教师数据记录,其基本信息为姓名是王明、职位是讲师、底薪是 8000 元（源代码\ch10\10.3.txt）。

其具体代码如下：

```java
public class InsertData {
    public static void main(String[] args){
        Connection con=null;
        String dateBase="school";
        JDbcConnect JdbcCon=new JDbcConnect();         //创建连接数据库的类对象
        try {
            //通过连接数据库的类对象 JdbcCon 调用连接数据库方法连接数据库
            con=JdbcCon.connect(dateBase);
            Statement sql=con.createStatement();        //获取 Statement 对象
            //执行 SQL 语句,向数据表 teacher 中插入数据
            String sqlStr="INSERT INTO  teacher"
                + "(t_id , t_name,t_position , salary)"
                + "VALUES(1,\"王明\",\"讲师\",8000)";
            int res=sql.executeUpdate(sqlStr);
            System.out.println(res);
            con.close();                                //关闭与数据库的连接
        } catch(SQLException e){                        //数据库连接和数据库操作中可能出现的异常捕获
            e.printStackTrace();
        } catch(ClassNotFoundException e1){             //注册本地 MySQL 数据库驱动时可能出现的驱动
            e1.printStackTrace();
        }}}
```

运行结果如图 10-11 所示,在数据库的 teacher 表中新添加了内容。

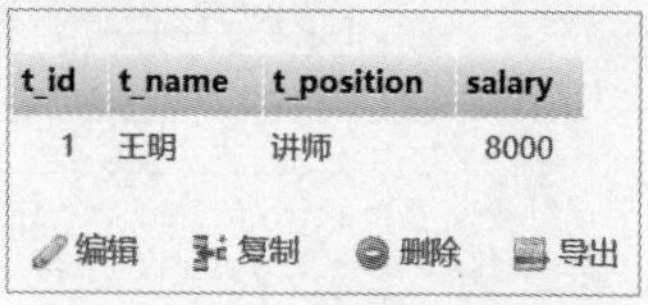

图 10-11　数据库中插入数据

10.4.3 查询数据

在查询数据时,可以通过 SELECT 关键字进行全查询,也可以通过配合 WHERE 关键字进行条件查询；在 Java 中可以利用 Statement 实例通过执行静态 SELECT 语句来完成,也可以利用 PreparedStatement 实例通过执行动态 SELECT 语句来完成。

1. 数据库中的查询语句

```
//全查询
SELECT * FROM 'student';
```

```
//条件查询
SELECT * FROM student WHERE name= "张珊";
```

2. Java 中的查询语句

（1）利用 Statement 实例通过执行静态 SELECT 语句查询数据的典型代码如下：

```
Statement state=con.createStatement();
ResultSet res=state.executeQuery(SQL 语句字符串);
```

（2）利用 PreparedStatement 实例通过执行动态 SELECT 语句查询数据的典型代码如下：

```
String sql="SELECT * FROM tb_ table_name  WHERE sex=?";
PreparedStatement prpdStmt=connection.prepareStatement(sql);
prpdStmt.setString(1, "男");
ResultSet rs=prpdStmt.executeQuery();
```

无论利用哪个实例查询数据，都需要执行 executeQuery()方法，这时才真正执行 SELECT 语句，从数据库中查询符合条件的记录，该方法将返回一个 ResultSet 型的结果集，在该结果集中不仅包含所有满足查询条件的记录，还包含相应数据表的相关信息，例如每一列的名称、类型和列的数量等。

【例 10.4】查询数据表 teacher 中的数据记录，并将工资低于 3000 元的老师的信息显示出来（源代码\ch10\10.4.txt）。

其具体代码如下：

```
//通过连接数据库的类对象 JdbcCon 调用连接数据库方法连接数据库
con=JdbcCon.connect(dateBase);
Statement sql=con.createStatement();        //获取 Statement 对象
//执行 SQL 语句,向数据表 teacher 中插入数据
String sqlStr="SELECT * FROM 'teacher'";
ResultSet res=sql.executeQuery(sqlStr);
System.out.println("teacher 表中老师们的信息是: ");
while(res.next()){                          //遍历查询结果,输出查询到的信息
    System.out.println("姓名: "+res.getString("t_name")
            +"\n 职位: "+res.getString("t_position"));       }
                                            //带有通配符的 SQL 查询语句
String sqlStr2="SELECT * FROM teacher WHERE salary<=?";
                                            //创建动态查询 PreparedStatement 对象
PreparedStatement prpdStmt=con.prepareStatement(sqlStr2); prpdStmt.setFloat(1, 3000);
                                            //给通配符的值赋值
ResultSet res2=prpdStmt.executeQuery();     //进行动态查询
System.out.println("teacher 表中工资低于 3000 的老师的信息是: ");
while(res2.next()){                         //遍历查询结果,输出查询信息
    System.out.println("姓名: "+res2.getString("t_name")
            +"\n 职位: "+res2.getString("t_position"));
        }
con.close();                                //关闭与数据库的连接
```

运行结果如图 10-12 所示。在查询之前要确保数据库中已经插入足够的数据。

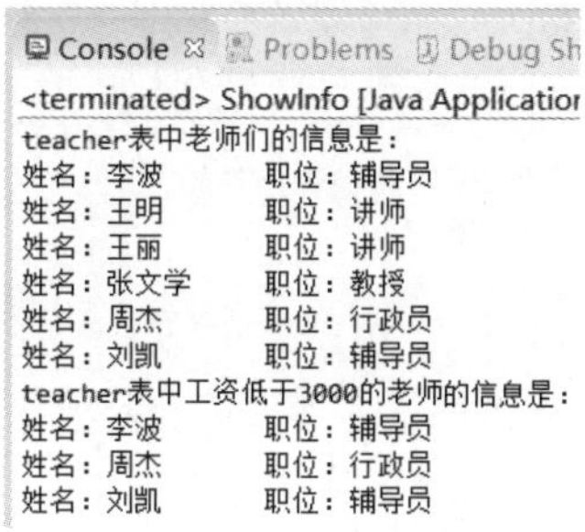

```
Console    Problems   Debug Sh
<terminated> ShowInfo [Java Application
teacher 表中老师们的信息是：
姓名：李波        职位：辅导员
姓名：王明        职位：讲师
姓名：王丽        职位：讲师
姓名：张文学      职位：教授
姓名：周杰        职位：行政员
姓名：刘凯        职位：辅导员
teacher 表中工资低于 3000 的老师的信息是：
姓名：李波        职位：辅导员
姓名：周杰        职位：行政员
姓名：刘凯        职位：辅导员
```

图 10-12　数据查询

10.4.4 更新数据

更新数据库中的数据就是将数据库中原有的信息进行更改。

1. 数据库中更新数据的语句

数据更新语句的格式如下:

```
UPDATE <table_name> SET colume_name='xxx' WHERE <条件表达式>
```

2. Java 中的更新语句

在更新数据时,既可以利用 Statement 实例通过执行静态 UPDATE 语句完成,也可以利用 PreparedStatement 实例通过执行动态 UPDATE 语句完成,还可以利用 CallableStatement 实例通过执行存储过程完成。

(1) 利用 Statement 实例通过执行静态 UPDATE 语句修改数据的典型代码如下:

```
String sql="UPDATE tb_record SET salary=3000 WHERE duty='部门经理'";
statement.executeUpdate(sql);
```

(2) 利用 PreparedStatement 实例通过执行动态 UPDATE 语句修改数据的典型代码如下:

```
String sql="UPDATE tb_record SET salary=? WHERE duty=?";
PreparedStatement prpdStmt=connection.prepareStatement(sql);
prpdStmt.setInt(1, 3000);
prpdStmt.setString(2, "部门经理");
prpdStmt.executeUpdate();
```

(3) 利用 CallableStatement 实例通过执行存储过程修改数据的典型代码如下:

```
String call="{call pro_record_update_salary_by_duty(?,?)}";
CallableStatement cablStmt=connection.prepareCall(call);
cablStmt.setInt(1, 3000);
cablStmt.setString(2, "部门经理");
cablStmt.executeUpdate();
```

无论利用哪个实例修改数据,都需要执行 executeUpdate()方法,这时才真正执行 UPDATE 语句,修改数据库中符合条件的记录,该方法将返回一个 int 型数,为被修改记录的条数。

【例 10.5】更新数据表 teacher 中的数据记录,将工资低于 3000 元的老师的工资更新至 3000 元(源代码\ch10\10.5.txt)。

其具体代码如下:

```
public class UpdateInfo {
    public static void main(String[] args){
        Connection con=null;
        String dateBase="school";
        JDbcConnect JdbcCon=new JDbcConnect();            //创建连接数据库的类对象
        try {
            //通过连接数据库的类对象 JdbcCon 调用连接数据库方法连接数据库
            con=JdbcCon.connect(dateBase);
            Statement sql=con.createStatement();           //获取 Statement 对象
            String sqlStr="UPDATE teacher SET salary=3000  WHERE salary<=3000;";
            int res=sql.executeUpdate(sqlStr);             //更新操作
            System.out.println(res);
            con.close();                                   //关闭与数据库的连接
        } catch (SQLException e){          //数据库连接和数据库操作中可能出现的异常捕获
            e.printStackTrace();
        } catch (ClassNotFoundException e1){   //注册本地 MySQL 数据库驱动时可能出现的驱动
            e1.printStackTrace();
        }  }}
```

数据库中数据的变化如图 10-13 所示。

t_id	t_name	t_position	salary		t_id	t_name	t_position	salary
2	李波	辅导员	2500		2	李波	辅导员	3000
1	王明	讲师	8000		1	王明	讲师	8000
3	王丽	讲师	6000		3	王丽	讲师	6000
4	张文学	教授	10000		4	张文学	教授	10000
5	周杰	行政员	2800		5	周杰	行政员	3000
6	刘凯	辅导员	2500		6	刘凯	辅导员	3000
(1) 更新操作之前					(2) 更新操作之后			

图 10-13　更新操作

10.4.5　删除数据

删除数据就是将数据库中符合条件的数据清除。

1. 数据库中删除数据的语句

DELETE 语句的格式如下：

```
DELETE FROM <表名> WHERE <条件表达式>
```

例如：

```
DELETE FROM table1 WHERE No=7658
```

从 table1 表中删除一条记录，其字段 No 的值为 7658。

2. Java 中的删除语句

在 Java 中，可以利用 Statement 或者 PreparedStatement 调用 executeUpdate()方法来实现删除数据的操作。

（1）利用 Statement 实例通过执行静态 DELETE 语句删除数据的典型代码如下：

```
String sql="DELETE FROM tb_record WHERE date<'2017-2-14'";
statement.executeUpdate(sql);
```

（2）利用 PreparedStatement 实例通过执行动态 DELETE 语句删除数据的典型代码如下：

```
String sql="DELETE FROM tb_record WHERE date<?";
PreparedStatement prpdStmt=connection.prepareStatement(sql);
prpdStmt.setString(1, "2017-2-14");          //为日期型参数赋值
prpdStmt.executeUpdate();
```

（3）利用 CallableStatement 实例通过执行存储过程删除数据的典型代码如下：

```
String call="{call pro_record_delete_by_date(?)}";
CallableStatement cablStmt=connection.prepareCall(call);
cablStmt.setString(1, "2017-2-14");          //为日期型参数赋值
cablStmt.executeUpdate();
```

无论利用哪个实例删除数据，都需要执行 executeUpdate()方法，这时才真正执行 DELETE 语句，删除数据库中符合条件的记录，该方法将返回一个 int 型数，为被删除记录的条数。

【例 10.6】删除数据表 teacher 中的数据记录，删除条件是姓名为王明的老师（源代码\ch10\10.6.txt）。

其具体代码如下：

```
public class DeleteData {
    public static void main(String[] args){
        Connection con=null;
```

```java
            String dateBase="school";
            JDbcConnect JdbcCon=new JDbcConnect();       //创建连接数据库的类对象
            try {
                //通过连接数据库的类对象JdbcCon调用连接数据库方法连接数据库
                con=JdbcCon.connect(dateBase);
                Statement sql=con.createStatement();     //获取Statement对象
                String sqlStr="DELETE FROM teacher WHERE t_name=\"王明\";";
                int res=sql.executeUpdate(sqlStr);       //删除操作
                System.out.println(res);
                con.close();                             //关闭与数据库的连接
            } catch(SQLException e){                     //数据库连接和数据库操作中可能出现的异常捕获
                e.printStackTrace();
            } catch(ClassNotFoundException e1){          //注册本地MySQL数据库驱动时可能出现的驱动
                e1.printStackTrace();
            }}
```

数据库中数据的变化如图 10-14 所示。

图 10-14 删除数据记录

☆大牛提醒☆

当需要为日期型参数赋值时，如果已经存在 java.sql.Date 型对象，可以通过 setDate(int parameterIndex, java.sql.Date date)方法为日期型参数赋值；如果不存在 java.sql.Date 型对象，也可以通过 setString(int parameterIndex, String x)方法为日期型参数赋值。

10.5 新手疑难问题解答

问题 1：为什么无法连接数据库？

解答：无法连接数据库的原因有多种，当无法连接数据库时可以从以下几个方面来解决。

（1）检查被连接的数据库是否存在，如果数据库存在，检查是否已经开启了连接服务。

（2）检查是否导入了正确的驱动包，驱动包的版本是否兼容当前数据库版本。

（3）检查数据库连接 URL 是否正确，此处包含 JDBC 语句、IP 地址和数据库名称。

（4）检查使用的数据库账号、密码是否可用，错误的账号、密码以及无权限的账号都无法连接数据库。

问题 2：什么是 JDBC，在什么时候会用到它？

解答：JDBC 的全称是 Java DataBase Connectivity，也就是 Java 数据库连接，用户可以用它来操作关系型数据库。JDBC 接口及相关类在 java.sql 包和 javax.sql 包中，用户可以用它来连接数据库，执行 SQL 查询。

10.6　实战训练

实战 1：连接数据库 mydb。

在 MySQL 中创建数据库 mydb。如果要访问这个数据库，首先要加载数据库的驱动程序，驱动程序只需要在第一次访问数据库时加载一次，之后每次访问数据库时都会创建一个 Connection 对象，接着执行操作数据库的 SQL 语句，最后在完成数据库操作后销毁前面创建的 Connection 对象，释放与数据库的连接。程序的运行结果如图 10-15 所示。

实战 2：查询数据库 mydb 中数据表 person 的数据记录。

首先在 mydb 数据库中创建数据表 person，然后给数据表添加数据，接着编写 Java 程序，通过 Statement 接口和 ResultSet 接口来查询数据表中的数据记录。程序的运行结果如图 10-16 所示。

图 10-15　连接数据库 mydb

图 10-16　查询数据表中的数据记录

实战 3：查询数据表 person 中籍贯为"上海市"的数据记录。

编写程序，在数据库 mydb 的 person 数据表中查询籍贯为"上海市"的数据记录。程序的运行结果如图 10-17 所示。

实战 4：对数据表 person 执行添加、修改和删除操作。

编写程序，通过 Java 语言中的 PreparedStatement 对象对数据表中原来的数据进行添加、修改和删除操作。程序的运行结果如图 10-18 所示。

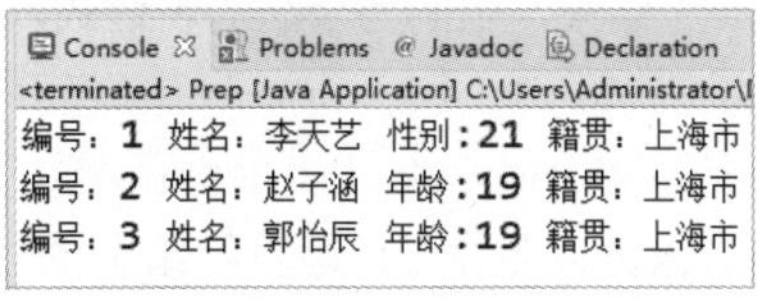

图 10-17　查询数据表中指定条件的数据记录

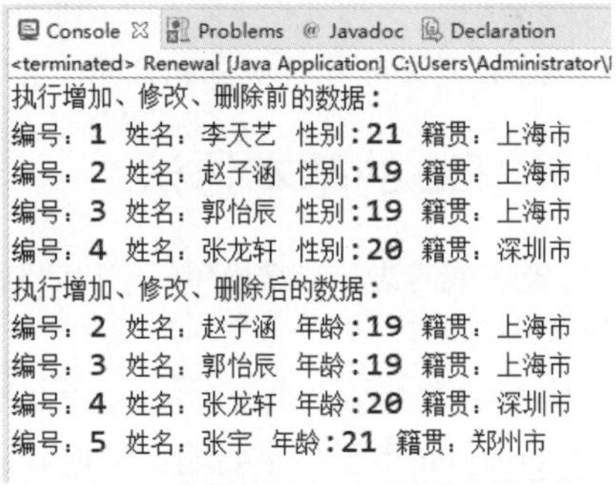

图 10-18　添加、修改和删除数据记录

第 11 章

表达式语言 EL

表达式语言（Expression Language）简称 EL，它是 JSP 2.0 中引入的一个新内容。通过 EL 可以简化在 JSP 开发中对对象的引用，从而规范页面代码，增加程序的可读性及可维护性，不熟悉 Java 语言页面开发的人员提供了一个开发 Java Web 应用的新途径、本章介绍表达式语言 EL。

11.1 EL 简介

微视频

在表达式语言 EL 没有出现之前，开发 Java Web 应用程序时，经常需要将大量的 Java 代码片段嵌入 JSP 页面中，这会使页面看起来很乱，而使用 EL 比较简洁。

例如下面这段代码：

```
<%if(session.getAttribute("name")!= null){
    out.println(session.getAttribute("name").toString());
}%>
```

而使用 EL 只需要一句代码即可实现，即${name}。

11.1.1 EL 的基本语法

EL 表达式的语法非常简单，它以 "${" 开头，以 "EL" 结束，中间为合法的表达式，具体的语法格式为：

```
${expression}
```

其中，expression 用于指定要输出的内容，可以是字符串，也可以是由 EL 运算符组成的表达式。例如在 EL 表达式中要输出一个字符串，可以将此字符串放在一对单引号或双引号内：

```
${'表达式语言EL'}或${"表达式语言EL"}
```

☆大牛提醒☆

由于 EL 表达式的语法是以 "${" 开头，所以如果要在 JSP 页面中显示字符串 "${"，必须在前面加上 "\"，即 "\${"，或写成 "${ '${' }"。

11.1.2 EL 的特点

EL 的特点如下：

（1）EL 可以和 JSTL、JavaScript 语句结合使用。

（2）在 EL 中会自动进行类型转换。如果想通过 EL 输入两个字符串型数值的和，可以直接通过"+"号进行连接，例如${num1+num2}。

（3）EL 不仅可以访问一般变量，还可以访问 JavaBean 中的属性以及嵌套属性和集合对象。

（4）在 EL 中可以获得命名空间（PageContext 对象，它是页面中所有其他内置对象的最大范围的集成对象，通过它可以访问其他内置对象）。

（5）在使用 EL 进行除法运算时，如果除数为 0，则返回无穷大 Infinity，而不是错误。

（6）在 EL 中可以访问 JSP 的作用域（request、session、application 以及 page）。

（7）扩展函数可以与 Java 类的静态方法进行映射。

11.1.3 禁用 EL

由于在 JSP 2.0 以前的版本中没有 EL，所以 JSP 为了和以前的规范兼容，提供了禁用 EL 的方法。如果在使用 EL 时其内容没有被正确解析，而是直接将 EL 内容原样显示到页面中，包括$和{}，则说明 Web 服务器不支持 EL，那么就需要检查一下 EL 有没有被禁用。

1. 使用斜杠符号"\"禁用

"\"符号适用于禁用页面中的一个或几个 EL，具体方法为在 EL 的起始标记"$"前加上"\"，例如：

```
\${name}
```

2. 使用 page 指令

page 指令适用于禁用一个页面的 EL，另外使用 JSP 的 page 指令也可以禁用 EL 表达式，语法格式如下：

```
<%@ page isELIgnored="布尔值"%>
```

当 isELIgnored 为 true 时禁用 EL。

3. 在 web.xml 文件中配置<el-ignored>元素

在 web.xml 文件中配置<el-ignored>元素适用于禁用所有 JSP 页面的 EL，代码如下：

```
<jsp-config>
<jsp-property-group>
<url-pattern>*.jsp</url-pattern>
<el-ignored>true</el-ignored>
</jsp-property-group>
</jsp-config>
```

☆大牛提醒☆

如今 EL 已经是一项成熟、标准的技术，只要安装的 Web 服务器能够支持 Servlet 2.4/JSP 2.0，就可以在 JSP 页面中直接使用 EL。

11.1.4 EL 中的关键字

保留关键字（reserved word）指在高级语言中已经定义过的字，使用者不能再将这些字作为变量名或过程名使用。每种程序设计语言都规定了自己的一套保留关键字，EL 也不例外，也有保留关键字，在为变量命名时应该避免使用这些关键字，如表 11-1 所示。

表 11-1 EL 保留关键字

and	eq	gt
instanceof	div	or
le	false	empty
not	lt	ge

11.1.5 EL 变量

使用 EL 表达式获取变量中数据的方法很简单，即用${变量}。例如${name}，其意思是取出某一范围中名称是 name 的变量的值。

由于没有指定变量 name 的范围，所以它会依序从 page、request、session、application 范围中查找。如果中途找到 name，则直接返回其值，不再继续查找下去。但是如果全部的范围都没有找到 name，就返回 null，其在页面中显示为空字符串。EL 变量的范围如表 11-2 所示。

表 11-2 EL 变量的范围

属性范围	EL 中的名称	EL 表达式实例	说　　明
page	pageScope	${pageScope.name}	取出 page 范围的 name 变量
request	requestScope	${requestScope.name}	取出 request 范围的 name 变量
session	sessionScope	${sessionScope.name}	取出 session 范围的 name 变量
application	applicationScope	${applicationScope.name}	取出 application 范围的 name 变量

其中，pageScope、requestScope、sessionScope 和 applicationScope 都是 EL 的隐含对象。

【例 11.1】使用 EL 变量（源代码\ch11\11.1.jsp）。

其具体代码如下：

```
<%@ page language="java" import="java.util.*" pageEncoding="UTF-8"%>
<!DOCTYPE HTML PUBLIC "-//W3C//DTD HTML 4.01 Transitional//EN">
<html>
  <head>
    <title>EL 变量</title>
  </head>
  <body>
   <%
        request.setAttribute("count", 10);
        session.setAttribute("count", 12);
   %>
   count1=${requestScope.count}<br>
   count2=${sessionScope.count}<br>
   <!-- eq 是判断 sum 是否为 null -->
   sum=${sum eq null} <br>
    <!-- 0 是除数 -->
   sum=${count/0}
  </body>
</html>
```

启动 Tomcat，在浏览器中输入"http://localhost:8089/myWeb/11.1.jsp"，运行结果如图 11-1 所示。

在上述代码中，将数字 10 赋给变量 count，并将该变量添加到 request 对象中。通过 EL 表达式输出 count 的值，再使用 EL 表达式输出 sum 变量的值，由于在 JSP 内置对象中没有保存该变量，所以 sum 是 null，使用 EL 表达式输出的是空字符串。

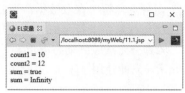

图 11-1 使用 EL 变量

11.2　EL 运算符

微视频

EL 表达式语言中的运算符主要包含算术运算符、关系运算符、条件运算符等，本节详细介绍它们的使用方法。

11.2.1　EL 判断对象是否为空

在 EL 表达式中，通过使用 empty 运算符判断对象是否为空，该运算符的返回值是 Boolean 类型。empty 运算符是一个前缀运算符，用来判断一个对象或变量是否为 null 或者空。empty 运算符的语法格式如下：

```
${empty expression}
```

其中，expression 用于指定要判断的对象或变量。

【例 11.2】判断变量值是否为空（源代码\ch11\11.2.jsp）。

其具体代码如下：

```
<%@ page language="java" import="java.util.*" pageEncoding="UTF-8"%>
<!DOCTYPE HTML PUBLIC "-//W3C//DTD HTML 4.01 Transitional//EN">
<html>
  <head>
    <title>empty 运算符</title>
  </head>
  <body>
    <%request.setAttribute("user", "");%>
    <%request.setAttribute("user1", null);%>
    <%request.setAttribute("user2", 2);%>
    ${empty user}<br>      <!-- 返回值为 true -->
    ${empty user1}<br>     <!-- 返回值为 true -->
    ${empty user2}<br>     <!-- 返回值为 false -->
  </body>
</html>
```

启动 Tomcat，在浏览器中输入"http://localhost:8089/myWeb/11.2.jsp"，运行结果如图 11-2 所示。在上述代码中，通过使用 empty 运算符判断变量 user 或对象是否为 null 或空，返回值是 Boolean 类型。

☆大牛提醒☆

一个变量或对象的值是 null 或空表示的意义不同，null 表示该对象或变量没有指向任何对象，而空表示这个变量或对象的内容是空。

图 11-2 empty 运算符

11.2.2 通过 EL 访问数组数据

EL 表达式提供了"."和"[]"两种运算符来存取数据。当要存取的属性名称中包含一些特殊字符，例如"."或"?"等不是字母或数字的符号时，要使用"[]"运算符。如果要动态取值，则使用"[]"运算符，而"."运算符无法做到动态取值。

【例 11.3】EL 获取单个数组元素（只能使用"[]"，不能用"."）（源代码\ch11\11.3.jsp）。其具体代码如下：

```jsp
<%@ page language="java" import="java.util.*" pageEncoding="UTF-8"%>
<!DOCTYPE HTML PUBLIC "-//W3C//DTD HTML 4.01 Transitional//EN">
<html>
<head>
<title>EL array</title>
</head>
<body>
    <%
    String[] str={"J", "A", "V", "A", "W" , "E", "B"};
    request.setAttribute("user", str);
    %>
    <%
    String[] str1=(String[])request.getAttribute("user");
    for(int i=0; i < str1.length; i++){
        request.setAttribute("rt", i);
    %>
    ${rt}: ${user[rt]}
    <br>
    <%
    }
    %>
</body>
</html>
```

启动 Tomcat，在浏览器中输入"http://localhost:8089/myWeb/11.3.jsp"，运行结果如图 11-3 所示。

【例 11.4】EL 获取集合数组元素（只能使用"[]"，不能用"."）（源代码\ch11\11.4.jsp）。其具体代码如下：

```jsp
<%@ page language="java" import="java.util.*" pageEncoding="UTF-8"%>
<!DOCTYPE HTML PUBLIC "-//W3C//DTD HTML 4.01 Transitional//EN">
<html>
<head>
<title>EL list</title>
</head>
<body>
    <%
    List<String> list=new ArrayList<String>();
    list.add("Java");
    list.add("Web");
    list.add("入门很轻松");
    session.setAttribute("user", list);
    %>
    <%
    List<String> list1=(List<String>)session.getAttribute("user");

    for(int i=0; i < list1.size(); i++){
        request.setAttribute("rt", i);
    %>
    ${rt}: ${user[rt]}
    <br>
```

```
        <%
    }
    %>
</body>
</html>
```

启动 Tomcat，在浏览器中输入"http://localhost:8089/myWeb/11.4.jsp"，运行结果如图 11-4 所示。在上述代码中定义了一个 session 范围的 list 集合对象，它包含 3 个元素，然后用 EL 表达式获取并输出。

图 11-3 获取单个数组元素

图 11-4 获取 list 集合对象

11.2.3 在 EL 中进行算术运算

在 EL 表达式中同样存在用于进行算术运算的加、减、乘、除和求余 5 种算术运算符，各运算符以及其用法如表 11-3 所示。

表 11-3 EL 算术运算符

运算符	功能	示例	结果
+	加	${1+1}	2
-	减	${1-1}	0
*	乘	${1*1}	1
/或 div	除	${2/1}或${2 div 1}	2
/或 div	除（被除数 0）	${2/0}或${2 div 0}	Infinity
%/mod	求余	${3%2}或${3mod2}	1
%/mod	求余	${3%0}或${3mod0}	报错

【例 11.5】在 EL 中使用算术运算符（源代码\ch11\11.5.jsp）。

其具体代码如下：

```
<%@ page language="java" import="java.util.*" pageEncoding="UTF-8"%>
<!DOCTYPE HTML PUBLIC "-//W3C//DTD HTML 4.01 Transitional//EN">
<html>
<head>
<title>算术运算</title>
</head>
<body>
    ---算术运算---<br>
    12+5=${12+5} <br>
  20-8=${20-8} <br>
  5*6=${5*6}<br>
  30/5=${30/5} <br>
  30div5=${30 div 5} <br>
  26%3=${26%3} <br>
  26mod3= ${26 mod 3} <br>
</body>
</html>
```

在浏览器中输入"http://localhost:8089/myWeb/11.5.jsp",运行结果如图 11-5 所示。

图 11-5　算术运算

11.2.4　在 EL 中进行关系运算

在 EL 表达式中提供了 6 种关系运算符,它们主要用来进行比较运算,不仅可以比较整数、浮点数,还可以用来比较字符串。关系运算符在 EL 中使用的格式如下:

```
${表达式1 关系运算符 表达式2}
```

EL 关系运算符如表 11-4 所示。

表 11-4　EL 关系运算符

运算符	功能	实例	结果
== 或 eq	等于	${3==3}或${3 eq 3}	true
!= 或 ne	不等于	${3!=3}或${3 ne 3}	false
< 或 lt	小于	${3<3}或${3 lt 3}	false
> 或 gt	大于	${3>3}或${3 gt 3}	false
<= 或 le	小于或等于	${3<=3}或${3 le 3}	true
>= 或 ge	大于或等于	${3>=3}或${3 ge 3}	true

【例 11.6】在 EL 表达式中使用关系运算符(源代码\ch11\11.6.jsp)。

其具体代码如下:

```
<%@ page language="java" import="java.util.*" pageEncoding="UTF-8"%>
<!DOCTYPE HTML PUBLIC "-//W3C//DTD HTML 4.01 Transitional//EN">
<html>
<head>
<title>关系运算</title>
</head>
<body>
<body>
    ---关系运算符---
    <br> 等于:{3==3}或{3 eq 3}的运算结果:${3==3}或${3 eq 3}
    <br> 不等于:{3!=3}或{3 ne 3}的运算结果:${3!=3}或${3 ne 3}
    <br> 小于:{3<3}或{3 lt 3}的运算结果:${3<3}或${3 lt 3}
    <br> 大于:{3>3}或{3 gt 3}的运算结果:${3>3}或${3 gt 3}
    <br> 小于等于:{3<=3}或{3 le 3}的运算结果:${3<=3}或${3 le 3}
    <br> 大于等于:{3>=3}或{3 ge 3}的运算结果:${3>=3}或${3 ge 3}
    <br>
    <br>
</body>
</html>
```

在浏览器中输入"http://localhost:8089/myWeb/11.6.jsp",运行结果如图 11-6 所示。

图 11-6　关系运算符

11.2.5　在 EL 中进行逻辑运算

在 EL 表达式中存在 3 种逻辑运算符，逻辑运算符的条件表达式的值是 Boolean 型或可以转换为 Boolean 型的字符串，逻辑运算符的返回值也是 Boolean 型。EL 逻辑运算符如表 11-5 所示。

表 11-5　EL 逻辑运算符

运算符	功能	实例	结果
&& 或 and	与	${true&&false} 或 ${true and false}	false
|| 或 or	或	${true||false} 或 ${true or false}	true
! 或 not	非	${!false} 或 ${not false}	true

【例 11.7】在 EL 表达式中使用逻辑运算符（源代码\ch11\11.7.jsp）。
其具体代码如下：

```
<%@ page language="java" import="java.util.*" pageEncoding="UTF-8"%>
<!DOCTYPE HTML PUBLIC "-//W3C//DTD HTML 4.01 Transitional//EN">
<html>
  <head>
    <title>逻辑运算符</title>
  </head>
  <body>
<%
request.setAttribute("username","smile");
request.setAttribute("pwd","123456");
%>
姓名:${username}<br>
密码: ${pwd }<br>
\${username!= "" and(pwd == "asd" )}<br><!--直接输出此行 -->
${username!= "" and(pwd == "asd" )}<br><!--username 为空,密码不对,输出 false -->
\${username== "smile" and pwd == "123456" }<br><!--直接输出此行 -->
${username== "smile" and pwd == "123456" }<br><!--username、密码都对,输出 true -->
  </body>
</html>
```

在浏览器中输入"http://localhost:8089/myWeb/11.7.jsp"，运行结果如图 11-7 所示。

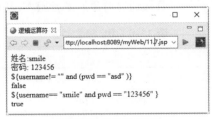

图 11-7　逻辑运算符

11.2.6 在 EL 中进行条件运算

在 EL 表达式中还可以进行简单的条件运算,即使用条件运算符。条件运算符的语法格式与 Java 中类似,具体如下:

```
${条件表达式? 表达式 1: 表达式 2}
```

主要参数介绍如下。
(1)条件表达式:指定条件表达式,该表达式的值是 Boolean 型。
(2)表达式 1:当条件表达式的值是 true 时返回的值。
(3)表达式 2:当条件表达式的值是 false 时返回的值。

【例 11.8】在 EL 中使用条件表达式(源代码\ch11\11.8.jsp)。
其具体代码如下:

```jsp
<%@ page language="java" import="java.util.*" pageEncoding="UTF-8"%>
<!DOCTYPE HTML PUBLIC "-//W3C//DTD HTML 4.01 Transitional//EN">
<html>
  <head>
    <title>条件运算符</title>
  </head>
  <body>
    条件运算符: ${1==1? "YES":"NO"}  <!-- 返回值为 true,显示 YES -->
  </body>
</html>
```

在浏览器中输入"http://localhost:8089/myWeb/11.8.jsp",运行结果如图 11-8 所示。

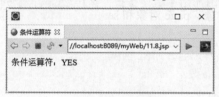

图 11-8 条件运算符

11.3 EL 隐含对象

微视频

EL 提供了 11 个隐含对象,用于获取 Web 应用程序中的相关数据。本节主要介绍 EL 的这些隐含对象的使用。

11.3.1 认识 EL 隐含对象

在 EL 提供的隐含对象中有 9 个是 JSP 的隐含对象,另外两个是 EL 自己的隐含对象,这些对象与 JSP 中的内置对象类似,可以直接通过对象名进行操作。EL 隐含对象如表 11-6 所示。

表 11-6 EL 隐含对象

隐含对象	类型	说明
pageContext	javax.servlet.ServletContext	表示当前 JSP 页面的 PageContext
pageScope	java.util.Map	取得 page 范围的属性名称所对应的值
requestScope	java.util.Map	取得 request 范围的属性名称所对应的值

隐含对象	类　　型	说　　明
sessionScope	java.util.Map	取得 session 范围的属性名称所对应的值
applicationScope	java.util.Map	取得 application 范围的属性名称所对应的值
param	java.util.Map	与 ServletRequest.getParameter(String name)类似，返回 String 类型的值
paramValues	java.util.Map	与 ServletRequest.getParameterValues(String name)类似，返回 String[]类型的值
header	java.util.Map	与 ServletRequest.getHeader(String name)类似，返回 String 类型的值
headerValues	java.util.Map	与 ServletRequest.getHeaders(String name)类似，返回 String[]类型的值
cookie	java.util.Map	与 HttpServletRequest.getCookies()类似
initParam	java.util.Map	与 ServletContext.getInitParameter(String name)类似，返回 String 类型的值

注意：如果使用 EL 输出一个常量，字符串要使用双引号，否则 EL 会默认将该常量当作一个变量来处理。这时如果这个变量不在 EL 的 4 个声明范围内，则输出空；如果在，则输出该变量的值。

11.3.2　pageContext 隐含对象

pageContext 对象是 javax.servlet.jsp.PageContext 类的实例，用来代表整个 JSP 页面。该对象主要用来访问页面信息，通过 pageContext 对象的属性获取 request 对象、response 对象、session 对象、out 对象、exception 对象、page 对象和 servletContext 对象等，再通过这些内置对象获取它们的属性值。

【例 11.9】使用 pageContext 对象获取内置对象（源代码\ch11\11.9.jsp）。

其具体代码如下：

```
<%@ page language="java" import="java.util.*" pageEncoding="UTF-8"%>
<!DOCTYPE HTML PUBLIC "-//W3C//DTD HTML 4.01 Transitional//EN">
<html>
<head>
<title>pageContext</title>
</head>
<body>
    <!-- 获取 request 对象 -->
    request 对象: ${pageContext.request}
    <br> 协议: ${pageContext.request.protocol}
    <br>
    <!-- 获取 response 对象 -->
    response 对象: ${pageContext.response}
    <br> contentType: ${pageContext.response.contentType}
    <br>
    <!-- 获取 session 对象 -->
    session 对象: ${pageContext.session}
    <br> session 有效时间${pageContext.session.maxInactiveInterval}
    <br>
    <!-- 获取 out 对象 -->
    out 对象: ${pageContext.out}
    <br> 缓冲区大小: ${pageContext.out.bufferSize}
    <br>
    <!-- 获取 exception 对象 -->
    exception 对象: ${pageContext.exception}
    <br> 错误信息: ${pageContext.exception.message}
```

```
    <br>
    <!-- 获取 servletContext 对象 -->
    servletContext 对象：${pageContext.servletContext}
    <br> 文件路径：${pageContext.servletContext.contextPath}
    <br>
</body>
</html>
```

在浏览器的地址栏中输入 JSP 页面地址"http://localhost:8089/myWeb/11.9.jsp",运行结果如图 11-9 所示。

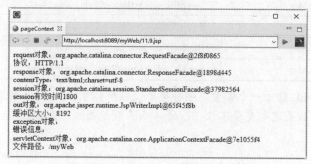

图 11-9　pageContext 获取内置对象

11.3.3　与范围有关的隐含对象

EL 表达式中提供的与范围有关的隐含对象主要有 4 个,即 pageScope、requestScope、sessionScope 和 applicationScope,它们主要用来取得指定范围内的属性值,即 JSP 的 getAttribute(String name) 方法中设置的 name 的值,而不能获取其他相关信息的值。

【例 11.10】使用与范围有关的内置对象获取属性值。

首先使用<jsp:useBean>创建 JavaBean 的实例,其有效范围是 page(当前页有效),并通过 <jsp:setProperty>设置成员变量 name 的值(源代码\ch11\Person.java)。

```
package bean;
public class Person {
    //包含两个属性
    private String name;
    private int age;
    //对应的getter、setter方法
    public void setName(String name){
        this.name=name;
    }
    public void setAge(int age){
        this.age=age;
    }
    public String getName(){
        return name;
    }
    public int getAge(){
        return age;
    }
}
```

接着创建 JSP 页面 11.10.jsp,通过 EL 表达式${pageScope.person.name}获取 name 变量的值。然后通过 JSP 的内置对象 request、session 和 application 分别设置对应范围内 message 的值,最后使用 EL 表达式分别获取不同范围内 message 的值(源代码\ch11\11.10.jsp)。

```
<%@ page language="java" import="java.util.*" pageEncoding="UTF-8"%>
<!DOCTYPE HTML PUBLIC "-//W3C//DTD HTML 4.01 Transitional//EN">
<jsp:useBean id="person" class="bean.Person" scope="page"/>
<jsp:setProperty property="name" name="person" value="李家康"/>
<html>
  <head>
    <title>范围取值</title>
  </head>
  <body>
     <!-- 使用 pageScope 获取 JavaBean 类的属性值 -->
     name=${pageScope.person.name} <br>
     <!-- 使用 requestScope 获取 JavaBean 类的属性值 -->
     <%request.setAttribute("message", "request获取属性值"); %>
     message=${requestScope.message} <br>
     <!-- 使用 sessionScope 获取 JavaBean 类的属性值 -->
     <%session.setAttribute("message", "session获取属性值"); %>
     message=${sessionScope.message} <br>
     <!-- 使用 applicationScope 获取 JavaBean 类的属性值 -->
     <%application.setAttribute("message", "application获取属性值"); %>
     message=${applicationScope.message} <br>
     <br>
  </body>
</html>
```

在浏览器中输入"http://localhost:8089/myWeb/11.10.jsp",运行结果如图 11-10 所示。

11.3.4　param 和 paramValues 对象

param 对象用于获取请求参数,适用于单值的参数。它是 Map 类型,其中 key 是参数,value 是参数值。param 对象相当于 request.getParameter("xxx")。

图 11-10　与范围有关的隐含对象

paramValues 对象用于获取请求参数,适用于多个参数。它是 Map 类型,其中 key 是参数,value 是多个参数值。paramValues 对象相当于 request.getParameterValues("xxx")。

【例 11.11】创建用户输入信息页面,通过 form 表单提交后,使用 param 对象获取一个参数,使用 paramValues 对象获取多个参数。

步骤 1:创建用户信息页面(源代码\ch11\11.11\login.jsp)。

```
<%@ page language="java" import="java.util.*" pageEncoding="UTF-8"%>
<!DOCTYPE HTML PUBLIC "-//W3C//DTD HTML 4.01 Transitional//EN">
<html>
  <head>
    <title>用户信息</title>
  </head>
  <body>
    <center>
     <form action="loginAction.jsp" method="post">
        <table class="gridtable">
           <tr>
              <td>姓名:</td>
              <td><input type="text" name="user"></td>
           </tr>
           <tr>
              <td>爱好:</td>
              <td>
                 <input type="checkbox" name="like" value="唱歌">唱歌
```

```
                <input type="checkbox" name="like" value="跳舞">跳舞
                <input type="checkbox" name="like" value="画画">画画
                <input type="checkbox" name="like" value="足球">足球
            </td>
        </tr>
        <tr>
            <td colspan="2" align="center">
                <input type="submit" value="提交">
            </td>
        </tr>
    </table>
    </form>
  </center>
 </body>
</html>
```

在上述代码中,使用<input>标签中 type 是 text 类型的文本框输入用户姓名,使用<input>标签中 type 是 checkbox 类型的复选框选择用户的喜好。

步骤2:创建用户信息处理页面(源代码\ch11\11.11\loginAction.jsp)。

```
<%@ page language="java" import="java.util.*" pageEncoding="UTF-8"%>
<!DOCTYPE HTML PUBLIC "-//W3C//DTD HTML 4.01 Transitional//EN">
<html>
  <head>
    <title>用户信息处理页面</title>
  </head>
  <body>
    姓名:${param.user}<br>
    爱好:${paramValues.like[0]}  ${paramValues.like[1]}
    ${paramValues.like[2]}  ${paramValues.like[3]}
  </body>
</html>
```

在浏览器中输入"http://localhost:8089/myWeb/login.jsp",输入姓名并选择爱好,效果如图 11-11 所示。单击"提交"按钮后显示用户信息,如图 11-12 所示。

图 11-11 输入信息

图 11-12 显示信息

☆大牛提醒☆

若指定参数不存在,使用 param 和 paramValues 对象返回的该参数的值是空字符串,而不是 null。

11.3.5 header 和 headerValues 对象

header 对象用于获取 HTTP 请求的一个具体的 header 值,适用于单值的请求头。它是 Map 类型,其中 key 表示头名称,value 是单个头值。该对象与 request.getHeader("xxx")的作用相同。

headerValues 对象用于获取 HTTP 请求的 header 中的多个值,适用于多值的请求头。它是一个 Map 类型,其中 key 表示头名称,value 是多个头值。该对象与 request.getHeaders("xxx")的作用相同。

【例 11.12】header 属性的使用（源代码\ch11\11.12.jsp）。

其具体代码如下：

```
<%@ page language="java" import="java.util.*" pageEncoding="UTF-8"%>
<!DOCTYPE HTML PUBLIC "-//W3C//DTD HTML 4.01 Transitional//EN">
<html>
  <head>
    <title>header 对象</title>
  </head>
  <body>
    connection: ${header.connection}<br>
    host: ${header["host"]}<br>
      user-agent: ${header["user-agent"]}<br>
  </body>
</html>
```

在浏览器中输入"http://localhost:8089/myWeb/11.12.jsp"，运行结果如图 11-13 所示。

在上述代码中使用 header 对象获取 HTTP 头部信息，通过 ${header.connection} 获取是否持久连接属性，通过 ${header["host"]} 获取主机地址信息，通过${header["user-agent"]}获取 header 中 user-agent 属性的值。

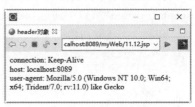

图 11-13　header 对象

11.3.6　cookie 对象

cookie 对象用于获取 cookie，它是 Map<String,Cookie>类型，其中 key 是 cookie 的 name，value 是 cookie 对象。

【例 11.13】EL 表达式中 cookie 对象的使用（源代码\ch11\11.13.jsp）。

其具体代码如下：

```
<%@ page language="java" import="java.util.*" pageEncoding="UTF-8"%>
<!DOCTYPE HTML PUBLIC "-//W3C//DTD HTML 4.01 Transitional//EN">
<%
   Cookie cookie=new Cookie("myCookie","cookie 对象");
   response.addCookie(cookie);
%>
<html>
  <head>
    <title>session</title>
  </head>
  <body>
    ${cookie.myCookie.value}
  </body>
</html>
```

在上述代码中使用 Cookie 类创建一个 cookie 对象，并初始化，通过 response 对象的 addCookie()方法将创建的 cookie 添加到客户端。在页面中通过 EL 表达式输出 cookie 对象的值。在浏览器中输入"http://localhost:8089/myWeb/11.13.jsp"，运行结果如图 11-14 所示。

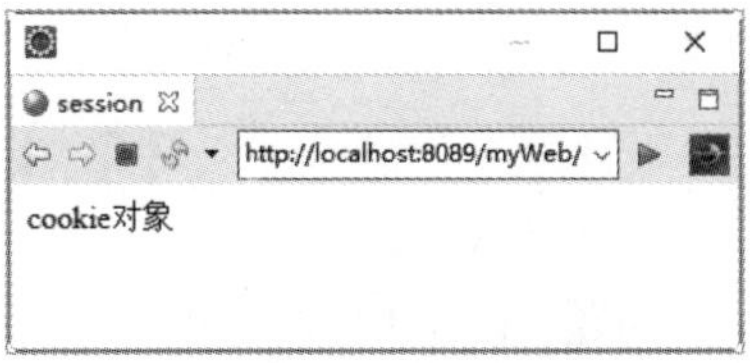

图 11-14　cookie 对象

11.3.7　initParam 对象

initParam 对象用于获取 web.xml 配置文件中<context-param>节点内初始化参数的值。EL 表达式${initParam.xxx}中的 xxx 就是<param-name>标签内的值，根据 xxx 获得<param-value>标签

中的值。

【例 11.14】在配置文件 web.xml 中初始化参数，在页面中获取参数并显示。

步骤 1：在 web.xml 中添加如下代码（源代码\ch11\11.4\web.xml）。

```xml
<context-param>
    <param-name>type</param-name>
    <param-value>Java Web</param-value>
</context-param>
<context-param>
    <param-name>message</param-name>
    <param-value>initParam 对象的使用</param-value>
</context-param>
```

在上述代码中使用<context-param>节点设置参数，一个这样的节点添加一个参数。在<context-param>节点中通过<param-name>添加参数名，通过<param-value>添加参数值。

步骤 2：获取初始化参数（源代码\ch11\11.4\param.jsp）。

```jsp
<%@ page language="java" import="java.util.*" pageEncoding="UTF-8"%>
<!DOCTYPE HTML PUBLIC "-//W3C//DTD HTML 4.01 Transitional//EN">
<html>
  <head>
    <title>initParam 对象</title>
    <meta http-equiv="pragma" content="no-cache">
    <meta http-equiv="cache-control" content="no-cache">
    <meta http-equiv="expires" content="0">
    <meta http-equiv="keywords" content="keyword1,keyword2,keyword3">
    <meta http-equiv="description" content="This is my page">
  </head>
  <body>
    类型：${initParam.type}<br>
    信息：${initParam.message}
  </body>
</html>
```

在上述代码中通过使用 EL 表达式获取参数的值，通过 initParam 对象和参数名获取参数的值。在浏览器中输入"http://localhost:8089/myWeb/param.jsp"，运行结果如图 11-15 所示。

图 11-15　initParam 对象

11.4　新手疑难问题解答

问题 1：在 EL 表达式中，empty、null 和空字符串有什么区别？

解答：在 EL 表达式中，empty 运算符是判断对象或变量是否为""（空字符串）和 null，若是，则返回 true，否则返回 false；"变量或对象==null"是判断变量或对象是否为 null，若是，则返回 true，而对""（空字符串）以及其他非 null 的情况返回 false。

问题 2：EL 有哪两种访问格式？它们有什么区别？

解答：EL 提供了"."和"[]"两种运算符来存取数据。当要存取的属性名称中包含一些特殊字符，如"."或"-"等不是字母或数字的符号时，要使用"[]"运算符，例如${user.My-Name}应当改为${user["My-Name"]}；如果要动态取值，则使用"[]"运算符，而"."无法做到动态取值，例如${sessionScope.user[data]}中的 data 是一个变量。

11.5　实战训练

实战 1：通过 EL 获取并显示用户注册信息。

编写程序，实现通过 EL 获取并显示用户注册信息，包括用户名、密码、邮箱、性别（单选按钮）、爱好（复选框）等信息，运行结果如图 11-16 所示，在其中输入注册信息，单击"注册"按钮，即可显示用户注册信息，如图 11-17 所示。

图 11-16　输入注册信息

图 11-17　显示用户注册信息

实战 2：使用表达式语言执行数学运算。

编写程序，创建一个 JSP 程序，用来模拟 6 位评委分别给歌手打分，分数在 100 分内，并在页面上显示总分和平均分。打分界面如图 11-18 所示，在其中输入分数信息，单击"提交"按钮，即可显示总分与平均分，如图 11-19 所示。

图 11-18　打分界面　　　　　　　　　　图 11-19　显示总分与平均分

第 12 章

XML 技术

XML 是一种基于文本的格式，在许多方面类似于 HTML，但 XML 是专为存储和传输数据而设计的，尤其是在移动互联网流行的时代，越来越多的 App 不仅需要与网络服务器进行数据传输和交互，也需要与其他 App 进行数据传递，而承担 App 与网络之间进行传输和存储数据的一般是 XML。本章介绍 XML 技术。

12.1 XML 概述

微视频

XML（eXtensible Markup Language），可扩展标记语言是一种数据的描述语言。虽然它是语言，但是在通常情况下它并不具备常见语言的基本功能，即被计算机识别并运行。XML 只有依靠另一种语言来解释，才能达到想要的效果或被计算机所接受。

12.1.1 XML 概念

XML 是一种独立于软件和硬件的信息传输工具。目前 XML 在 Web 开发中起到的作用不低于一直作为 Web 基石的 HTML。XML 无所不在，它是各种应用程序之间进行数据传输的最常用的工具，并且在信息存储和描述领域变得越来越流行。

XML 主要有以下特点：

（1）XML 是一种标记语言，类似于 HTML。

（2）XML 的设计宗旨是传输数据，而不是显示数据。

（3）XML 标签没有被预定义，需要用户自行定义标签和文档结构。

（4）XML 被设计为具有自我描述性，是 W3C 的推荐标准。

12.1.2 XML 与 HTML 的区别

根据作用、设计目的的不同，XML 与 HTML 的主要区别具体分为以下几点：

（1）XML 技术主要用来结构化、传输和存储数据，而 HTML 主要用来显示数据；XML 不是 HTML 的替代，而是对 HTML 的补充。

（2）XML 与 HTML 的设计目的不同，XML 面对的是数据的内容，而 HTML 面对的是数据的外观。XML 只是纯文本，能处理纯文本的软件都可以处理它，而且能够读懂它的应用程序，并可以有针对性地处理 XML 的标签，它的标签功能主要依赖于应用程序的特性。

（3）XML 被设计为传输和存储数据，而 HTML 被设计为显示数据。

12.1.3　XML 文档结构

一个完整的 XML 文档由声明、元素、注释、字符引用和处理指令组成。在文档中，所有这些 XML 文档的组成部分都是通过元素标记来指明的，可以将 XML 文档分为声明、主体与注释 3 个部分。

【例 12.1】以 XML 格式创建文件（源代码\ch12\12.1.xml）。

在 ch12 文件夹下创建 12.1.xml 文件，创建一个表单并在表单中包含表单元素。其代码如下：

```
<?xml version="1.0" encoding="UTF-8"?>
<!--这是一个学生名单-->
<学生名单>
  <学生>
    <姓名>张晓旭</姓名>
    <学号>21</学号>
    <性别>女</性别>
  </学生>
  <学生>
    <姓名>李翔宇</姓名>
    <学号>22</学号>
    <性别>男</性别>
  </学生>
</学生名单>
```

在上面代码中，第一句代码是一个 XML 声明。"<学生>"标记是"<学生名单>"标记的子元素，而"<姓名>"标记和"<学号>"标记是"<学生>"的子元素。"<!-- -->"是一个注释。浏览效果如图 12-1 所示。

图 12-1　XML 文档结构

12.2　XML 基本语法

微视频

XML 的语法规则比较简单，并且具有逻辑性。目前 XML 遵守的是 W3C 组织在 2000 年发布的 XML 1.0 规范，XML 主要用于描述数据以及作为配置文件。

12.2.1　文档声明

在编写 XML 文档时，首先需要声明 XML 文档，并且该声明必须出现在文档的第一行，主要作用是告诉解析器这是一个 XML 文档。其语法格式如下：

```
<?xml version="1.0" encoding="UTF-8"?>
```

主要参数介绍如下。

（1）version：不能省略，且必须在属性列表中排在第一位，指明所采用的 XML 的版本号，值为 1.0。

（2）encoding：设置字符编码格式，从而避免产生中文乱码，常用的编码方式为 UTF-8 和 GB 2312。如果没有使用 encoding 属性，那么该属性的默认值是 UTF-8，如果将 encoding 属性值设置为 GB 2312，则文档必须使用 ANSI 编码保存，文档的标记以及标记内容只可以使用 ASCII 字符和中文。

12.2.2 标签（元素）

XML 的语法非常严格，所有 XML 标签都必须有关闭标签，省略关闭标签是非法的。在一个 XML 文档中必须有且仅有一个根标签。在 XML 中不会忽略标签体中出现的空格和换行。

标签的名称可以包含字符、数字、减号、下画线和英文句点，但是其命名必须遵守以下规范：

（1）严格区分大小写。
（2）只能以字母或下画线开头。
（3）标签名称之间不可以有空格或制表符。
（4）标签名称之间不可以使用冒号。
（5）W3C 规定标签名称不能以 xml、Xml 或 XML 等开头。

☆大牛提醒☆

XML 声明标签没有关闭标签，这不是错误。因为声明不属于 XML 本身的组成部分，它不是 XML 的元素，所以不需要关闭标签。

12.2.3 标签嵌套

XML 的标签必须正确地嵌套。在某标签中打开另一个标签，关闭标签时必须首先关闭嵌套的标签，然后再关闭外面的标签。例如以下代码：

```
<b><i>我爱我的祖国</i></b>
```

这里使用了嵌套标签，在 XML 中所有标签都必须彼此正确地嵌套。由于<i>标签是在<b>标签内打开的，所以它必须在<b>标签中关闭。

12.2.4 属性与注释

与 HTML 类似，XML 也可以拥有自己的属性，即名称和值的对。在 XML 中标签属性的值必须使用引号（单引号或双引号）引起来。

在 XML 中编写注释的语法与 HTML 中注释的语法类似，格式如下：

```
<!--注释内容-->
```

例如这里 XML 属性和注释的使用。

```
<?xml version="1.0" encoding="UTF-8"?>
<!--XML 属性的使用 -->
<note date="2022-6-30">
    <to>北京</to>
    <from>山东</from>
</note>
```

在上述代码中，首先通过注释说明该文档的作用，即 XML 属性的使用。再自定义根标签 <note>，该标签含有自己的属性 date，属性 date 的值必须使用引号引起来，这里的引号可以是单引号或双引号。

☆**大牛提醒**☆

如果属性值中已经包含双引号，那么要使用单引号包含属性值，或将属性值中的引号使用实体引用代替。

另外，在 XML 中主要使用的是标签（元素），对它的属性的使用较少。例如，在<note>中添加<date>子元素，其值也是 2021-6-30，与 date 属性的值相同，但是一般会使用<date>子元素。

12.2.5 实体引用

在 XML 中，一些字符拥有特殊的意义。如果把字符"<"放在 XML 标签中，就会发生错误，这是因为解析器会将其当作新元素的开始。

在 XML 中有 5 个预定义的实体引用，如表 12-1 所示。

表 12-1 XML 预定义的实体引用

实 体 引 用	字　　符	说　　明
&lt;	<	小于
&gt;	>	大于
&amp;	&	和
&apos;	'	单引号
&quot;	"	双引号

☆**大牛提醒**☆

在 XML 中，只有字符"<"和"&"是非法的。大于号是合法的，但是使用实体引用来代替它是一个好习惯。

【例 12.2】XML 中的实体引用（源代码\ch12\12.2.xml）。

其具体代码如下：

```
<?xml version="1.0" encoding="UTF-8"?>
    <entity>
        <message> 25 &lt; 30 </message>
        <message> 15 &gt; 15 </message>
        <message> 25 &amp; 30 </message>
        <message> &apos Apple &apos </message>
        <message> &quot Apple &quot </message>
    </entity>
```

在本例中展示了 XML 预定义的 5 个实体引用的使用，分别是小于、大于、和、单引号、双引号的使用。

12.3　XML 树结构

XML 文档形成了一种树结构，它从"根部"开始，然后扩展到"枝叶"。XML 文档必须

微视频

包含根元素，该元素是所有其他元素的父元素，即树结构的根；而其他元素是树结构的枝叶。因此，XML 文档中的元素形成了一棵文档树，这棵树从根部开始，并扩展到树的最底端，如图 12-2 所示。

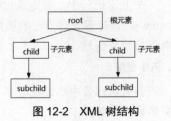

图 12-2　XML 树结构

父、子以及同胞等用于描述元素之间的关系。父元素拥有子元素，相同层级上的子元素成为同胞（兄弟或姐妹）。所有元素均可拥有自己的文本内容和属性。

【例 12.3】一个 XML 文档的树结构（源代码\ch12\12.3.xml）。

其具体代码如下：

```xml
<?xml version="1.0" encoding="UTF-8"?>
<root>
    <person>
        <name>张三</name>
        <sex>男</sex>
        <age>25</age>
    </person>
    <province>
        <name>山东省</name>
        <local>中国东部</local>
    </province>
</root>
```

在上述代码中，第一行是 XML 文档的声明，它定义 XML 的版本为 1.0 和所使用的字符编码是 UTF-8。在该文档中定义根元素<root>，以及其两个子元素<person>和<province>。在<person>元素中定义它的 3 个子元素，即<name>、<sex>和<age>。在<province>元素中定义它的子元素，即<name>和<local>。最后一行定义根元素的结尾</root>。

12.4　XML 解析器

微视频

现在流行的浏览器都提供了读取和操作 XML 的 XML 解析器。该解析器可以将 XML 转换为能通过 JavaScript 操作的 XML DOM 对象。

12.4.1　XML 文档对象

XML 文档对象的英文全称为 XML Document Object Model，简称 XML DOM，它定义了所有 XML 元素的对象和属性，以及访问和操作 XML 文档的标准方法或接口。XML DOM 主要用于 XML 的标准对象模型和 XML 的标准编程接口，它是 W3C 的标准，中立于平台和语言。

DOM 将 XML 文档作为一个树结构，它的元素、元素的文本以及元素的属性都被定义为节点。XML 能够通过 DOM 树来访问 XML 文档中的所有元素，例如修改、删除文档的内容，创建新的元素。

使用 JavaScript 获取 XML 元素文本的代码具体如下：

```
xmlDoc.getElementsByTagName("to")[0].childNodes[0].nodeValue
```

主要参数介绍如下。

（1）xmlDoc：由解析器创建的 XML 文档。

（2）getElementsByTagName("to")[0]：XML 文档中的第一个<to>元素。

（3）childNodes[0]：<to>元素的第一个文本节点。

（4）nodeValue：节点的值，即文本内容。

12.4.2 解析 XML 文档

微软公司的 XML 解析器和其他浏览器中的解析器之间存在一些差异。微软公司的解析器支持 XML 文件和 XML 字符串（文本）的加载，而其他浏览器使用单独的解析器。但是所有的解析器都包含遍历 XML 树、访问插入及删除节点（元素）及其属性的函数。

【例 12.4】JSP 页面中，使用 XML 解析器解析 XML 文档到 XML DOM 对象中，并通过 JavaScript 获取一些信息。

首先创建 XML 文件（源代码\ch12\province.xml）。

```xml
<?xml version="1.0" encoding="UTF-8"?>
<Resume>
    <province id="1">
        <name>陕西</name>
    </province>
    <province id="2">
        <name>宁夏</name>
    </province>
    <province id="3">
        <name>甘肃</name>
    </province>
    <province id="4">
        <name>四川</name>
    </province>
    <province id="4">
        <name>重庆</name>
    </province>
    <province id="4">
        <name>贵州</name>
    </province>
    <province id="4">
        <name>广西</name>
    </province>
    <province id="4">
        <name>云南</name>
    </province>
    <province id="4">
        <name>西藏</name>
    </province>
    <province id="4">
        <name>青海</name>
    </province>
    <province id="4">
        <name>新疆</name>
    </province>
</Resume>
```

上述代码创建了一个 XML 文件，在该文件中通过<province>节点显示我国西部各个省份的名称。

接着创建 JSP 页面来获取 XML 信息（源代码\ch12\document.jsp）。

```
<%@ page language="java" import="java.util.*" pageEncoding="UTF-8"%>
```

```
<!DOCTYPE HTML PUBLIC "-//W3C//DTD HTML 4.01 Transitional//EN">
<html>
<head>
<title>解析 XML 文档</title>
<script type="text/javascript">
    function file(){
        if(window.XMLHttpRequest){
            //创建 XHR 对象(IE7+, Firefox, Chrome, Opera, Safari)
            xmlhttp=new XMLHttpRequest();
        } else {
            //创建 ActiveX 对象(IE6, IE5)
            xmlhttp=new ActiveXObject("Microsoft.XMLHTTP");
        }
        xmlhttp.open("GET", "province.xml", false);
        xmlhttp.send();
        xmlDoc=xmlhttp.responseXML;
        document.getElementById("div1").innerHTML=
            xmlDoc.getElementsByTagName("name")[0].childNodes[0].nodeValue;
        document.getElementById("div2").innerHTML=
            xmlDoc.getElementsByTagName("name")[1].childNodes[0].nodeValue;
        document.getElementById("div3").innerHTML=
            xmlDoc.getElementsByTagName("name")[2].childNodes[0].nodeValue;
        document.getElementById("div4").innerHTML=
            xmlDoc.getElementsByTagName("name")[3].childNodes[0].nodeValue;
    }
</script>
</head>
<body onload="file()">
    XML 文档的内容：
    <div id="div1"></div>
    <div id="div2"></div>
    <div id="div3"></div>
    <div id="div4"></div>
</body>
</html>
```

启动 Tomcat 服务器，在浏览器的地址栏中输入页面地址"http://localhost:8089/myWeb/document.jsp"，运行结果如图 12-3 所示。

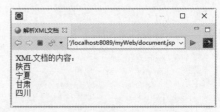

图 12-3　解析 XML 文档

在上述代码中，通过使用 XMLHttpRequest 对象的 responseXML 属性将 XML 文档解析到 XML DOM 对象，通过 getElementsByTagName("name")[0].childNodes[0].nodeValue 代码获取第一个指定节点 name 的第一个子节点的文本内容，并通过 JavaScript 中 document 提供的 getElementById()方法存放要显示的文本内容。

☆大牛提醒☆

在 getElementsByTagName("name")[0]的中括号中，当数组下标的值是 1 时，以数字形式返回第二个指定节点 name 的值，数组下标是其他值时以此类推。

12.4.3　解析 XML 字符串

根据浏览器的不同使用不同的 XML 解析器，将 XML 字符串解析到 XML DOM 对象中。IE 浏览器使用 loadXML()方法来解析 XML 字符串，而其他浏览器使用 DOMParser 对象。

【例 12.5】在 JSP 页面中，使用 XML 解析器解析 XML 字符串到 XML DOM 对象中，并通过 JavaScript 获取一些信息（源代码\ch12\string.jsp）。

其具体代码如下：

```jsp
<%@ page language="java" import="java.util.*" pageEncoding="UTF-8"%>
<!DOCTYPE HTML PUBLIC "-//W3C//DTD HTML 4.01 Transitional//EN">
<html>
<head>
<title>My JSP 'string.jsp' starting page</title>
<script type="text/javascript">
    function load(){
        Str="<china>";
        Str=Str + "<province><name>山东</name></province>";
        Str=Str + "<province><name>北京</name></province>";
        Str=Str + "<province><name>河北</name></province>";
        Str=Str + "<province><name>河南</name></province>";
        Str=Str + "</china>";
        if(window.DOMParser){
            //其他浏览器
            parser=new DOMParser();
            xmlDoc=parser.parseFromString(Str, "text/xml");
        }else{
            //IE 浏览器
            xmlDoc=new ActiveXObject("Microsoft.XMLDOM");
            xmlDoc.async="false";
            xmlDoc.loadXML(Str);
        }
        document.getElementById("div1").innerHTML=
            xmlDoc.getElementsByTagName("name")[0].childNodes[0].nodeValue;
        document.getElementById("div2").innerHTML=
            xmlDoc.getElementsByTagName("name")[1].childNodes[0].nodeValue;
        document.getElementById("div3").innerHTML=
            xmlDoc.getElementsByTagName("name")[2].childNodes[0].nodeValue;
        document.getElementById("div4").innerHTML=
            xmlDoc.getElementsByTagName("name")[3].childNodes[0].nodeValue;
    }
</script>
</head>
<body onload="load()">
    XML 文档的内容：
    <div id="div1"></div>
    <div id="div2"></div>
    <div id="div3"></div>
    <div id="div4"></div>
</body>
</html>
```

启动 Tomcat，在浏览器的地址栏中输入"http://localhost:8089/myWeb/string.jsp"，运行结果如图 12-4 所示。

图 12-4　解析 XML 字符串

在上述代码中，根据不同的浏览器获取不同的 XML 解析器，并将 XML 字符串解析为 XML DOM 对象，通过 getElementsByTagName("name")[0].childNodes[0].nodeValue 代码获取第一个指定节点 name 的第一个子节点的文本内容，并通过 JavaScript 中 document 提供的 getElementById() 方法存放要显示的文本内容。

12.5　新手疑难问题解答

问题 1：XML 文件节点的中文内容出现乱码怎么办？

解答：在 XML 文件中声明编码方式是 UTF-8 或不声明，默认的编码方式是 UTF-8。如果使用默认的，文本编辑器保存文件可能会出现乱码，此时可以在 XML 文件中设置编码方式为"GB2312"，即<?xml version="1.0" encoding="GB2312" ?>。

问题 2：XML 中的空标签有什么作用？

解答：XML 中的空标签是不包含任何内容的标签，它将所有的信息全部存储在属性中，而不存储在内容中。它用来告诉 XML 应用程序执行某个动作或显示对象。它以"<"开始，以"/>"结束，语法格式如下：

```
<标记名 属性列表 />
```

例如：

```
<book name="XML 技术" page="30"/>
```

需要注意的是，在标签"<"和标签名之间不能有空格。例如，下面一行代码就是错误的：

```
< book name="XML 标准入门教程" page="300" />
```

不过，在标签"/>"的前面可以有空格，例如：

```
<book name="XML 标准入门教程" page="300"    />
```

12.6　实战训练

实战 1：使用 responseXML 属性返回服务器端 XML 形式的数据。

编写程序，使用 XMLHttpRequest 对象的 responseXML 属性获取服务器端 XML 形式的数据，并存放到变量 xmlDoc 中，然后通过 DOM 提供的 getElementsByTagName()方法来获取指定元素的值。

启动 Tomcat 服务器，在浏览器的地址栏中输入页面地址"http://localhost:8089/myWeb/color.jsp"，运行结果如图 12-5 所示。单击"显示颜色"按钮，显示的效果如图 12-6 所示。

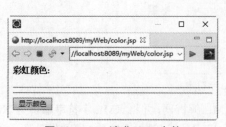

图 12-5　get 请求 XML 文件

图 12-6　XML 格式响应数据

实战 2：实现页面计算器功能。

编写程序，利用本书所学的相关知识实现页面计算器功能。其界面如图 12-7 所示，在其中输入用于计算的数字，单击"计算"按钮，即可显示计算结果，如图 12-8 所示。

图 12-7　输入用于计算的数字

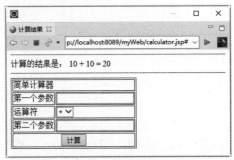

图 12-8　显示计算结果

第13章 JSTL 技术

JSTL（JSP Standard Tag Library，JSP 标准标签库）是一个不断完善的开放源代码的 JSP 标签库，是由 Apache 公司开发并维护的。JSTL 只能运行在支持 JSP 1.2 和 Servlet 2.3 以上规范的容器上，使用 JSTL 标签嵌入 JSP 页面大大提高了程序的可维护性。本章介绍 JSTL 标签的使用。

13.1 JSTL 简介

微视频

JSTL 标签是基于 JSP 页面且提前定义好的一组标签。在 JSP 页面中，使用 JSTL 标签可以避免使用 Java 代码。标签的功能非常强大，仅使用一个简单的标签，就可以实现一段 Java 代码要实现的功能。

13.1.1 JSTL 概述

JSTL 是标准的标签语言，它是对 EL 表达式的扩展，即 JSTL 依赖于 EL。使用 JSTL 标签库非常方便，它与 JSP 动作标签一样，但它不是 JSP 内置的标签，需要用户导入 JSTL 的 jar 包。

如果使用 Eclipse 开发 Java Web，那么在把项目发布到 Tomcat 时，需要将 JSTL 标签使用到的 jar 包复制到当前 Web 项目的\WEB-INF\lib 文件夹中。

13.1.2 导入标签库

在 JSP 页面中使用标签时，需要使用 taglib 指令导入标签库。除了 JSP 动作标签外，使用其他第三方的标签库都需要导入 jar 包。

在 JSP 页面中，一般使用 taglib 指令导入 core 标签库，其语法格式如下：

```
<%@ taglib prefix="c" uri="http://java.sun.com/jsp/jstl/core" %>
```

主要参数介绍如下。
- prefix：指定标签库的前缀。对于这个前缀的值，用户可以自定义，但使用 core 标签库时一般指定前缀为 c。
- uri：指定标签库的 uri，它不一定是真实存在的网址，但它可以让 JSP 找到标签库的描述文件。

13.1.3 JSTL 的分类

JSTL 包含 5 个标签库，分别是核心标签库、格式化标签库、SQL 标签库、XML 标签库和函数标签库。

1. 核心标签库

核心标签库从功能上主要分为表达式控制标签、流程控制标签、循环标签和 URL 操作标签等，本章主要介绍核心标签库的使用。

核心标签库中提供了最常用的 JSTL 标签，使用这些标签能够完成 JSP 页面的基本功能，减少编码工作。使用 taglib 指令导入 core 标签库的语法格式具体如下：

```
<%@ taglib prefix="c" uri="http://java.sun.com/jsp/jstl/core" %>
```

核心标签库中提供的标签如表 13-1 所示。

表 13-1　核心标签库

标　　签	描　　述
\<c:out\>	在 JSP 中显示数据，与<%= … >类似
\<c:set\>	保存数据
\<c:remove\>	删除数据
\<c:catch\>	处理产生错误的异常情况，并将错误信息储存起来
\<c:if\>	与在一般程序中使用的 if 一样
\<c:choose\>	本身只当作\<c:when\>和\<c:otherwise\>的父标签
\<c:when\>	\<c:choose\>的子标签，用来判断条件是否成立
\<c:otherwise\>	\<c:choose\>的子标签，在\<c:when\>标签之后。当\<c:when\>标签是 false 时执行该标签
\<c:import\>	检索一个绝对或相对 URL，然后将其内容暴露给页面
\<c:forEach\>	基础迭代标签，接受多种集合类型
\<c:forTokens\>	根据指定的分隔符分隔内容并迭代输出
\<c:param\>	用来给包含或重定向的页面传递参数
\<c:redirect\>	重定向至一个新的 URL
\<c:url\>	使用可选的查询参数来创造一个 URL

2. 格式化标签库

JSTL 的格式化标签主要用来格式化并输出文本、日期、时间和数字，如表 13-2 所示。在 JSP 页面中，导入格式化标签库的语法如下：

```
<%@ taglib prefix="fmt" uri="http://java.sun.com/jsp/jstl/fmt" %>
```

表 13-2　格式化标签库

标　　签	描　　述
\<fmt:formatNumber\>	使用指定的格式或精度格式化数字
\<fmt:parseNumber\>	解析一个代表着数字、货币或百分比的字符串
\<fmt:formatDate\>	使用指定的风格或模式格式化日期和时间
\<fmt:parseDate\>	解析一个代表着日期或时间的字符串
\<fmt:bundle\>	绑定资源

续表

标　签	描　述
<fmt:setLocale>	指定地区
<fmt:setBundle>	绑定资源
<fmt:timeZone>	指定时区
<fmt:setTimeZone>	指定时区
<fmt:message>	显示资源配置文件信息
<fmt:requestEncoding>	设置 request 的字符编码

3. SQL 标签库

在 JSTL 的 SQL 标签库中主要是与关系型数据库（Oracle、MySQL、SQL Server 等）进行交互的标签，如表 13-3 所示。在 JSP 中导入 SQL 标签库的语法如下：

```
<%@ taglib prefix="sql" uri="http://java.sun.com/jsp/jstl/sql" %>
```

表 13-3　SQL 标签库

标　签	描　述
<sql:setDataSource>	指定数据源
<sql:query>	运行 SQL 查询语句
<sql:update>	运行 SQL 更新语句
<sql:param>	将 SQL 语句中的参数设为指定值
<sql:dateParam>	将 SQL 语句中的日期参数设为指定的 java.util.Date 对象值
<sql:transaction>	在共享数据库连接中提供嵌套的数据库行为元素，将所有语句以一个事务的形式运行

4. XML 标签库

在 JSTL 的 XML 标签库中提供了创建和操作 XML 文档的标签，如表 13-4 所示。在 JSP 页面中导入 XML 标签库的语法如下：

```
<%@ taglib prefix="x" uri="http://java.sun.com/jsp/jstl/xml" %>
```

表 13-4　XML 标签库

标　签	描　述
<x:out>	与<%= … >类似，不过只用于 XPath 表达式
<x:parse>	解析 XML 数据
<x:set>	设置 XPath 表达式
<x:if>	判断 XPath 表达式，若为真则执行标签中的内容，否则跳过
<x:forEach>	迭代 XML 文档中的节点
<x:choose>	<x:when>和<x:otherwise>的父标签
<x:when>	<x:choose>的子标签，进行条件判断
<x:otherwise>	<x:choose>的子标签，当<x:when>是 false 时执行
<x:transform>	将 XSL 转换应用在 XML 文档中
<x:param>	与<x:transform>共同使用，用于设置 XSL 样式表

5. 函数标签库

JSTL 中包含一系列标准函数，大部分是通用的字符串处理函数，如表 13-5 所示。引用 JSTL 函数库的语法如下：

```
<%@ taglib prefix="fn" uri="http://java.sun.com/jsp/jstl/functions" %>
```

表 13-5　函数标签库

函　　数	描　　述
fn:contains()	测试输入的字符串是否包含指定的子字符串
fn:containsIgnoreCase()	测试输入的字符串是否包含指定的子串，大小写不敏感
fn:endsWith()	测试输入的字符串是否以指定的后缀结尾
fn:escapeXml()	跳过可以作为 XML 标记的字符
fn:indexOf()	返回指定字符串在输入字符串中出现的位置
fn:join()	将数组中的元素合成一个字符串，然后输出
fn:length()	返回字符串的长度
fn:replace()	将输入字符串中指定的位置替换为指定的字符串，然后返回
fn:split()	将字符串用指定的分隔符分隔，然后组成一个子字符串数组并返回
fn:startsWith()	测试输入字符串是否以指定的前缀开始
fn:substring()	返回字符串的子集
fn:substringAfter()	返回字符串在指定子字符串之后的子集
fn:substringBefore()	返回字符串在指定子字符串之前的子集
fn:toLowerCase()	将字符串中的字符转为小写
fn:toUpperCase()	将字符串中的字符转为大写
fn:trim()	移除首位的空白符

13.2　JSTL 环境配置

微视频

在 Web 项目开发中，使用的 JSTL 标签是较新版本 1.2.5。在使用 JSTL 之前，首先要进行 JSTL 环境的配置。JSTL 标签环境的配置非常简单，先要下载 JSTL，然后将下载的 jar 包复制到项目下。

首先输入网址 "https://tomcat.apache.org/download-taglibs.cgi"，在打开的如图 13-1 所示的页面中单击 Jar Files 下的 4 个超链接，分别下载 taglibs-standard-impl-1.2.5.jar、taglibs-standard-spec-1.2.5.jar、taglibs-standard-jstlel-1.2.5.jar 和 taglibs-standard-compat-1.2.5.jar 这 4 个 jar 包。

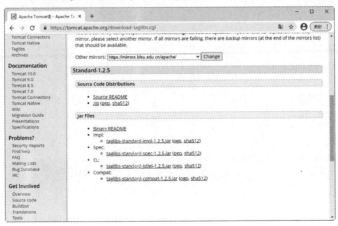

图 13-1　JSTL 下载页

将下载的 4 个 jar 包复制到 Web 项目的\WEB-INF\lib 文件夹中，这样就可以在项目中使用 JSTL 的所有功能了。

13.3 表达式控制标签

微视频

在 JSTL 的核心标签库中有 4 个表达式控制标签，分别是<c:out>标签、<c:set>标签、<c:remove>标签和<c:catch>标签。

13.3.1 <c:out>标签

<c:out>标签用于在 JSP 页面上输出字符或表达式的值，该标签相当于 JSP 中的 out 对象，或 JSP 中的表达式"<%=表达式%>"，或 EL 表达式"${表达式}"。

<c:out>标签有两种语法格式，一种是没有标签体，另一种是有标签体。这两种语法格式输出的内容相同，具体语法格式如下：

（1）没有标签体。

```
<c:out value="表达式" [default="默认值"] [escapeXml="true|false"]/>
```

（2）有标签体。

```
<c:out value="表达式" [escapeXml="true|false"]>
        default value
</out>
```

主要参数介绍如下。
- value：指定要输出的变量或表达式。
- escapeXml：可选属性，指定是否忽略 XML 特殊字符。其默认值是 true，表示转换。
- default：可选属性，指定当 value 值是 null 时要输出的默认值。如果不指定该属性，且 value 是 null，该标签输出空的字符串。

【例 13.1】使用<c:out>输出（源代码\ch13\out_demo.jsp）。

其具体代码如下：

```
<%@ page language="java" contentType="text/html; charset=UTF-8"
    pageEncoding="UTF-8"%>
    <%@ taglib uri="http://java.sun.com/jsp/jstl/core" prefix="c"%>
<head>
<title>Insert title here</title>
</head>
<body>
<!-- 设置了一个page 范围内的属性a-->
<%
pageContext.setAttribute("a", "JSTL");
%>
<h2>属性存在：<c:out value="${a}"/></h2>
<!-- 在default 中设置b 的默认值-->
<h2>属性不存在：<c:out value="${b}" default="value 为 null"/></h2>
<!-- 在标签主体中设置b 的默认值-->
<h2>属性不存在：<c:out value="${b}">value 为 null</c:out></h2>
</body>
</html>
```

运行 Tomcat，在浏览器的地址栏中输入"http://localhost:8080/part13/out_demo.jsp"，运行结果如图 13-2 所示。在上述代码中，设置了一个 page 范围内的属性 a，然后用<c:out>输出，可以发现 a 存在，输出 a 的具体内容；b 不存在，显示默认值；默认值可以设置在标签主体中，也可以设置在 default 中。

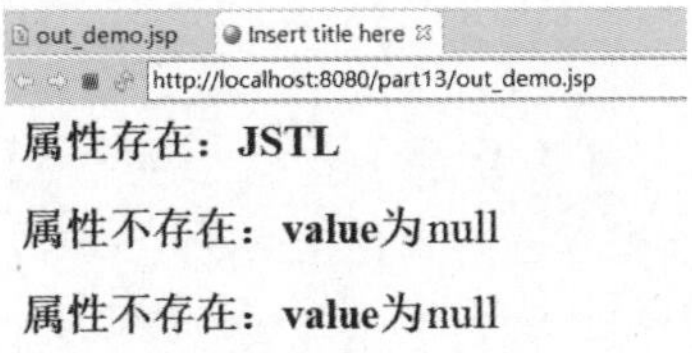

13.3.2 <c:set>标签

图 13-2 使用<c:out>输出

<c:set>标签的主要功能是设置变量的值到 JSP 的内置对象中（page、request、session 或 application），或设置值到 JavaBean 的属性中。JSP 的动作指令<jsp:setProperty>与<c:set>标签的功能类似。

<c:set>标签有 4 种使用方法，下面分别介绍。

（1）在 scope 指定范围中将变量值存储到变量中，其基本语法格式如下：

```
<c:set var="变量名称" value="变量值" scope="变量的作用范围" />
```

主要参数介绍如下。
- var：指定要存储变量值的变量名称。
- value：指定变量要存储的值。
- scope：指定将变量存储到 JSP 的哪个内置对象中，其值可以是 page、request、session 或 application。

（2）在 scope 指定范围中将标签体存储到变量中，其基本语法格式如下：

```
<c:set var="变量名称" scope="变量的作用范围">
     设置值的内容
</set>
```

主要参数介绍如下。
- var：指定要存储标签体内容的变量名称。
- scope：指定将标签体存储到 JSP 的哪个内置对象中。

（3）将变量值存储到 target 属性指定对象的要修改属性中，其基本语法格式如下：

```
<c:set target="目标对象" property="属性名" value="属性值" />
```

主要参数介绍如下。
- target：指定目标对象，即要修改的属性所属的对象，可以是一个 JavaBean 或 Map 集合等。
- property：指定目标对象中要修改的属性。
- value：指定对象属性名要存储的值。

（4）将标签体存储到 target 属性指定对象的用于存储标签体内容的属性中，其基本语法格式如下：

```
<c:set target="目标对象" property="属性名">
     设置值的内容
</set>
```

主要参数介绍如下。
- target：指定目标对象，可以是一个 JavaBean 或 Map 集合等。
- property：指定目标对象中存储标签体内容的属性名。

【例 13.2】通过<c:set>设置属性（源代码\ch13\set_demo.jsp）。

其具体代码如下：

```
<%@ page language="java" contentType="text/html; charset=UTF-8"
    pageEncoding="UTF-8"%>
```

```
    <%@ taglib uri="http://java.sun.com/jsp/jstl/core" prefix="c"%>
<head>
<title>Insert title here</title>
</head>
<body>
<!-- <c:set>标签设置了一个 request 范围的属性-->
<c:set var="a" value="JSTL" scope="request"/>
<!--使用表达式语言输出-->
<h2>属性内容:${a}</h2>
</body>
</html>
```

运行Tomcat，在浏览器的地址栏中输入"http://localhost:8080/part13/set_demo.jsp"，运行结果如图13-3所示。

另外，还可以将指定的内容设置到一个JavaBean的属性中，这时就需要用到target和property。

【例13.3】 定义一个JavaBean（源代码\ch13\Smallset.java）。

```
package com.lzl.jstl;
public class Smallset{
    private String tent;
    //Getter 和 Setter 方法
    public String getTent(){
        return tent;
    }
    public void setTent(String tent){
        this.tent=tent;
    }
}
```

设置JSP页面文件set_bean.jsp（源代码\ch13\set_bean.jsp）。

```
<%@ page language="java" contentType="text/html; charset=UTF-8"
    pageEncoding="UTF-8"%>
    <%@page import="com.lzl.jstl.*" %><!--JavaBean 保存在 page 范围内 -->
    <%@ taglib uri="http://java.sun.com/jsp/jstl/core" prefix="c"%><!-- 引入标签库-->
<head>
<title>Insert title here</title>
</head>
<body>
<%
//sma 对象实例化
Smallset sma=new Smallset();
request.setAttribute("small", sma);
%>
<!-- 通过<c:set>将 value 的内容设置到 tent 属性-->
<c:set value="JSTL" target="${small}" property="tent"/>
<h2>属性内容:${small.tent}</h2>
</body>
</html>
```

运行Tomcat，在浏览器的地址栏中输入"http://localhost:8080/part13/set_bean.jsp"，运行结果如图13-4所示。

图13-3 使用<c:set>设置属性并输出

图13-4 使用<c:set>设置属性内容

在上述代码中需要将 JavaBean 引入 JSP，并将 JavaBean 保存到 page 范围内，然后在 request 范围中保存一个 small 属性，之后通过<c:set>将 value 的内容设置到 tent 属性中。

13.3.3 <c:remove>标签

<c:remove>标签与<c:set>标签的功能正好相反，<c:remove>标签的功能是删除<c:set>标签中设置的变量，即删除 JSP 指定范围内的变量。<c:remove>变量的语法格式如下：

```
<c:remove var="变量名" scope="作用范围">
```

主要参数介绍如下。
- var：指定要移除变量的名称。
- scope：指要移除变量的作用范围，其值可以是 page、request、session 或 application。

【例 13.4】删除属性（源代码\ch13\remove.jsp）。

其具体代码如下：

```
<%@ page language="java" contentType="text/html; charset=UTF-8"
    pageEncoding="UTF-8"%>
    <%@ taglib uri="http://java.sun.com/jsp/jstl/core" prefix="c"%>
<head>
<title>Insert title here</title>
</head>
<body>
<!--<c:set>标签设置了一个 request 范围的属性 a-->
<c:set var="a" value="JSTL" scope="request"/>
<!-- <c:remove>删除了 a 属性-->
<c:remove var="a" scope="request"/>
<h2>属性内容:${a}</h2>
</body>
</html>
```

运行 Tomcat，在浏览器的地址栏中输入"http://localhost:8080/part13/remove.jsp"，运行结果如图 13-5 所示。以上程序先使用<c:set>标签设置了一个 request 范围的属性 a，接着用<c:remove>删除了 a 属性。

图 13-5　使用<c:remove>删除属性

13.3.4 <c:catch>标签

<c:catch>标签用于捕获 JSP 页面中出现的异常，与 Java 语言中的 try…catch 语句类似。该标签的语法格式如下：

```
<c:catch var="变量名">
    可能存在异常的代码
</c:catch>
```

其中，var 参数为可选属性，用于存放异常信息的变量。

【例 13.5】<c:catch>标签异常处理（源代码\ch13\catch.jsp）。

其具体代码如下：

```
<%@ page language="java" contentType="text/html; charset=UTF-8"
    pageEncoding="UTF-8"%>
    <%@ taglib uri="http://java.sun.com/jsp/jstl/core" prefix="c"%>
<head>
<title>Insert title here</title>
</head>
<body>
```

```
<!-- <c:catch>标签异常处理-->
<c:catch var="error">
<%
int a=10/0;
%>
</c:catch>
<h2>异常信息:${error}</h2>
</body>
</html>
```

运行 Tomcat，在浏览器的地址栏中输入"http://localhost:8080/part13/catch.jsp"，运行结果如图 13-6 所示。上面的程序在<c:catch>标签中设置了被除数为 0 的计算操作，所以程序肯定会出现异常，用 error 保存异常信息，然后将 error 的内容输出。

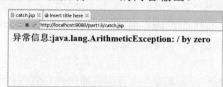

图 13-6　<c:catch>标签异常处理

13.4　流程控制标签

微视频

在 JSTL 的核心标签库中有 4 个流程控制标签，分别是<c:if>标签、<c:choose>标签、<c:when>标签和<c:otherwise>标签。

13.4.1　<c:if>标签

<c:if>标签与 Java 语言中 if 语句的功能一样，用来进行条件判断，只不过该标签没有 else 标签，而是提供了<c:choose>、<c:when>和<c:otherwise>标签来实现 if else 的功能。

<c:if>标签的语法格式如下：

```
<c:if test="判断条件" var="变量名" scope="作用范围">
    标签体
</c:if>
```

主要参数介绍如下。
- test：必选属性，用于指定判断条件，可以是 EL 表达式。
- var：指定变量名称，用于存放判断的结果，该值是一个 Boolean 类型。
- scope：指定存放判断结果变量的作用范围。

【例 13.6】判断操作（源代码\ch13\if.jsp）。

其具体代码如下：

```
<%@ page contentType="text/html" pageEncoding="UTF-8"%>
<%@ taglib uri="http://java.sun.com/jsp/jstl/core" prefix="c"%>
<html>
<head><title>if</title></head>
<body>
    <c:if test="${10<30}" var="res">
        <h2>10 比 30 小</h2>
    </c:if>
</body>
</html>
```

运行 Tomcat，在浏览器的地址栏中输入"http://localhost:8080/part13/if.jsp"，运行结果如图 13-7 所示。以上程序使用<c:if>标签判断"10<30"，如果满足就输出"10 比 30 小"。

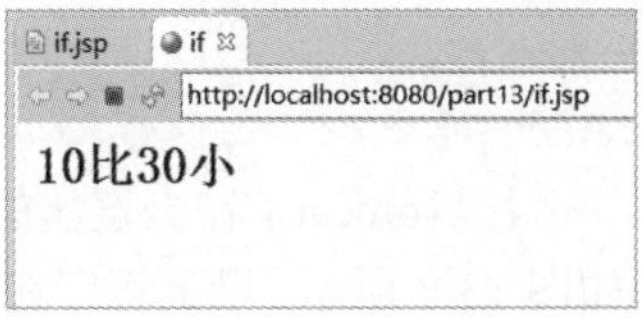

图 13-7　判断语句

13.4.2　<c:choose>标签

<c:choose>标签是<c:when>标签和<c:otherwise>标签的父标签，该标签没有任何属性。在<c:choose>标签体中除了空白字符外，只能包含<c:when>和<c:otherwise>标签。

<c:choose>标签的语法格式如下：

```
<c:choose>
    标签体
</c:choose>
```

13.4.3　<c:when>标签

<c:when>标签是<c:choose>标签的子标签，可以有多个<c:when>标签，用于处理不同的业务逻辑，与 JSP 中 when 的功能一样。<c:when>标签的语法格式如下：

```
<c:when test="判断条件">
    标签体
</c:when>
```

其中 test 是必选属性，为条件表达式，用于判断条件是否成立，可以是 EL 表达式。

13.4.4　<c:otherwise>标签

<c:otherwise>标签也是<c:choose>标签的子标签，用于定义<c:choose>标签中默认条件下的逻辑处理。在<c:choose>标签中有多个<c:when>标签和一个<c:otherwise>标签，如果<c:choose>标签中的所有<c:when>标签都不满足条件，则执行<c:otherwise>标签中的内容。

<c:otherwise>标签的语法格式如下：

```
<c:otherwise>
    标签体
</c:when>
```

【例 13.7】多条件判断（源代码\ch13\choose.jsp）。

其具体代码如下：

```
<%@ page contentType="text/html" pageEncoding="UTF-8"%>
<%@ taglib uri="http://java.sun.com/jsp/jstl/core" prefix="c"%>
<html>
<head><title>choose</title></head>
<body>
    <%
        pageContext.setAttribute("a",1);
    %>
    <c:choose>
        <c:when test="${b==1}">
            <h3>b 属性的内容是 1！</h3>
        </c:when>
        <c:when test="${b==2}">
            <h3>b 属性的内容是 2！</h3>
        </c:when>
        <c:otherwise>
```

```
            <h3>没有一个条件满足！</h3>
        </c:otherwise>
    </c:choose>
</body>
</html>
```

运行 Tomcat，在浏览器的地址栏中输入"http://localhost:8080/part13/choose.jsp"，运行结果如图 13-8 所示。以上程序在 page 范围内保存了一个 a 属性，之后使用<c:choose>、<c:when>和<c:otherwise>标签进行多条件判断。

☆大牛提醒☆

在<c:choose>标签中至少要包含一个<c:when>标签；而<c:otherwise>标签可以不包含也可以包含一个；如果包含<c:otherwise>标签，则必须将该标签放在所有<c:when>标签之后。

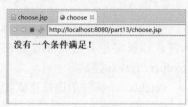

图 13-8　多条件判断

13.5　循环标签

微视频

在 JSTL 的核心标签库中有两个循环标签，分别是<c:forEach>标签和<c:forTokens>标签。本节主要介绍循环标签的使用。

13.5.1　<c:forEach>标签

<c:forEach>标签是一个迭代标签，主要用于循环的控制，可以循环遍历集合或数组中的所有或部分数据。一般在 JSP 页面中会使用<c:forEach>标签来显示从数据库中获取的数据，这样不仅可以解决 JSP 的页面混乱问题，同时也提高了代码的可维护性。

<c:forEach>标签的语法格式如下：

```
<c:forEach [var="当前对象"] items="集合对象" [varStatus="status"] [begin="begin"]
[end="end"] [step="step"]>
        循环体
</c:forEach>
```

主要参数介绍如下。
- items：必选属性，指定要循环遍历的对象，一般是数组和集合类的对象。
- var：可选属性，指定循环体的变量名，即用于存储 items 指定对象的成员。
- varStatus：可选属性，指定循环的状态变量，有 index（循环的索引值从 0 开始）、count（循环的索引值从 1 开始）、first（是否为第一次循环）和 last（是否为最后一次循环）4 个属性值。
- begin：可选属性，指定循环变量的起始位置。
- end：可选属性，指定循环变量的终止位置。
- step：可选属性，指定循环的步长，可以使用 EL 表达式。

【例 13.8】使用<c:forEach>标签，循环遍历集合元素（源代码\ch13\print_list.jsp）。

其具体代码如下：

```
<%@ page contentType="text/html" pageEncoding="UTF-8"%>
<%@ page import="java.util.*"%>
```

```
<%@ taglib uri="http://java.sun.com/jsp/jstl/core" prefix="c"%>
<html>
<head>
<title>print list</title>
</head>
  <body>
    <%
      ArrayList<String> list=new ArrayList<String>();
      list.add("汉乐府·《长歌行》");
      list.add("百川东到海,");
      list.add("何时复西归? ");
      list.add("少壮不努力,");
      list.add("老大徒伤悲.");
      request.setAttribute("list", list);
    %>
    <c:forEach var="li" items="${list}">
      <c:out value="${li}"/><br>
    </c:forEach>
  </body>
</html>
```

运行 Tomcat，在浏览器的地址栏中输入"http://localhost:8080/part13/print_list.jsp"，运行结果如图 13-9 所示。

图 13-9 <c:forEach>标签的使用

13.5.2 <c:forTokens>标签

<c:forTokens>标签是 JSTL 核心标签库中的另一个迭代标签，用来对一个字符串进行迭代循环。该字符串是通过分隔符分开的，根据字符串被分割的数量确定循环的次数。<c:forTokens>标签的语法格式如下：

```
<c:forTokens items="string" delims="分 隔 符 " [var=" 变 量 "] [varStatus="status"]
[begin="begin"] [end="end"] step="step">
  循环体
</c:forTokens>
```

主要参数如下。
- items：必选属性，要循环的字符串对象。
- delims：必选属性，分割字符串的分隔符，可以有多个分隔符。
- var：可选属性，指定循环体的变量名，即用于保存分割后的字符串。
- varStatus：可选属性，指定循环的状态变量，有 index（循环的索引值从 0 开始）、count（循环的索引值从 1 开始）、first（是否为第一次循环）和 last（是否为最后一次循环）4 个属性值。
- begin：可选属性，指定循环变量的起始位置，从 0 开始。
- end：可选属性，指定循环变量的终止位置。
- step：可选属性，指定循环的步长，默认值是 1。

【例 13.9】使用<c:forTokens>输出（源代码\ch13\print_tokens.jsp）。
其具体代码如下：

```
<%@ page contentType="text/html" pageEncoding="UTF-8"%>
<%@ page import="java.util.*"%>
<%@ taglib uri="http://java.sun.com/jsp/jstl/core" prefix="c"%>
<html>
<head><title>print tokens</title></head>
<body>
```

```jsp
    <%
         String a= "SMI,LE" ;
         pageContext.setAttribute("ref",a);
    %>
    <h3>拆分结果是：
        <c:forTokens items="${ref}" delims="," var="con">
            ${con}、
        </c:forTokens></h3>
    <h3>拆分结果是：
        <c:forTokens items="for:Tokens" delims=":" var="con">
            ${con}、
        </c:forTokens></h3>
</body>
</html>
```

运行 Tomcat，在浏览器的地址栏中输入"http://localhost:8080/part13/print_tokens.jsp"，运行结果如图 13-10 所示。以上程序通过两种方式验证<c:forTokens>标签，一种是通过属性范围设置 items，另一种是把一个字符串设置到 items 中，并分别指定了分割的字符。

图 13-10　使用<c:forTokens>输出

13.6　URL 操作标签

在 JSTL 的核心标签库中有 4 个 URL 操作标签，分别是<c:import>标签、<c:url>标签、<c:redirect>标签和<c:param>标签。

13.6.1　<c:import>标签

<c:import>标签用于将动态或静态的文件包含到当前的 JSP 页面，其与 JSP 的动作指令<jsp:include>类似，不同的是<jsp:include>只可以包含当前 Web 项目中的文件，而<c:import>可以包含当前 Web 项目中的文件和其他 Web 项目中的文件。

<c:import>标签的语法格式有两种，第一种语法格式如下：

```
<c:import url="url" [context="context"] [var="name"] [scope="作用范围"][charEncoding
="字符编码"]>
    标签体
</c:import>
```

主要参数如下。
- url：必选属性，要包含文件的路径。
- context：上下文路径，用于访问同一个服务器中的 Web 应用，其值以"/"开头，如果该属性不为空，那么 url 属性的值也必须以"/"开头。
- var：指定变量的名称。
- scope：指定变量的作用范围，有 page、request、session 和 application 几个值可选。
- charEncoding：指定被导入文件的编码格式。

第二种语法格式如下：

```
<c:import url="url" [context="context"] varReader="name" [charEncoding="字符编码"]>
标签体
</c:import>
```

主要参数如下。
- url：必选属性，要包含文件的路径。
- context：上下文路径，用于访问同一个服务器中的 Web 应用，其值以"/"开头，如果该属性不为空，那么 url 属性的值也必须以"/"开头。
- varReader：指定变量名，用于以 Reader 类型存储被包含的文件内容。
- charEncoding：指定被导入文件的编码格式。

☆大牛提醒☆

Reader 类型的对象只能在<c:import>标签的开始和结束标签之间使用。

【例 13.10】导入外部站点（源代码\ch13\import.jsp）。

其具体代码如下：

```
<%@ page contentType="text/html" pageEncoding="UTF-8"%>
<%@ page import="java.util.*"%>
<%@ taglib uri="http://java.sun.com/jsp/jstl/core" prefix="c"%>
<html>
<head><title>import</title></head>
<body>
    <c:import url="https://www.baidu.com/" charEncoding="UTF-8"/>
</body>
</html>
```

运行 Tomcat，在浏览器的地址栏中输入"http://localhost:8080/part13/import.jsp"，运行结果如图 13-11 所示。以上程序通过<c:import>标签将百度的首页导入进来进行显示。

图 13-11　使用<c:import>标签导入百度的首页

13.6.2　<c:url>标签

<c:url>标签主要用来产生一个字符串 URL，这个字符串 URL 可以作为超链接标记<a>的地址，或作为重定向与网页转发的 URL 等。

<c:url>标签有两种使用方式，它们的语法格式如下：

（1）仅生成一个 URL 地址。

```
<c:url value="地址" [var="name"] [context="context"] [scope="作用范围"]/>
```

（2）生成一个带参数的 URL。

```
<c:url value="地址" [var="name"] [context="context"] [scope="作用范围"]>
    <c:param/>
</c:url>
```

主要参数如下。
- value：要处理的 URL，可以使用 EL 表达式。
- context：上下文路径，用于访问同一个服务器中的 Web 应用，其值以"/"开头，如果该属性不为空，那么 url 属性的值也必须以"/"开头。
- var：变量名称，保存新生成的 URL 字符串。
- scope：变量的作用范围。

【例 13.11】产生 url 地址（源代码\ch13\create_url.jsp）。

其具体代码如下：

```
<%@ page contentType="text/html" pageEncoding="UTF-8"%>
<%@ page import="java.util.*"%>
<%@ taglib uri="http://java.sun.com/jsp/jstl/core" prefix="c"%>
<html>
<head><title>create_url</title></head>
<body>
    <c:url value="https://www.baidu.com/" var="url">
        <c:param name="author" value="smile"/>
        <c:param name="logo" value="hgd"/>
    </c:url>
    <a href="${url}">新的地址</a>
</body>
</html>
```

运行 Tomcat，在浏览器的地址栏中输入"http://localhost:8080/part13/create_url.jsp"，这样就会通过<c:url>标签产生一个新地址"https://www.baidu.com/?author=smile&logo=hgd"，该地址保存在 url 属性后，生成的地址采用地址栏重写的方式，运行结果如图 13-12 所示。

单击"新的地址"链接，跳转到百度首页，如图 13-13 所示。

图 13-12 创建新地址

图 13-13 单击跳转到百度首页

13.6.3 <c:param>标签

<c:param>标签主要用于传递参数，可以向页面传递一个参数，也可以与其他标签组合实现动态参数的传递。该标签的语法格式如下：

```
<c:param name="参数名" value="参数值"/>
```

主要参数如下。
- name：指定要传递的参数的名称。

- value：指定要传递参数的值。

13.6.4 <c:redirect>标签

<c:redirect>标签的主要作用是将用户的请求从一个页面跳转到另一个页面，该标签的功能和JSP中response内置对象的跳转功能类似。

根据跳转地址是否存在参数，该标签主要有两种使用方法，它们的使用语法如下：
（1）不带参数，跳转到另一页面。

```
<c:redirect url="地址" [context="context"]/>
```

（2）带参数，跳转到另一页面。

```
<c:redirect url="地址" [context="context"]>
    <c:param/>
</c:redirect>
```

主要参数如下。
- url：跳转页面的地址。
- <c:param/>：指定在页面跳转时需要传递的参数。

☆大牛提醒☆

这里<c:param>标签可以有多个，即可以传递多个参数。

【例13.12】跳转到param.jsp文件中（源代码\ch13\redirect.jsp）。

其具体代码如下：

```
<%@ page contentType="text/html" pageEncoding="UTF-8"%>
<%@ page import="java.util.*"%>
<%@ taglib uri="http://java.sun.com/jsp/jstl/core" prefix="c"%>
<html>
<head><title>redirect</title></head>
<body>
    <c:redirect url="param.jsp">
        <c:param name="name" value="SMILE"/>
        <c:param name="url" value="https://www.baidu.com/"/>
    </c:redirect>
</body>
</html>
```

创建JSP页面文件param.jsp。

```
<%@ page contentType="text/html" pageEncoding="UTF-8"%>
<h2>name 参数：${param.name}</h2>
<h2>url 参数：${param.url}</h2>
```

运行Tomcat，在浏览器的地址栏中输入"http://localhost:8080/part13/redirect.jsp"，这样就通过<c:redirect>标签完成了客户端的跳转，并传递了name、url两个参数，运行结果如图13-14所示。

图13-14 客户端跳转

13.7 新手疑难问题解答

问题 1：如何使用<c:set>标签的 target 属性设置目标对象？

解答：target 属性不可以直接指定 JavaBean 或集合，需要使用 EL 表达式或 JSP 脚本表达式指定真正的对象。例如，<jsp:useBean id="person" class="jstl.Person"/>，<c:set>标签中的 target 属性值应该是 target="${person}"，而不是 target="person"。

问题 2：自定义标签需要注意哪些地方？

解答：自定义标签的描述文件必须以 tld 结尾，并放在当前项目的 WEB-INF 文件夹中，在 JSP 页面中使用标签时通过<%@taglib %>导入即可，不需要在 web.xml 中配置标签的信息。

13.8 实战训练

实战 1：创建自定义标签，输出日期信息。

编写程序，创建一个自定义标签，输出当前日期信息。首先创建标签所对应的功能类 MyTag.java；接着编写标签的描述文件 defined.tld，并将该文件放到项目的 WEB-INF 目录下；最后在 JSP 页面中使用 taglib 指令调用自定义的标签。

启动 Tomcat，在浏览器的地址栏中输入"http://localhost:8080/part13/tag.jsp"，运行结果如图 13-15 所示。

图 13-15 自定义标签

实战 2：统计购物信息。

编写程序，创建一个简单的购物系统，即根据输入的商品数量计算商品的总价，并反馈出购物清单。程序的运行结果如图 13-16 所示，在其中输入商品的数量，单击"提交"按钮，即可给出购物清单，如图 13-17 所示。

图 13-16 输入商品数量

图 13-17 商品订购信息

第 14 章

Ajax 技术的应用

Ajax 是 Asynchronous JavaScript and XML 的缩写，意思是异步的 JavaScript 和 XML。Ajax 不是新的编程语言，而是一种使用现有标准的新方法。它的最大优点是在不重新加载整个页面的情况下，可以与服务器交换数据并更新部分网页内容，从而减少用户的等待时间。本章介绍 Ajax 技术的应用，主要包括 Ajax 概述、Ajax 技术的组成、XML Http Request 对象等内容。

14.1 Ajax 概述

微视频

Ajax 是一项很有生命力的技术，它的出现引发了 Web 应用的新革命，目前网络上的许多站点都使用了 Ajax 技术。可以说 Ajax 是"增强的 JavaScript"，是一种可以调用后台服务器获取数据的客户端 JavaScript 技术，支持更新部分页面的内容而不重新加载整个页面。

14.1.1 什么是 Ajax

Ajax 是一种用于快速创建动态网页的技术，通过与后台服务器进行少量的数据交换可以使网页实现异步更新。目前有很多使用 Ajax 的应用程序案例，例如新浪微博、Google Maps、开心网等。下面通过几个 Ajax 应用的成功案例来加深大家对 Ajax 的理解。

1. Google Maps

对于地图应用来说，地图页面刷新速度的快慢非常重要。为了解决这个问题，谷歌公司在对 Google Maps（http://maps.google.com）进行第二次开发时就选择了采用基于 Ajax 技术的应用模型，彻底解决了每次更新地图部分区域时地图主页面都需要重载的问题，如图 14-1 所示。

在 Google Maps 中，用户可以向任意方向随意拖动地图，并可以对地图进行任意缩放。与传统 Web 页面相比，当客户端用户在地图上进行操作时只会对操作的区域进行刷新，不会对整个地图进行刷新，从而大大提升了用户体验。

2. Gmail

作为谷歌公司提供的免费网络邮件服务，Gmail（http://www.gmail.com）具有的优点可以说是数不胜数，它和 Google Maps 一样都成功地运用了 Ajax。Gmail 的最大优点就是具有 Ajax 带来的高可用性，也就是它的界面简单，客户端用户和服务器之间的交互非常顺畅、自然。Gmail 的用户界面如图 14-2 所示。

图 14-1　Google Maps　　　　　图 14-2　Gmail

用户在使用 Gmail 时可以发现，选择各种操作，就会马上看到页面显示更改结果，几乎不需要等待，这就是 Ajax 带来的好处。

3. 百度搜索提示

在百度首页的搜索文本框中输入要搜索的关键字，下方会自动给出相关提示。如果给出的提示有符合要求的内容，可以直接选择，这样方便了用户，这也是 Ajax 技术带来的好处，如图 14-3 所示。

图 14-3　百度搜索文本框

14.1.2　Ajax 的工作原理

Ajax 的工作原理相当于在用户和服务器之间加了一个中间层，改变了同步交互的过程，也就是说并不是所有的用户请求都提交给服务器，例如一些表单数据验证和表单数据处理等都交给 Ajax 引擎来做，当需要从服务器读取新数据时会由 Ajax 引擎向服务器提交请求，从而使用户操作与服务器响应异步化。如图 14-4 所示为 Ajax 的工作原理示意图。

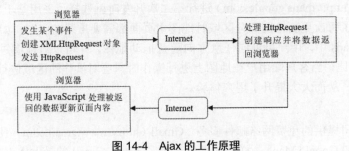

图 14-4　Ajax 的工作原理

14.1.3　Ajax 的优缺点

与传统的 Web 应用不同，Ajax 在用户与服务器之间引入了一个中间媒介，这就是 Ajax 引擎，从而消除了网络交互过程中的处理与等待上的时间消耗，从而大大改善了网站的视觉效果。

下面介绍为什么要在 Web 应用上使用 Ajax，它有哪些优点。

（1）减轻服务器的负担，提高了 Web 性能。Ajax 使用异步方式与服务器通信，客户端数据是按照用户的需求向服务器端提交获取的，而不是靠全页面刷新来重新获取整个页面数据，即按需发送获取数据，减轻了服务器的负担，能在不刷新整个页面的前提下更新数据，大大提升了用户体验。

（2）不需要插件支持。Ajax 目前可以被绝大多数主流浏览器所支持，用户不需要下载插件或小程序，只需要允许 JavaScript 脚本在浏览器上执行。

（3）调用外部数据方便，容易达到页面与数据的分离。Ajax 使 Web 中的数据与呈现分离，有利于技术人员和美工人员分工合作，减少了对页面修改造成的 Web 应用程序错误，提高了开发效率。

Ajax 同其他事物一样有优点也有缺点，具体表现在以下 3 个方面。

（1）大量的 JavaScript 代码不易维护。

（2）在可视化设计上比较困难。

（3）会给搜索引擎带来困难。

14.2　Ajax 技术的组成

微视频

Ajax 不是单一的技术，而是 4 种技术的集合，要灵活地运用 Ajax 必须深入了解这些不同的技术，以及它们在 Ajax 中的作用。

14.2.1　XMLHttpRequest 对象

Ajax 技术的核心是 JavaScript 对象 XMLHttpRequest。该对象在 IE5 中首次引入，它是一种支持异步请求的技术。简而言之，XMLHttpRequest 使用户可以使用 JavaScript 向服务器提出请求并处理响应，而不阻塞用户。

XMLHttpRequest 对象允许 Web 程序员从 Web 服务器以后台活动的方式获取数据，数据格式通常是 XML，但是也可以很好地支持任何基于文本的数据格式。对于 XMLHttpRequest 对象的使用将在后面进行详细介绍。

14.2.2　XML

XML 是一种标准化的文本格式，可以在 Web 上表示结构化信息，利用它可以存储有复杂结构的数据信息。XML 格式的数据适用于不同应用程序间的数据交换，而且这种交换不以预先定义的一组数据结构为前提，增强了可扩展性。XMLHttpRequest 对象与服务器交换的数据通常采用 XML 格式。

14.2.3　JavaScript 语言

JavaScript 是通用的脚本语言，用来嵌入在某种应用之中。Web 浏览器中嵌入的 JavaScript 解释器允许通过程序与浏览器的很多内建功能进行交互，Ajax 应用程序是使用 JavaScript 编写的。

14.2.4 CSS 技术

CSS 在 Ajax 中主要用于美化网页,是 Ajax 的"美术师"。无论 Ajax 的核心技术采用什么形式,任何时候显示在用户面前的都是一个页面,是页面就需要美化,那么就需要用 CSS 对显示在用户浏览器上的界面进行美化。在 Ajax 应用中,用户界面的样式可以通过 CSS 独立修改。

14.2.5 DOM 技术

DOM 以一组可以使用 JavaScript 操作的可编程对象展现出 Web 页面的结构。通过使用脚本修改 DOM,Ajax 应用程序可以在运行时改变用户界面,或者高效地重绘页面中的某个部分。也就是说,在 Ajax 应用中通过 JavaScript 操作 DOM,可以达到在不刷新页面的情况下实时修改用户界面的目的。

微视频

14.3 XMLHttpRequest 对象的使用

XMLHttpRequest 对象是当今所有 Ajax 和 Web 2.0 应用程序的技术基础。它是一个具有应用程序接口的 JavaScript 对象,能够使用超文本框传输协议(HTTP)链接一个服务器。

14.3.1 初始化 XMLHttpRequest 对象

Ajax 利用一个构建到所有现代浏览器内部的对象 XMLHttpRequest 来实现 HTTP 请求与响应信息的发送和接收,不过在使用 XMLHttpRequest 对象发送请求和处理响应之前首先需要初始化该对象。

初始化 XMLHttpRequest 对象需要考虑两种情况,一种是 IE 浏览器,另一种是非 IE 浏览器,下面分别进行介绍。

IE 浏览器把 XMLHttpRequest 对象实例化为一个 ActiveX 对象,具体方法为:

```
var xmlhttp=new ActiveXObject("Microsoft.XMLHTTP");
```

或者

```
var xmlhttp=new ActiveXObject("Msxml2.XMLHTTP");
```

这两种方法的不同之处在于 Microsoft 和 Msxml2,这是针对 IE 浏览器中的不同版本而进行设置的。

非 IE 浏览器把 XMLHttpRequest 对象实例化为一个本地 JavaScript 对象,具体方法为:

```
var xmlhttp=new XMLHttpRequest();
```

不过为了提高程序的兼容性,可以创建一个跨浏览器的 XMLHttpRequest 对象,操作非常简单,只需要判断不同浏览器的实现方式即可,具体代码如下:

```
var xmlhttp;
    if(window.XMLHttpRequest)
    {
        //Firefox、Chrome、Opera、Safari 浏览器的执行代码
        xmlhttp=new XMLHttpRequest();
    }
    else
    {
```

```
            //IE 浏览器的执行代码
            xmlhttp=new ActiveXObject("Microsoft.XMLHTTP");
        }
```

14.3.2 XMLHttpRequest 对象的属性

XMLHttpRequest 对象提供了一些常用属性，通过这些属性可以获取服务器的响应状态及响应内容等。

1. readyState 属性

readyState 属性为获取请求状态的属性。当 XMLHttpRequest 对象把一个 HTTP 请求发送到服务器时将经历若干种状态，一直等待直到请求被处理，然后它才接收一个响应，这样脚本才能正确地响应各种状态。XMLHttpRequest 对象返回描述对象的当前状态的是 readyState 属性，其可取值如表 14-1 所示。

表 14-1 readyState 属性值列表

属性值	描述
0	描述一种"未初始化"状态，此时已经创建一个 XMLHttpRequest 对象，但是还没有初始化
1	描述一种"正在加载"状态，此时 open()方法和 XMLHttpRequest 已经准备好把一个请求发送到服务器
2	描述一种"已加载"状态，此时已经通过 send()方法把一个请求发送到服务器端，但是还没有收到一个响应
3	描述一种"交互中"状态，此时已经接收到 HTTP 响应头部信息，但是消息体部分还没有完全接收
4	描述一种"完成"状态，此时响应已经被完全接收

在实际应用中，该属性经常用于判断请求状态，当请求状态等于 4，也就是完成时，再判断请求是否成功，如果成功，则开始处理返回结果。

2. onreadystatechange 事件

onreadystatechange 事件为指定状态改变时所触发的事件处理器的属性。无论 readyState 值何时发生改变，XMLHttpRequest 对象都会触发一个 readystatechange 事件，其中 onreadystatechange 事件接收一个 EventListener 值，该值向该方法指示无论 readyState 值何时发生改变，该对象都将激活。

3. responseText 属性

responseText 属性为获取服务器的字符串响应的属性。这个 responseText 属性包含客户端接收到的 HTTP 响应的文本内容。当 readyState 值为 0、1 或 2 时，responseText 包含一个空字符串；当 readyState 值为 3（正在接收）时，响应中包含客户端还未完成的响应信息；当 readyState 为 4（已加载）时，该 responseText 包含完整的响应信息。

4. responseXML 属性

responseXML 属性为获取服务器的 XML 响应的属性，用于在接收到完整的 HTTP 响应时描述 XML 响应，此时 Content-Type 头部指定 MIME（媒体）类型为 text/xml、application/xml 或以+xml 结尾。如果 Content-Type 头部并不包含这些媒体类型之一，那么 responseXML 的值为 null。无论何时，只要 readyState 的值不为 4，那么该 responseXML 的值就为 null。

其实，这个 responseXML 属性值是一个文档接口类型的对象，用来描述被分析的文档。如果文档不能被分析（例如，文档不是良构的或不支持文档相应的字符编码），那么 responseXML 的值将为 null。

5. status 属性

status 属性用于返回服务器的 HTTP 状态码,其类型为 short,而且仅当 readyState 的值为 3 (交互中)或 4(完成)时这个 status 属性才可用。当 readyState 的值小于 3 时,试图存取 status 的值将引发一个异常。常用的 status 属性的状态码如表 14-2 所示。

表 14-2 status 属性的状态码

值	说 明
100	继续发送请求
200	请求已成功
202	请求被接收,但尚未成功
400	错误的请求
404	文件未找到
408	请求超时
500	内部服务器错误
501	服务器不支持当前请求所需要的某个功能

6. statusText 属性

statusText 属性描述了 HTTP 状态码文本,并且仅当 readyState 的值为 3 或 4 时才可用。当 readyState 为其他值时,试图存取 statusText 属性将引发一个异常。

14.3.3 XMLHttpRequest 对象的方法

XMLHttpRequest 对象提供了各种方法用于初始化和处理 HTTP 请求,下面介绍 XMLHttpRequest 对象的方法。

1. 创建新请求的 open()方法

open()方法用于设置进行异步请求目标的 URL、请求方法以及其他参数信息,具体语法如下:

```
xmlhttp.open("method","URL"[,asyncFlag[,"userName"[,"password"]]]);
```

open()方法的参数说明如表 14-3 所示。

表 14-3 open()方法的参数说明

参 数	说 明
method	用于指定请求的类型,一般为 GET 或 POST
URL	用于指定请求地址,可以使用绝对地址或者相对地址,并且可以传递查询字符串
asyncFlag	可选参数,用于指定请求方法,异步请求为 true,同步请求为 false,默认情况下为 true
userName	可选参数,用于指定请求用户名,没有时可省略
password	可选参数,用于指定请求密码,没有时可省略

当需要把数据发送到服务器时应使用 POST 方法,当需要从服务器端检索数据时应使用 GET 方法。例如设置异步请求目标为 shopping.html、请求方法为 GET、请求方式为异步,其代码如下:

```
xmlhttp.open("GET","shopping.html",true);
```

2. 停止或放弃当前异步请求的 abort()方法

使用 abort()方法可以停止或放弃当前异步请求。其语法格式如下：

```
abort()
```

当使用 abort()方法暂停与 XMLHttpRequest 对象相联系的 HTTP 请求后，可以把该对象复位到未初始化状态。

3. 向服务器发送请求的 send()方法

send()方法用于向服务器发送请求，如果将请求声明为异步，该方法将立即返回，否则将等到接收到响应为止。其语法格式如下：

```
send(content)
```

参数 content 用于指定发送的数据，可以是 DOM 对象的实例、输入流或字符串。如果没有参数需要传递可以设置为 null。例如，向服务器发送一个不包含任何参数的请求，可以使用下面的代码：

```
Http_request.send(content)
```

4. setRequestHeader()方法

setRequestHeader()方法用来设置请求的头部信息。其具体语法格式如下：

```
setRequestHeader("header","value")
```

参数说明如下。
（1）header：用于指定 HTTP 头。
（2）value：用于为指定的 HTTP 头设置值。

注意：setRequestHeader()方法必须在调用 open()方法之后才能调用，否则将得到一个异常。

5. getResponseHeader()方法

getResponseHeader()方法用于以字符串形式返回指定的 HTTP 头信息，语法格式如下：

```
getResponseHeader("Headerlabel")
```

参数 Headerlabel 用于指定 HTTP 头，包括 Server、Content_Type 和 Date 等。getResponseHeader()方法必须在调用 send()方法之后才能调用，否则该方法返回一个空字符串。

6. getAllResponseHeaders()方法

getAllResponseHeaders()方法用于以字符串形式返回完整的 HTTP 头信息，语法格式如下：

```
getAllResponseHeaders()
```

getAllResponseHeaders()方法必须在调用 send()方法之后才能调用，否则该方法返回 null。

14.4 Ajax 异步交互的应用

微视频

Ajax 与传统 Web 应用最大的不同就是它的异步交互机制，这也是它最核心、最重要的特点。本节将对 Ajax 的异步交互进行简单的讲解，以帮助大家更深入地了解 Ajax。

14.4.1 什么是异步交互

对 Ajax 来说，异步交互就是客户端和服务器进行交互时，如果只更新客户端的一部分数据，那么只有这部分数据与服务器进行交互,交互完成后把更新后的数据发送到客户端,而其他不需要更新的客户端数据需要与服务器进行交互。

异步交互对于用户体验来说带来的最大好处就是实现了页面的无刷新,用户在提交表单后,只有表单数据被发送给了服务器并需要等待接收服务器的反馈,页面中表单以外的内容没有变化。所以与传统 Web 应用相比,用户在等待表单提交完成的过程中不会看到整个页面出现白屏,并且在这个过程中还可以浏览页面中表单以外的内容。

14.4.2 异步对象连接服务器

在 Web 中,与服务器进行异步通信的是 XMLHttpRequest 对象。它是在 IE5 中首先引入的,目前几乎所有的浏览器都支持该异步对象,并且该对象可以接受任何形式的文档。在使用该异步对象之前必须先创建该对象,创建的代码如下:

```
var xmlhttp;
function createXMLHttpRequest(){
   if(window.ActiveXObject)
      xmlhttp= new ActiveXObject("Microsoft.XMLHTTP");
   else if(window.XMLHttpRequest)
      xmlhttp= new XMLHttpRequest();
}
```

创建完异步对象,利用该异步对象连接服务器时需要用到 XMLHttpRequest 对象的一些属性和方法。例如,在创建了异步对象后,需要使用 open()方法初始化异步对象,即创建一个新的 HTTP 请求,并指定此请求的类型、URL 以及验证信息,这里创建异步对象 xmlhttp,然后建立一个到服务器的新请求。其代码如下:

```
xmlhttp.open("GET","a.aspx",true);
```

代码中指定了请求的类型为 GET,即在发送请求时将参数直接加到 URL 地址中发送,请求地址为相对地址 a.aspx,请求方式为异步。

在初始化了异步对象后,需要调用 onreadystatechange 属性来指定发生状态改变时的事件处理句柄。其代码如下:

```
xmlhttp.onreadystatechange=HandleStateChange();
```

在 HandleStateChange()函数中需要根据请求的状态(有时还需要根据服务器返回的响应状态)来指定处理函数,所以需要调用 readyState 属性和 status 属性。例如当数据接收成功时要执行某些操作,代码如下:

```
function HandleStateChange(){
   if(xmlhttp.readyState == 4 && xmlhttp.status == 200){
      //某些操作
   }
}
```

在建立了请求并编写了请求状态发生变化时的处理函数之后,需要使用 send()方法将请求发送给服务器。其语法如下:

```
send(body);
```

参数 body 表示要通过此请求向服务器发送的数据,该参数为必选参数,如果不发送数据,则代码如下:

```
xmlhttp.send(null);
```

需要注意的是，如果在 open()方法中指定了请求的类型是 POST，在发送请求之前必须设置 HTTP 的头部，代码如下：

```
xmlhttp.setRequestHeader("Content-Type","application/x-www-form-urlencoded");
```

在客户端将请求发送给服务器后，服务器需要返回相应的结果。至此整个异步连接服务器的过程就完成了，为了测试连接是否成功，可以在页面中添加一个按钮。

下面给出一个示例来测试异步连接服务器是否成功。

【例 14.1】测试异步连接服务器（源代码\ch14\14.1.html）。

在 ch14 文件夹下创建 14.1.html 文件来测试异步连接服务器，代码如下：

```
<!DOCTYPE html>
<html>
<head>
<meta charset="UTF-8">
<title>异步连接服务器</title>
<script type="text/javascript">
var xmlhttp;
function createXMLHttpRequest(){
   if(window.ActiveXObject)
      xmlhttp= new ActiveXObject("Microsoft.XMLHTTP");
   else if(window.XMLHttpRequest)
      xmlhttp=new XMLHttpRequest();
}
function HandleStateChange(){
   if(xmlhttp.readyState == 4 && xmlhttp.status == 200){
      alert("服务器返回的结果为: " + xmlhttp.responseText);
   }
}
function test(){
   createXMLHttpRequest();
   xmlhttp.open("GET","14.1.aspx",true);
   HandleStateChange();
   xmlhttp.onreadystatechange=HandleStateChange();
   xmlhttp.send(null);

}
</script>
</head>
<body>
<input type="button" value="测试是否连接成功" onClick="test()" />
</body>
</html>
```

服务器端采用 ASP.NET 来完成，异步连接服务器示例的服务器端代码（14.1.aspx）如下：

```
<%@ Page Language="C#" ContentType="text/html" ResponseEncoding="GB2312"%>
<%@Import Namespace="System.Data"%>
<%
   Response.write("连接成功");
%>
```

双击 ch14 文件夹中的 14.1.html 文件，即可在浏览器中显示运行结果，如图 14-5 所示。

单击"测试是否连接成功"按钮，即可弹出一个信息提示框，提示用户连接成功，如图 14-6 所示。

图 14-5　运行结果

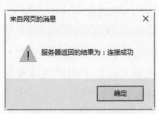

图 14-6　提示连接成功

14.4.3　GET 和 POST 方式

客户端在向服务器发送请求时需要指定请求发送数据的方式，在 HTML 中通常有 GET 和 POST 两种方式。其中，GET 方式用来传送简单数据，大小一般限制在 1 KB 以下，请求数据被转化成查询字符串并追加到请求的 URL 之后发送；POST 方式可以传送的数据量比较大，能够达到 2 MB，它是将数据放在 send()方法中发送，在发送数据之前必须先设置 HTTP 请求的头部。

为了更直观地看到 GET 和 POST 两种方式的区别，下面给出一个实例。在页面中设置一个文本框来输入用户名，设置两个按钮分别用 GET 和 POST 方式来发送请求。

【例 14.2】GET 和 POST 方式应用示例（源代码\ch14\14.2.html）。

在 ch14 文件夹下创建 14.2.html 文件，进而区分 GET 和 POST 方式的不同。其代码如下：

```html
<!DOCTYPE html>
<head>
<meta charset="UTF-8">
<title>GET 和 POST 方式</title>
<script type="text/javascript">
var xmlhttp;
var username=document.getElementById("username").value;
function createXMLHttpRequest(){
   if(window.ActiveXObject)
      xmlhttp=new ActiveXObject("Microsoft.XMLHTTP");
   else if(window.XMLHttpRequest)
      xmlhttp= new XMLHttpRequest();
   if(window.XMLHttpRequest){
         //IE7 及以上版本的浏览器和 Firefox、Chrome、Opera、Safari 浏览器的代码
         xmlhttp=new XMLHttpRequest();
      }else{
         //IE5、IE6 浏览器的代码
         xmlhttp=new ActiveXObject("Microsoft.XMLHTTP");
      }
}
//使用 GET 方式发送数据
function doRequest_GET(){
   createXMLHttpRequest();
   username=document.getElementById("username").value;
   var url="Chap24.2.aspx?username=" +encodeURIComponent(username);

   xmlhttp.onreadystatechange=function(){
      if(xmlhttp.readyState == 4 && xmlhttp.status == 200){
       alert("服务器返回的结果为: " + decodeURIComponent(xmlhttp.responseText));
       }
   }

   xmlhttp.open("GET",url);
```

```
    xmlhttp.send(null);
}
//使用POST方式发送数据
function doRequest_POST(){
    createXMLHttpRequest();
    username=document.getElementById("username").value;
    var url="Chap24.2.aspx?";
    var queryString=encodeURI("username="+encodeURIComponent(username));
    xmlhttp.open("POST",url,true);
    xmlhttp.onreadystatechange=function(){
        if(xmlhttp.readyState == 4 && xmlhttp.status == 200){
            alert("服务器返回的结果为: " + decodeURIComponent(xmlhttp.responseText));
        }
    }
    xmlhttp.setRequestHeader("Content-Type","application/x-www-form-urlencoded");
    xmlhttp.send(queryString);
}
</script>
</head>
<body>
<form>
用户名:
<input type="text" id="username" name="username"/>
<input type="button" id="btn_GET" value="GET发送" onclick="doRequest_GET();" />
<input type="button" id="btn_POST" value="POST发送" onclick="doRequest_POST();" />
</form>
</body>
</html>
```

服务器端代码仍然采用ASP.NET来完成,GET和POST方式示例的服务器端代码(14.2.aspx)如下:

```
<%@ Page Language="C#" ContentType="text/html" ResponseEncoding="GB2312"%>
<%
    if(Request.HttpMethod=="GET")
        Response.Write("GET: "+ Request["username"]);
    else if(Request.HttpMethod=="POST")
        Response.Write("POST: "+ Request["username"]);
%>
```

双击ch14文件夹中的14.2.html文件,即可在浏览器中显示运行结果,如图14-7所示。这里在"用户名"文本框中输入"超人"字样。

图14-7 输入用户名

单击"GET发送"按钮,即可弹出一个信息提示框,在其中显示了GET方式运行的结果,如图14-8所示;单击"POST发送"按钮,也可弹出一个信息提示框,在其中显示了POST方式运行的结果,如图14-9所示。

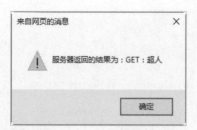

图 14-8　使用 GET 方式发送的效果

图 14-9　使用 POST 方式发送的效果

14.4.4　服务器返回 XML

在 Ajax 中，服务器返回的可以是 DOC 文档、TXT 文档、HTML 文档或者 XML 文档等，下面主要讲解返回 XML 文档。在 Ajax 中，可通过异步对象的 ResponseXML 属性来获取 XML 文档。

【例 14.3】GET 和 POST 方式应用示例（源代码\ch14\14.3.html）。

在 ch14 文件夹下创建 14.3.html 文件，获取服务器返回的 XML 文档。其代码如下：

```
<!DOCTYPE html>
<html>
<head>
<meta charset="UTF-8">
<title>服务器返回 XML</title>
<script type="text/javascript">
var xmlhttp;
function createXMLHttpRequest(){
   if(window.XMLHttpRequest){
           //IE7 及以上版本的浏览器和 Firefox、Chrome、Opera、Safari 浏览器的代码
           xmlhttp=new XMLHttpRequest();
       }else{
           //IE5、IE6 浏览器的代码
           xmlhttp=new ActiveXObject("Microsoft.XMLHTTP");
       }
}

function getXML(xmlUrl){
   var url=xmlUrl+"?timestamp=" + new Data();
   createXMLHttpRequest();
   xmlhttp.onreadystatechange=HandleStateChange;
   xmlhttp.open("GET",url);
   xmlhttp.send(null);
}

function HandleStateChange(){
   if(xmlhttp.readyState == 4 && xmlhttp.status == 200){
      DrawTable(xmlhttp.responseXML);
   }
}

function DrawTable(myXML){
   var objStudents=myXML.getElementsByTagName(student);
   var objStudent="",stuID="",stuName="",stuChinese="",stuMaths="",stuEnglish="";
   for(var i=0;i<objStudents.length;i++){
      objStudent=objStudent[i];
      stuID=objStudent.getElementsByTagName("id")[0].firstChild.nodeValue;
      stuName=objStudent.getElementsByTagName("name")[0].firstChild.nodeValue;
```

```
            stuChinese=objStudent.getElementsByTagName("Chinese")[0].firstChild.nodeValue;
            stuMaths=objStudent.getElementsByTagName("Maths")[0].firstChild.nodeValue;
            stuEnglish=objStudent.getElementsByTagName("English")[0].firstChild.nodeValue;
            addRow(stuID,stuName,StuChinese,stuMaths,stuEnglish);
        }
    }
    function addRow(stuID,stuName,stuChinese,stuMaths,stuEnglish){
        var objTable=document.getElementById("score");
        var objRow=objTable.insertRow(objTable.rows.length);
        var stuInfo= new Array();
        stuInfo[0]=document.createTextNode(stuID);
        stuInfo[1]=document.createTextNode(stuName);
        stuInfo[2]=document.createTextNode(stuChinese);
        stuInfo[3]=document.createTextNode(stuMaths);
        stuInfo[4]=document.createTextNode(stuEnglish);
        for(var i=0; i< stuInfo.length;i++){
            var objColumn=objRow.insertCell(i);
            objColumn.appendChild(stuInfo[i]);
        }
    }
</script>
</head>
<body>
    <form>
<p>
<input type="button" id="btn" value="获取XML文档" onclick="getXML(14.3.xml);"/>
</p>
<p>
<table id="score">
    <tr>
    <th>学号</th>
    <th>姓名</th>
    <th>语文</th>
    <th>数学</th>
    <th>英语</th>
    </tr>
    </table>
</p>
    </form>
</body>
</html>
```

服务器端 XML 文档（14.3.xml）：

```
<?xml version="1.0" encoding="GB2312"?>
<list>
    <caption>Score List</caption>
    <student>
        <id>001</id>
        <name>张三</name>
        <Chinese>80</Chinese>
        <Maths>85</Maths>
        <English>92</English>
    </student>
    <student>
        <id>002</id>
        <name>李四</name>
        <Chinese>86</Chinese>
        <Maths>91</Maths>
        <English>80</English>
```

```
        </student>
        <student>
          <id>003</id>
          <name>王五</name>
          <Chinese>77</Chinese>
          <Maths>89</Maths>
          <English>79</English>
        </student>
        <student>
          <id>004</id>
          <name>赵六</name>
          <Chinese>95</Chinese>
          <Maths>81</Maths>
          <English>88</English>
        </student>
</list>
```

双击 ch14 文件夹中的 14.3.html 文件，即可在浏览器中显示运行结果，如图 14-10 所示；单击"获取 XML 文档"按钮，即可获取服务器返回的 XML 文档运行结果，如图 14-11 所示。

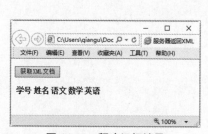

图 14-10　程序运行结果

图 14-11　返回 XML 文档结果

14.4.5　处理多个异步请求

之前的示例都是通过一个全局变量的 xmlhttp 对象对所有异步请求进行处理的，这样做会存在一些问题，例如，当第 1 个异步请求尚未结束时很可能就已经被第 2 个异步请求所覆盖，解决的办法通常是将 xmlhttp 对象作为局部变量来处理，并且在收到服务器端的返回值后手动将其删除。

【例 14.4】实现多个异步请求（源代码\ch14\14.4.html）。

在 ch14 文件夹下创建 14.4.html 文件，实现多个异步请求。其代码如下：

```
<!DOCTYPE html>
<html>
<head>
<meta charset="UTF-8">
<title>多个异步对象请求示例</title>
<script type="text/javascript">
function createQueryString(oText){
    var sInput=document.getElementById(oText).value;
    var queryString="oText=" + sInput;
    return queryString;
}
function getData(oServer, oText, oSpan){
    var xmlhttp;    //处理为局部变量
    if(window.XMLHttpRequest){
            //IE7 及以上版本浏览器和 Firefox、Chrome、Opera、Safari 浏览器的代码
```

```
            xmlhttp=new XMLHttpRequest();
        }else{
            //IE5、IE6 浏览器的代码
            xmlhttp=new ActiveXObject("Microsoft.XMLHTTP");
        }

        var queryString=oServer + "?";
        queryString += createQueryString(oText)+ "&timestamp=" + new Date().getTime();
        xmlhttp.onreadystatechange=function(){
            if(xmlhttp.readyState == 4 && xmlhttp.status == 200){
                var responseSpan=document.getElementById(oSpan);
                responseSpan.innerHTML=xmlhttp.responseText;
                delete xmlhttp;   //收到返回结果后手动删除
                xmlhttp=null;
            }
        }
        xmlhttp.open("GET",queryString);
        xmlhttp.send(null);
    }
    function test(){
        //同时发送两个不同的异步请求
        getData('14.4.aspx','first','firstSpan');
        getData('14.4.aspx','second','secondSpan');
    }
</script>
</head>
<body>
<form>
    first: <input type="text" id="first">
    <span id="firstSpan"></span>
<br>
    second: <input type="text" id="second">
    <span id="secondSpan"></span>
<br>
    <input type="button" value="发送" onclick="test()">
</form>
</body>
</html>
```

多个异步请求的示例服务器端代码（14.4.aspx）：

```
<%@ Page Language="C#" ContentType="text/html" ResponseEncoding="GB2312" %>
<%@ Import Namespace="System.Data" %>
<%
    Response.Write(Request["oText"]);
%>
```

双击 ch14 文件夹中的 14.4.html 文件，即可在浏览器中显示运行结果，如图 14-12 所示；单击"发送并请求服务器端内容"按钮，即可返回服务器端的内容，运行结果如图 14-13 所示。

图 14-12　程序运行结果

图 14-13　返回服务端内容

提示：由于函数中的局部变量是每次调用时单独创建的，函数执行完便自动销毁，此时测试多个异步请求便不会发生冲突。

14.5 新手疑难问题解答

问题 1：在发送 Ajax 请求时是使用 GET 还是 POST？

解答：与 POST 相比，GET 更简单也更快，并且在大部分情况下都能用，然而在以下情况下建议使用 POST 请求。

（1）无法使用缓存文件（更新服务器上的文件或数据库）。

（2）向服务器发送大量数据（POST 没有数据量限制）。

（3）发送包含未知字符的用户输入时 POST 比 GET 更稳定也更可靠。

问题 2：在指定 Ajax 的异步参数时将该参数设置为 true 或 false？

解答：Ajax 指的是异步 JavaScript 和 XML。XMLHttpRequest 对象如果要用于 Ajax，其 open() 方法的 async 参数必须设置为 true，代码如下：

```
xmlhttp.open("GET","ajax_test.asp",true);
```

对于 Web 开发人员来说，发送异步请求是一个巨大的进步。很多在服务器上执行的任务都相当费时。在 Ajax 出现之前，这可能会引起应用程序挂起或停止。通过 Ajax，JavaScript 无须等待服务器的响应，而是在等待服务器的响应时执行其他脚本，当响应就绪后再对响应进行处理。

14.6 实战训练

实战 1：制作图片相册效果。

Ajax 综合了各方面的技术，不仅能够加快用户的访问速度，还可以实现各种特效。本例通过制作一个图片相册效果来巩固对 Ajax 技术的使用，运行结果如图 14-14 所示。

图 14-14　图片相册效果

实战 2：制作可自动校验的表单。

在表单的实际应用中经常需要实时地检查表单内容是否合法，例如在注册页面中经常会检查用户名是否存在，用户名不能为空等。Ajax 的出现使得这种功能的实现变得非常简单。

本例制作一个表单供用户注册时使用，需要验证输入的用户是否存在，并给出提示，提示信息显示在"用户名"文本框后面的 span 标签中，运行结果如图 14-15 所示。

如果在"用户名"文本框中什么也不输入，当单击"注册"按钮后，会在右侧出现提示，如图 14-16 所示。

图 14-15　程序运行结果

图 14-16　用户名不能为空

如果输入"测试用户"，在"用户名"文本框右侧会给出提示"该用户可以使用"，告知输入的用户名可以注册，运行结果如图 14-17 所示。

如果输入"zhangsan"，在"用户名"文本框右侧会给出提示"sorry，该用户名已存在"，告知输入的用户名已经存在，运行结果如图 14-18 所示。

图 14-17　输入用户名

图 14-18　用户名已经存在

第 15 章

Struts2 框架的应用

Struts2 框架是在 Struts1 和 WebWork 技术的基础上进行合并的全新的框架。Struts2 以 WebWork 为核心，采用拦截器的机制来处理用户的请求，这样的设计使得业务逻辑控制器与 Servlet API 完全脱离。本章介绍 Struts2 框架的基础应用。

微视频

15.1 Struts2 概述

在 Web 应用开发中，实现 MVC 的框架非常多，常用的流行框架有 Struts、JSF 和 Spring MVC 等。到目前为止，Struts 框架已成为 Web 应用程序开发中 MVC 模式的标准。

15.1.1 Struts MVC 模式

MVC 的全名为 Model View Controller，是模型（Model）-视图（View）-控制器（Controller）的缩写，它是一种用于将业务逻辑、数据和界面显示分离的方法。Struts 框架是一个基于 MVC 设计模式的 Web 应用框架，Struts 框架主要有 Struts1.x 和 Struts2.x 两个版本，它们都是遵循 MVC 设计理念的开源 Web 框架。

Struts 框架实现的 MVC 架构的各层结构的功能如下：

1. 模型（Model）

模型层主要负责管理应用程序的数据，通过响应视图的请求和控制器的指令来更新数据。在 Web 应用程序中，一般使用 JavaBean 或 EJB 来实现系统的业务逻辑。在 Struts 框架中，模型层也是使用 JavaBean 或 EJB 实现的。

2. 视图（View）

视图层主要用于在应用程序中处理数据的显示。在 Struts 框架中，视图层主要有 JSP 页面和 ActionForm 两部分。视图层是系统与用户交互的界面，用于接收用户输入的信息，并将处理后的数据显示给用户，但视图并不负责数据的实际处理。

JSP 页面是 MVC 模式中的主要视图组件，它承担了页面信息显示或控制器处理结果显示的功能。例如，在 Struts 框架中，可以通过使用 JavaForm 将用户输入的表单信息提交给控制器。

3. 控制器（Controller）

控制器主要负责接收用户的请求和数据，并判断应该将请求和数据交给哪个模型来处理以及处理后的请求和数据应该调用哪个视图来显示。控制器扮演的是调度者的角色，在 Web 应用程序中一般是由 Servlet 实现控制器的作用。

ActionServlet 是 Struts 框架中的主要控制器，用来处理用户发送过来的所有请求。ActionServlet 接收到用户的请求后，根据配置文件 struts.xml 找到匹配的 URL，然后再将用户的请求发送给合适的控制器进行处理。

15.1.2　Struts 工作流程

Struts2 框架是一个 MVC 模式的框架，Struts2 的模型-视图-控制器模式是通过操作（Actions）、拦截器（Interceptors）、值栈（Value Stack）/OGNL、结果（Result）/结果类型和视图技术实现的。Struts2 框架的体系结构如图 15-1 所示。

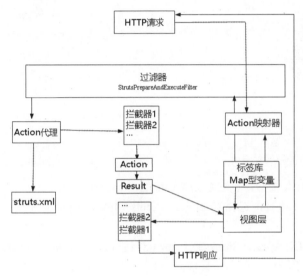

图 15-1　Struts2 体系结构

由图 15-1 可知，Struts2 框架中用户请求的执行流程如下。

（1）当客户端发送一个 HTTP 请求时，需要通过过滤器拦截要处理的请求，这里需要在 web.xml 文件中配置 StrutsPrepareAndExecuteFilter 过滤器。

（2）当 StrutsPrepareAndExecuteFilter 过滤器被调用时，Action 映射器查询对应的 Action 对象，然后返回 Action 对象的代理。Action 代理从配置文件中读取 Struts2 框架的相关配置，在经过一系列的拦截器后调用指定的 Action 对象。

（3）当 Action 处理请求完成后，将响应的处理结果在视图层显示。在视图层中通过 Map 类型的变量或 Struts 标签显示数据，最后将 HTTP 请求返回给浏览器，这个过程通常经历过滤器链。

15.1.3　Struts 基本配置

在 Web 应用程序开发中，使用 Struts 框架进行开发前，除了需要安装 JDK、Tomcat 和 Eclipse 外，还需要在项目中配置 Struts 框架以及导入 jar 包，具体操作如下。

步骤 1：在 myEclipse 中右击，选择 New→Web Project 菜单命令，如图 15-2 所示。

步骤 2：打开 New Web Project 对话框，输入 Project name 为"myWeb"，选择 Java version

是 1.8 版本，如图 15-3 所示。

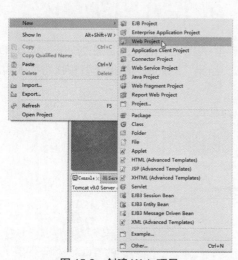

图 15-2　创建 Web 项目

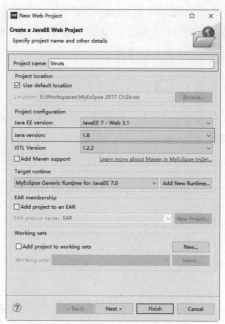

图 15-3　New Web Project 对话框

步骤 3：单击 Finish 按钮，创建名为 Struts 的 Web 项目。

步骤 4：右击 Web 项目，选择 Configure Facets→Install Apache Struts(2.x) Facet 菜单命令，如图 15-4 所示。

步骤 5：打开 Install Apache Struts(2.x) Facet 对话框，对 Struts2 的 version 和 runtime 选择默认的选项，如图 15-5 所示。

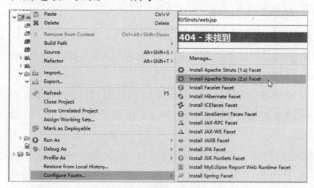

图 15-4　配置 myWeb

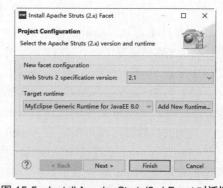

图 15-5　Install Apache Struts(2.x) Facet 对话框

步骤 6：单击 Next 按钮，配置 Struts2 的 URL pattern，用于指定 Struts2 框架要接收的请求的后缀，这里有 3 个选项，即*.action、*.do 和/*，分别指接收后缀是 action、do 和任何后缀形式的请求，如图 15-6 所示。

步骤 7：选择默认的"*.action"，单击 Finish 按钮，在 Web 项目中完成 Struts2 的配置，同时 Struts2 框架所需要的 jar 包也会自动导入，如图 15-7 所示。

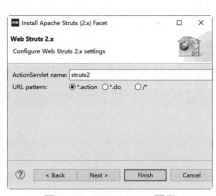

图 15-6　URL pattern 配置

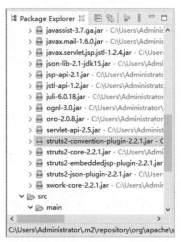

图 15-7　Struts 的 jar 包

15.2　第一个 Struts2 程序

微视频

Struts2 框架是通过一个过滤器将 Struts2 集成到 Web 应用程序中，这个过滤器对象是 StrutsPrepareAndExecuteFilter。Struts2 框架通过过滤对象获取 Web 应用中的 HTTP 请求，并将 HTTP 请求转发到指定的 Action 进行处理，Action 根据处理结果给用户返回相应的页面。

构建一个简单的 Struts 项目，需要创建与用户进行交互并获取输入信息的 JSP 页面；呈现最终信息的页面；创建一个用于业务逻辑处理的类；创建用于连接动作、视图以及控制器的配置文件。

15.2.1　创建 JSP 页面

在 Web 项目中创建输入信息的 JSP 页面，通过 form 表单的 action 属性值调用 Struts 框架中的 Action 对象，并最终呈现 seccess.jsp 信息页面。该页面的具体代码如下（源代码\ch15\Struts\WebRoot\index.jsp）：

```jsp
<%@ page language="java" import="java.util.*" pageEncoding="UTF-8"%>
<!DOCTYPE HTML PUBLIC "-//W3C//DTD HTML 4.01 Transitional//EN">
<html>
<head>
<title>显示结果</title>
</head>
<body>
    <center>
        <form action="messageAction.action" method="post">
            <table style="border: 0px ;margin-top: 50px;">
                <tr>
                    <td>
                        <input type="text" name="message" id="message" />
                    </td>
                    <td>
                     <input type="submit" value="提交" />
                    </td>
```

```
            </tr>
          </table>
        </form>
      </center>
    </body>
  </html>
```

☆大牛提醒☆

由于配置 Struts2 时选择的过滤器拦截的地址后缀是 "*.action"，所以在该页面的 form 表单中 action 属性的值指定处理 action 后必须加.action，即 userAction.action。

15.2.2　创建 Action

在 Struts2 框架中，表单提交的数据会自动注入实现 Action 接口的类对象的相应属性中，这与 Spring 框架中 IOC 的注入原理相同。在实现 Action 接口的类中，一般通过 setter 方法为对象的属性进行注入。

Action 对象的作用是处理用户的请求，创建继承 ActionSupport 的类，用于处理用户提交的表单信息，具体代码如下（源代码\ch15\Struts\src\action\MessageAction.java）：

```java
package action;
import java.util.Map;
import com.opensymphony.xwork2.ActionContext;
import com.opensymphony.xwork2.ActionSupport;
public class MessageAction extends ActionSupport {
    private String message;

    public String getMessage(){
        return message;
    }
    public void setMessage(String message){
        this.message=message;
    }
    private Map session;
    @Override
    public String execute()throws Exception {
        session=(Map)ActionContext.getContext().getSession();
        String str="";
        if(message.equals("")||message==null){
            str="输入信息不能为空！";
        }else{
            str="信息不为空！";
        }
        if(str.equals("信息不为空！")){
            session.put("message",message);
            return "success";
        }else{
            return "failed";
        }
    }
}
```

在上述代码中，创建继承 ActionSupport 的类，用于处理用户的输入信息。在类中定义 String 类型的私有成员变量 message，并定义其 setter 和 getter 方法。在该类中通过 getMessage()方法获取用户在 JSP 页面中输入的信息。声明 Map 类型的变量 session，通过 ActionContext 类提供的 getContext()方法获取 ActionContext 类的对象，再通过该对象调用 getSession()方法获取 Map

类型的变量 session，将用户输入的信息 message 保存到 session 中。

在该类中重写 execute()方法，通过 if 语句判断用户输入的信息是否为空字符串或 null，若是则 str 为"输入信息不能为空！"，否则执行 else 语句，str 是"信息不为空！"。通过 if 语句判断 str 的值，若其值是"信息不为空！"，则返回字符串 success，否则返回 failed。

15.2.3　struts.xml 文件

在 struts.xml 配置文件中，配置用户请求 URL 和控制器 Action 之间的映射信息，并转发用户的请求。struts.xml 文件的具体代码如下（源代码\ch15\Struts\src\struts.xml）：

```xml
<?xml version="1.0" encoding="UTF-8" ?>
<!DOCTYPE struts PUBLIC "-//Apache Software Foundation//DTD Struts Configuration 2.1//EN"
    "http://struts.apache.org/dtds/struts-2.1.dtd">
<struts>
 <package name="default" namespace="/" extends="struts-default">
    <action name="messageAction" class="action.MessageAction">
       <result name="success">/success.jsp</result>
       <result name="failed">/index.jsp</result>
    </action>
 </package>
</struts>
```

在上述代码中，<action>节点没有指定 method 属性的值，则执行默认的方法，即 execute()方法。根据 Action 类中 execute()方法的返回值执行相应的<result>节点。若注册成功，则通过 success.jsp 页面返回注册信息，否则返回到注册页面。

<package>节点的 name 属性指定包的名称，在 Struts2 的配置文件中不能重复，它并不是真正的包名，而只是为了管理 Action。namespace 和<action>节点的 name 属性决定 Action 的访问路径（以"/"开始）。<action>节点的 class 属性指定类的路径，包含包名和类名称，method 指定类中的方法。<result>节点的 name 属性的默认值是 success。

15.2.4　web.xml 文件

配置文件 web.xml 是一种 J2EE 配置文件，用于决定 Servlet 容器中的 HTTP 元素需要如何进行处理。web.xml 文件的具体代码如下：

```xml
<?xml version="1.0" encoding="UTF-8"?>
<web-app xmlns:xsi=http://www.w3.org/2001/XMLSchema-instance
    xmlns="http://xmlns.jcp.org/xml/ns/javaee"
    xsi:schemaLocation="http://xmlns.jcp.org/xml/ns/javaee
    http://xmlns.jcp.org/xml/ns/javaee/web-app_3_1.xsd" version="3.1">
  <display-name>Struts</display-name>
  <filter>
    <filter-name>struts2</filter-name>
    <filter-class>org.apache.struts2.dispatcher.ng.filter.StrutsPrepareAndExecuteFilter</filter-class>
  </filter>
  <filter-mapping>
    <filter-name>struts2</filter-name>
    <url-pattern>*.action</url-pattern>
  </filter-mapping>
</web-app>
```

该文件是 Struts2 框架请求的接入点，Struts2 应用程序的接入点是一个 Filter 过滤器，因此在 web.xml 中定义一个 StrutsPrepareAndExecuteFilter 类的接入点。

在过滤器<filter>节点中定义过滤器名称<filter-name>是 struts2，并通过<filter-class>指定 struts2 类的全限定名，即包名和类名。在<filter-mapping>节点中<filter-name>指定的名称与之前定义的相同，并通过<url-pattern>节点指定过滤器要过滤的文件的后缀为"*.action"。

☆大牛提醒☆

在 StrutsPrepareAndExecuteFilter 类的 init()方法中读取类路径下默认的配置文件 struts.xml，然后完成初始化操作。

15.2.5 显示信息

在 struts.xml 配置文件中配置 Action 对象处理完成后显示用户输入信息的页面 success.jsp，该页面的具体代码如下（源代码\ch15\Struts\WebRoot\success.jsp）：

```jsp
<%@ page language="java" import="java.util.*" pageEncoding="UTF-8"%>
<!DOCTYPE HTML PUBLIC "-//W3C//DTD HTML 4.01 Transitional//EN">
<html>
  <head>
    <title>显示结果</title>
  </head>
  
  <body>
    输入信息：<br/>
    <%
      String str=(String)session.getAttribute("message");
      out.println("message=" + str + "<br/>");
    %>
  </body>
</html>
```

在上述代码中，通过 session 对象提供的 getAttribute()方法获取存储的用户输入信息 message，并在页面中显示。

15.2.6 运行项目

部署 Web 项目 Struts，启动 Tomcat 服务器。在浏览器的地址栏中输入"http://127.0.0.1:8888/Struts/"，在页面中输入信息，运行结果如图 15-8 所示。

图 15-8 注册页面

单击"提交"按钮，若输入信息不为空，则进入成功页面，如图 15-9 所示；若输入信息为空，返回输入信息页面。

图 15-9 注册成功页面

15.3 控制器 Action

Action 对象是 Struts2 框架的核心,每个 URL 映射到特定的 Action,其提供处理来自用户的请求所需要的处理逻辑。Action 有两个重要的功能,即将数据从请求传递到视图和协助框架确定哪个结果应该呈现在响应请求的视图中。

15.3.1 Action 接口

Action 是 com.opensymphony.xwork2 包中的一个接口,提供了 5 个静态的成员变量,它们是 Struts2 框架中为处理结果定义的静态变量。这些静态变量的使用如表 15-1 所示。

表 15-1 Action 接口的静态变量

类 型	静态变量	说 明
String	ERROR	指 Action 执行失败的返回值,例如验证信息错误
String	INPUT	指返回到某个输入信息页面的返回值,例如修改页面信息
String	LOGIN	指需要用户登录的返回值,例如用户登录时验证信息失败,需要重新登录时
String	NONE	指 Action 执行成功的返回值,但是不用返回到成功页面
String	SUCCESS	指 Action 执行成功的返回值。若 Action 执行成功,返回值设为 success,则返回到成功页面

ActionSupport 类实现了 Action 接口,在 Struts2 框架中创建的控制器类一般继承该类。Struts2 框架中的 actions 必须有一个无参数并且返回值是 String 或 Result 对象的方法。

15.3.2 属性注入值

在 Struts2 框架中,用户提交的表单信息会自动注入与 Action 对象对应的属性中。注入属性值到 Action 对象中,在 Action 类中必须提供属性的 setter 方法,由于这是 Struts2 框架按照 JavaBean 规范中提供的 setter 方法,自动为属性注入值。

【例 15.1】通过 Struts 框架将用户提交的信息注入到 Action 对象对应的属性中。

步骤 1:创建继承 ActionSupport 的类,并定义一个属性,通过 Struts2 框架对该属性注入值,代码如下(源代码\ch15\Param\src\action\ParamAction.java)。

```
package action;
import java.util.Map;
import com.opensymphony.xwork2.ActionContext;
public class ParamAction extends ActionSupport{
    private String param;
```

```java
    private Map session;
    public String getParam(){
        return param;
    }
    public void setParam(String param){
        this.param=param;
    }
    @Override
    public String execute()throws Exception {
        session=(Map)ActionContext.getContext().getSession();
        session.put("p", param);
        if(param == null || param.equals("")){
            return "failed";
        } else {
            return "success";
        }
    }
}
```

在上述代码中，定义私有的成员变量param，其名称与用户提交请求页面中参数的名称一致，以便于使用getParam()方法获取用户输入的数据。重写execute()方法，在该方法中获取Map类型变量session的值，通过session保存用户提交的数据。通过if语句判断，当param的值是空字符串或null时返回failed字符串，否则返回success字符串。

步骤2：创建输入参数信息的页面（源代码\ch15\Param\WebRoot\index.jsp）。

```jsp
<%@ page language="java" import="java.util.*" pageEncoding="UTF-8"%>
<%if(session.getAttribute("p")== null){
    out.print("");
    } else {
    out.print("参数注入值是: " + session.getAttribute("p"));
    }
%>
<!DOCTYPE HTML PUBLIC "-//W3C//DTD HTML 4.01 Transitional//EN">
<html>
<head>
<title>Action注入参数</title>
</head>

<body>
    <form action="paramAction.action" method="post">
        <input type="text" name="param">
        <input type="submit" value="参数">
    </form>
</body>
</html>
```

该页面显示需要用户输入的信息，当单击"参数"按钮时，将用户请求交由Action对象处理。由于Struts框架指定了后缀为.action，所以这里form表单中的action属性值加上.action，否则出错。

步骤3：在配置文件struts.xml中配置Action对象。

```xml
<?xml version="1.0" encoding="UTF-8" ?>
<!DOCTYPE struts PUBLIC "-//Apache Software Foundation//DTD Struts Configuration 2.1//EN"
    "http://struts.apache.org/dtds/struts-2.1.dtd">
<struts>
<package name="default" namespace="/" extends="struts-default">
    <action name="paramAction" class="action.ParamAction">
```

```
            <result name="success">/index.jsp</result>
        </action>
    </package>
</struts>
```

在上述代码中，通过<action>标签的 name 属性指定被请求的 URL 映射地址。当 Action 处理完成返回 success 字符串时，根据映射关系交由 index.jsp 页面显示数据信息。

启动 Tomcat，在浏览器中输入"http://127.0.0.1:8888/ch15/Param"，然后输入要注入参数的值，如图 15-10 所示。单击"提交"按钮，Action 处理成功返回当前页，并显示提交的参数值，如图 15-11 所示。

图 15-10　输入参数值

图 15-11　显示注入参数的值

15.3.3　动态方法调用

在 Struts2 框架中动态方法的调用是为了解决一个 Action 对应多个请求的处理。例如，在多个 Action 请求对象的情况下，使用通配符的方式可以达到简化配置的效果，这是动态方法调用最常用的一种方式。

☆**大牛提醒**☆

常用的通配符主要有匹配 0 或多个字符的"*"和转义字符"\"，转义字符的使用需要匹配"/"。

【例 15.2】使用通配符方式实现 Action 的动态方法调用。

步骤 1：创建继承 ActionSupport 的类（源代码\ch15\Dynamic3\src\action\OperateAction3.java）。

```
package action;
import com.opensymphony.xwork2.ActionSupport;
public class OperateAction3 extends ActionSupport {
    private static final long serialVersionUID=1L;
    public String add(){
        //添加操作
        return "success";
    }
    public String delete(){
        //删除操作
        return "success";
    }
    public String update(){
        //修改操作
        return "success";
    }
    public String select(){
        //查询操作
        return "success";
    }
}
```

在上述代码中定义继承 ActionSupport 的类，并定义了 add()、delete()、update()和 select()

方法，它们返回字符串 success。

步骤 2：配置文件 struts.xml（源代码\ch15\Dynamic3\src\struts.xml）。

```xml
<?xml version="1.0" encoding="UTF-8" ?>
<!DOCTYPE struts PUBLIC "-//Apache Software Foundation//DTD Struts Configuration 2.1
    //EN" "http://struts.apache.org/dtds/struts-2.1.dtd">
<struts>
<package name="default" namespace="/" extends="struts-default">
    <action name="operate_*" class="action.OperateAction3" method="{1}">
        <result>/add.jsp</result>
    </action>
</package>
</struts>
```

在上述代码中，通过通配符"*"配置 Action 对象。<action>标签中的 name 属性值"operate_*"匹配 JSP 页面请求中的字符串，例如 operate_add、operate_update、operate_delete 或 operate_select。对于通配符匹配的字符，在 Struts2 框架的配置文件中可以获取，一般使用表达式{1}、{2}、{3}等方式进行获取。{1}指获取第一个通配符匹配的字符，{2}指获取第二个通配符匹配的字符，以此类推。

步骤 3：请求 Action 对象的 JSP 页面（源代码\ch15\Dynamic3\WebRoot\index.jsp）。

```jsp
<%@ page language="java" import="java.util.*" pageEncoding="UTF-8"%>
<!DOCTYPE HTML PUBLIC "-//W3C//DTD HTML 4.01 Transitional//EN">
<html>
  <head>
    <title>动态 Action</title>
  </head>
  <body>
    <a href="operate_add.action">添加</a>
    <a href="operate_delete.action">删除</a>
    <a href="operate_update.action">编辑</a>
    <a href="operate_select.action">查询</a>
  </body>
</html>
```

在上述代码中，通过超链接标记<a>发送请求到 Action 对象。这里的 href 属性的值匹配配置文件中的"operate_*"，而通配符"*"匹配的是继承 ActionSupport 类中的方法，因此一定要确保该类中有相应的 add()、delete()、update()和 select()方法。

部署 Web 项目 Dynamic3，启动 Tomcat。在浏览器的地址栏中输入"http://127.0.0.1:8888/Dynamic3/"，运行结果如图 15-12 所示。

图 15-12　通配符方式

15.3.4　Map 类型变量

在 Web 项目中配置 Struts2 框架，使用 Action 对象处理用户的请求。一般通过 ActionContext 对象获取 Map 类型的 request、session 和 application 变量，用于保存处理后的信息。

【例 15.3】创建 Web 项目，配置 Struts 框架。在继承 ActionSupport 的类中使用 Map 类型的 request、session 和 application 保存请求处理完成后的信息。

步骤 1：创建继承 ActionSupport 的类，在类中使用 Map 类型的变量存储处理请求后的信息（源代码\ch15\Map\src\action\MapAction.java）。

```java
package action;
import java.util.Map;
import com.opensymphony.xwork2.ActionContext;
import com.opensymphony.xwork2.ActionSupport;
public class MapAction extends ActionSupport{
    @Override
    public String execute()throws Exception{
        Map request=(Map)ActionContext.getContext().get("request");
        Map session=(Map)ActionContext.getContext().getSession();
        Map application=ActionContext.getContext().getApplication();
        request.put("requ", "Map 类型的变量 request");
        session.put("sess", "Map 类型的变量 session");
        application.put("appl", "Map 类型的变量 application");
        return "success";
    }
}
```

在上述代码中，通过 ActionContext 类提供的静态方法 getContext()获取 ActionContext 类的对象，通过该对象调用 get()方法获取 Map 类型的 request 变量，通过 getSession()方法获取 Map 类型的 session 变量，通过 getApplication()方法获取 Map 类型的 application 变量。

步骤 2：在 struts.xml 文件中配置用户请求 URL 与 Action 的映射地址（源代码\ch15\Map\src\struts.xml）。

```xml
<?xml version="1.0" encoding="UTF-8"?>
<!DOCTYPE struts PUBLIC "-//Apache Software Foundation//DTD Struts Configuration 2.1//EN" "http://struts.apache.org/dtds/struts-2.1.dtd">
<struts>
    <package name="default" namespace="/" extends="struts-default">
        <action name="mapAction" class="action.MapAction">
            <result>index.jsp</result>
        </action>
    </package>
</struts>
```

在上述代码中配置 Action 对象的信息，通过<action>标签的 name 属性指定用户请求要访问的 Action 对象的 URL 映射地址，若 Action 对象处理成功，则由 index.jsp 页面显示处理后的数据。

步骤 3：显示用户请求处理完成后 Map 类型变量保存的信息（源代码\ch15\Map\WebRoot\index.jsp）。

```jsp
<%@ page language="java" import="java.util.*" pageEncoding="UTF-8"%>
<!DOCTYPE HTML PUBLIC "-//W3C//DTD HTML 4.01 Transitional//EN">
<html>
  <head>
    <title>Map 类型变量 </title>
  </head>
  <body>
    Map 类型的变量：<br>
    request=<%=request.getAttribute("requ")%><br>
    session=<%=session.getAttribute("sess")%><br>
    application=<%=application.getAttribute("appl")%><br>
```

```
</body>
</html>
```

在上述代码中，通过 request 变量的 getAttribute()方法获取 request 变量保存的值；通过 session 变量的 getAttribute()方法获取 session 变量保存的值；通过 application 变量的 getAttribute()方法获取 application 变量保存的值。

部署 Web 项目 Map，启动 Tomcat 服务器。在浏览器的地址栏中输入 Action 对象的 URL 地址"http://127.0.0.1:8888/Map/mapAction.action"，运行结果如图 15-13 所示。

图 15-13　Map 类型变量

15.4　Struts 标签库

Struts2 标签库中提供了具有扩展性的主题和模板的支持，极大地简化了视图页面代码的编写，更好地实现了代码的复用。

15.4.1　标签库的配置

在 Web 项目开发中，在使用标签之前首先要进行配置。Struts2 标签库的配置主要有在 JSP 页面使用标签时引入标签库和在配置文件中声明标签库，具体操作如下：

（1）在 JSP 页面引入标签库，具体代码如下：

```
<%@ taglib uri="/struts-tags" prefix="s"%>
```

（2）在配置文件 web.xml 中声明要使用的标签库，具体代码如下：

```
<filter>
<filter-name>struts2</filter-name>
<filter-class>org.apache.struts2.dispatcher.ng.filter.StrutsPrepareAndExecuteFilter
</filter-class>
</filter>
```

☆大牛提醒☆

在 MyEclipse 开发环境中配置 Struts2 框架时，上述声明标签库的代码一般会自动生成。

15.4.2　流程控制标签

在 Struts2 框架中，流程控制标签主要有 if 标签、iterator 标签、merge 标签、append 标签和 generator 标签。

1. if 标签

if 标签是一种基本的条件流程控制标签，主要针对一种逻辑多种条件进行处理，即"如果满足某条件，则进行处理，否则执行另一种处理"。Struts2 框架的 if 标签可以单独使用，也可以与 elseif 标签或 else 标签一起使用。

if 标签的使用格式如下：

```
<s:if test="表达式(布尔值)">
输出值
</s:if>
<s:elseif test="表达式(布尔值)">
可以使用多个<s:elseif>
...
</s:elseif>
<s:else>
输出结果
</s:else>
```

<s:if>标签和<s:elseif>标签都有一个名为 test 的属性，用于设置标签的判断条件。test 属性的值是布尔类型的条件表达式。

【例 15.4】 使用 if 标签显示用户选择的内容。

步骤 1：用户根据下拉列表中的内容选择今天是星期几（源代码\ch15\label\WebRoot\if.jsp）。

```jsp
<%@ page language="java" import="java.util.*" pageEncoding="UTF-8"%>
<!DOCTYPE HTML PUBLIC "-//W3C//DTD HTML 4.01 Transitional//EN">
<html>
  <head>
    <title>if 标签的使用</title>
  </head>
  <body>
        今天星期几?
      <form action="ifAction.action" method="post">
       <select name="week">
          <option value=星期一>星期一</option>
          <option value="星期二">星期二</option>
          <option value="星期三">星期三</option>
          <option value="星期四">星期四</option>
          <option value="星期五">星期五</option>
          <option value="星期六">星期六</option>
          <option value="星期日">星期日</option>
       </select>
       <input type="submit" value="提交"/>
      </form>
  </body>
</html>
```

步骤 2：创建继承 ActionSupport 的类（源代码\ch15\label\src\action\IfAction.java）。

```java
package action;
import java.util.Map;
import com.opensymphony.xwork2.ActionContext;
import com.opensymphony.xwork2.ActionSupport;
public class IfAction extends ActionSupport{
    private String week;
    public String getWeek(){
        return week;
    }
    public void setWeek(String week){
        this.week=week;
    }
}
```

在上述代码中创建继承 ActionSupport 的类，定义私有成员变量 week，以及它的 getter 和 setter 方法。

步骤 3：在配置文件中配置 Action 对象请求与 URL 的映射（源代码\ch15\label\WebRoot\showif.jsp）。

```xml
<?xml version="1.0" encoding="UTF-8"?>
<!DOCTYPE struts PUBLIC "-//Apache Software Foundation//DTD Struts Configuration 2.1//
    EN" "http://struts.apache.org/dtds/struts-2.1.dtd">
<struts>
    <package name="default" namespace="/" extends="struts-default">
        <action name="ifAction" class="action.IfAction">
            <result>showif.jsp</result>
        </action>
    </package>
</struts>
```

在上述代码中通过<action>标签配置 Action 对象与 URL 的映射地址，并在 showif.jsp 页面中显示用户的选择信息。

步骤 4：在 JSP 页面中通过 Struts 框架提供的 if 标签显示用户选择的内容（源代码\ch15\label\WebRoot\showif.jsp）。

```jsp
<%@ page language="java" import="java.util.*" pageEncoding="UTF-8"%>
<!-- 引入 Struts 标签库 -->
<%@ taglib uri="/struts-tags" prefix="s"%>
<!DOCTYPE HTML PUBLIC "-//W3C//DTD HTML 4.01 Transitional//EN">
<html>
  <head>
    <title>if 标签的使用</title>
  </head>
  <body>
     今天是：
    <s:if test="week=='星期一'">
        星期一
    </s:if>
    <s:elseif test="week=='星期二'">
        星期二
    </s:elseif>
    <s:elseif test="week=='星期三'">
        星期三
    </s:elseif>
    <s:elseif test="week=='星期四'">
        星期四
    </s:elseif>
    <s:elseif test="week=='星期五'">
        星期五
    </s:elseif>
    <s:elseif test="week=='星期六'">
        星期六
    </s:elseif>
    <s:else>
        星期日
    </s:else>
  </body>
</html>
```

在上述代码中，通过 Struts 框架提供的 if 标签判断用户在下拉列表中选择的值，并在当前页面显示。

部署 Web 项目 label，启动 Tomcat。在浏览器的地址栏中输入"http://127.0.0.1:8888/label/if.jsp"，运行结果如图 15-14 所示。这里选择星期四，单击"提交"按钮，显示的效果如图 15-15 所示。

图 15-14 选择信息

图 15-15 if 标签显示的信息

2. iterator 标签

iterator 标签是一个迭代数据标签，该标签根据循环条件遍历数组或集合中的数据。在迭代一个 iterator 时可以使用<s:sort>标签对结果进行排序，或者使用<s:subset>标签来获取集合或数组的子集。iterator 标签包含的属性如表 15-2 所示。

表 15-2 iterator 标签的属性

类 型	属 性 名	说 明
String	var	一个普通的字符串
String	value	指迭代集合或数组对象
Integer	begin	开始遍历的索引
Integer	end	遍历的结束索引
Integer	step	遍历的步长
String	status	迭代过程中的状态
Integer	count	已经遍历的集合元素的个数
Integer	index	当前遍历元素的索引值
Integer	odd	是否奇数行
Integer	even	是否偶数行
Integer	first	是否为第一行
Integer	last	是否为最后一行

☆大牛提醒☆

若 var 存在，每次遍历的对象是 value，而 var 是 key 值存入 ContextMap 中；若 var 不存在，将每次遍历的对象存入栈顶，在下次遍历前从栈顶移出。

【例 15.5】iterator 标签的使用。

步骤 1：创建继承 ActionSupport 的类（源代码\ch15\label\src\action\IteratorAction.java）。

```
package action;
import java.util.ArrayList;
import com.opensymphony.xwork2.ActionSupport;
public class IteratorAction extends ActionSupport{
    private ArrayList<String> list;
    public ArrayList<String> getList(){
        return list;
    }
    public void setList(ArrayList<String> list){
        this.list=list;
    }
    @Override
```

```java
    public String execute()throws Exception {
        list=new ArrayList<String>();
        list.add("Apple");
        list.add("Banana");
        list.add("Pear");
        list.add("Peach");
        return "success";
    }
}
```

在上述代码中创建继承 ActionSupport 的类，在该类中定义私有的 ArrayList 类型的变量 list，并设置它的 setter 和 getter 方法。在 execute()方法中创建变量 list 的对象并对该变量赋值。

步骤 2：在配置文件中添加 Action 对象的配置代码，代码如下（源代码\ch15\label\src\action\IteratorAction.java）。

```xml
<action name="iteratorAction" class="action.IteratorAction">
    <result>iterator.jsp</result>
</action>
```

在上述代码中将 Action 对象的配置代码添加到 struts.xml 文件的<package>标签中。

步骤 3：创建使用标签显示迭代数据的页面（源代码\ch15\label\WebRoot\iterator.jsp）。

```jsp
<%@ page language="java" import="java.util.*" pageEncoding="UTF-8"%>
<!-- 引入 Struts 标签库 -->
<%@ taglib uri="/struts-tags" prefix="s"%>
<!DOCTYPE HTML PUBLIC "-//W3C//DTD HTML 4.01 Transitional//EN">
<html>
  <head>
    <title>iterator 标签的使用</title>
  </head>

  <body>
    水果列表如下：<br>
    <s:iterator value="list">
        <s:property/><br>
    </s:iterator>
  </body>
</html>
```

在上述代码中，使用<s:iterator>标签迭代集合 ArrayList 中的数据，它的 value 属性指定集合的名称，通过<s:property>标签输出迭代器的当前值。

部署 Web 项目，启动 Tomcat 服务器。在浏览器的地址栏中输入 Action 对象的地址 "http://127.0.0.1:8888/label/iteratorAction.action"，运行结果如图 15-16 所示。

图 15-16 <s:iterator>标签

15.4.3 表单应用标签

在 Struts2 框架中提供了一系列的表单应用标签，它们主要用于生成表单以及表单中的元素，可以与 Struts2 API 进行交互。Struts2 提供的常用表单应用标签主要有 form 标签、submit 标签、password 标签、radio 标签、checkboxlist 标签、textarea 标签和 select 标签等。

1. form 标签

from 标签主要用于生成一个 form 表单，相当于 HTML 标记语言中的"<form>"标记。

2. submit 标签

submit 标签主要用于生成一个 HTML 中的提交按钮，相当于 HTML 标记语言中的"<input type="submit">"代码。

3. password 标签

password 标签主要用于生成一个 HTML 中的密码框，相当于 HTML 标记语言中的"<input type="password">"代码。

4. radio 标签

radio 标签主要用于生成一个 HTML 中的单选按钮，相当于 HTML 标记语言中的"<input type="radio">"代码。

5. checkboxlist 标签

checkboxlist 标签主要用于生成一个或多个 HTML 中的选择框，相当于 HTML 标记语言中的"<input type="checkboxlist">"代码。

6. textarea 标签

textarea 标签主要用于输出一个 HTML 中的多行文本输入框，相当于 HTML 中的"<textarea/>"代码。

7. select 标签

select 标签主要用于输出一个 HTML 中的下拉列表，相当于 HTML 中的"<select><option>下拉列表项</option></select>"代码。

【例 15.6】Struts2 框架中表单标签的使用。

步骤 1：使用标签创建用户注册页面（源代码\ch15\label\WebRoot\form.jsp）。

```jsp
<%@ page language="java" import="java.util.*" pageEncoding="UTF-8"%>
<!-- 引入 Struts 标签库  -->
<%@ taglib uri="/struts-tags" prefix="s"%>
<!DOCTYPE HTML PUBLIC "-//W3C//DTD HTML 4.01 Transitional//EN">
<html>
<head>
<title>注册用户</title>
</head>
<body>
    <s:form action="formAction" namespace="/">
        <s:textfield name="user.username" label="用户名"></s:textfield>
        <s:password name="user.password" label="密码"></s:password>
        <s:radio label="性别" name="user.sex" list="{'男','女'}"></s:radio>
        <s:select label="学历" name="user.edu" list="{'大专','本科','硕士','博士'}" />
        <s:checkboxlist name="user.interest" list="{'足球','篮球','排球','游泳'}" label="兴趣" />
        <s:textarea label="简介" cols="19" rows="3" name="user.introduce"></s:textarea>
        <s:submit value="注册" align="left"></s:submit>
    </s:form>
</body>
</html>
```

步骤2：创建用户注册信息的JavaBean类（源代码\ch15\label\src\bean\User.java）。

```java
package bean;
public class User {
    private String username;
    private String password;
    private String sex;
    private String edu;
    private String interest;
    private String introduce;
    public String getUsername(){
        return username;
    }
    public void setUsername(String username){
        this.username=username;
    }
    public String getPassword(){
        return password;
    }
    public void setPassword(String password){
        this.password=password;
    }
    public String getSex(){
        return sex;
    }
    public void setSex(String sex){
        this.sex=sex;
    }
    public String getEdu(){
        return edu;
    }
    public void setEdu(String edu){
        this.edu=edu;
    }
    public String getInterest(){
        return interest;
    }
    public void setInterest(String interest){
        this.interest=interest;
    }
    public String getIntroduce(){
        return introduce;
    }
    public void setIntroduce(String introduce){
        this.introduce=introduce;
    }
    public User(String username, String password, String sex, String edu, String interest, String introduce){
        super();
        this.username=username;
        this.password=password;
        this.sex=sex;
        this.edu=edu;
        this.interest=interest;
        this.introduce=introduce;
    }
    public User(){
        super();
    }
}
```

在上述代码中创建用户注册信息的类，该类中包含用户的注册信息，有用户名、密码、性别、学历、兴趣和简介，并定义它们的 setter 和 getter 方法，以及带有参数和无参数的类的构造方法。

步骤 3：创建处理注册请求的 Action 类（源代码\ch15\label\src\action\FormAction.java）。

```java
package action;
import java.util.Map;
import com.opensymphony.xwork2.ActionContext;
import com.opensymphony.xwork2.ActionSupport;
import bean.User;
public class FormAction extends ActionSupport{
    private User user;
    public User getUser(){
        return user;
    }
    public void setUser(User user){
        this.user=user;
    }
    private Map session;
    @Override
    public String execute()throws Exception {
        session=ActionContext.getContext().getSession();
        //将用户注册信息作为一个 User 对象
        session.put("user", user);
        return "success";
    }
}
```

在上述代码中，该类继承 ActionSupport，定义类的私有成员变量 session 和 user，并设置它们的 setter 和 getter 方法。重写类的 execute()方法，在该方法中创建 session 对象，并将 user 变量获取的用户注册信息通过 session 保存。

步骤 4：在配置文件 struts.xml 中添加 Action 对象的 URL 映射信息，部分代码如下（源代码\ch15\label\src\struts.xml）。

```xml
<action name="formAction" class="action.FormAction">
    <result>regit.jsp</result>
</action>
```

在上述代码中，在<package>节点下添加 Action 对象的 URL 映射关系。通过<action>节点的 name 属性指定 Action 对象的 URL，class 属性指定 Action 类的路径，即包含包名和类名。通过<result>标签指定 Action 对象处理后的结果处理页面。

步骤 5：在配置文件 web.xml 中添加 JSP 的过滤器，部分代码如下（源代码\ch15\label\WebRoot\WEB-INF\web.xml）。

```xml
<!--添加 JSP 的过滤器 -->
  <filter-mapping>
    <filter-name>struts2</filter-name>
    <url-pattern>*.jsp</url-pattern>
</filter-mapping>
```

在本例中使用<filter-mapping>标签添加 JSP 的过滤器。<filter-name>指定过滤器的名称是 struts2，<url-pattern>指定要过滤文件是后缀为.jsp 的所有文件。

部署 Web 项目，启动 Tomcat 服务器。在浏览器的地址栏中输入"http://127.0.0.1:8888/label/form.jsp"，然后输入注册信息，运行结果如图 15-17 所示。单击"注册"按钮，显示注册信息页面，如图 15-18 所示。

图 15-17 注册信息

图 15-18 信息显示

15.5 OGNL 表达式语言

OGNL（Object-Graph Navigation Language，对象图导航语言）是一种强大的表达式语言，用于引用和操作值栈上的数据，以及用于数据传输和类型转换。

15.5.1 Struts2 OGNL 表达式

在 Struts 框架中，OGNL 是默认的表达式语言，它支持获取属性和方法、访问静态属性与方法、操作数组和集合等。OGNL 表达式语言的核心对象是 OGNL 上下文，它相当于一个 MAP 容器，实现了 java.utils.Map 接口。在 OGNL 上下文中可以存放多个对象，在访问对象时要使用 "#" 符号。

在 Struts2 框架中，OGNL 上下文作用于 ActionContext 对象，ActionContext 对象是 Struts2 框架中的一个核心对象。ActionContext 的结构如图 15-19 所示。

值栈有后进先出的特性，在 ActionContext 中包含多个对象，而值栈（ValueStack）是 OGNL 上下文的根。如果要访问根对象（即 ValueStack）中对象的属性，则可以省略#命名空间，直接访问该对象的属性即可。

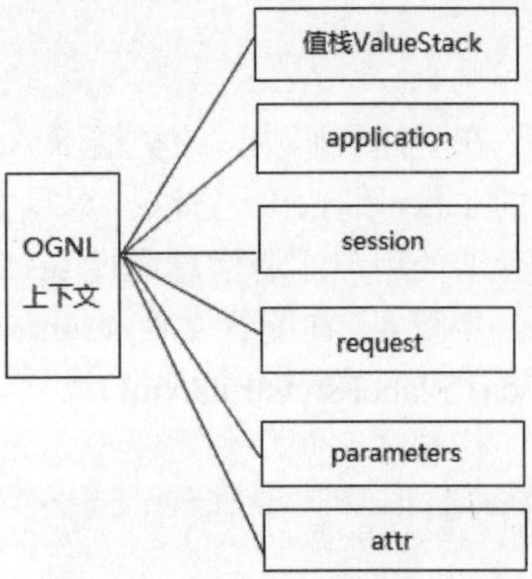

15.5.2 获取 ActionContext 对象信息

图 15-19 ActionContext 结构图

当 Struts2 接受一个 Action 请求时，会迅速创建 ActionContext、ValueStack 和 Action，然后将 Action 放入 ValueStack，因此 Action 的实例变量可以被 OGNL 访问。由于 OGNL 作用于 ActionContext 对象，所以通过 OGNL 表达式可以获取 ActionContext 中的所有对象信息。

1. 获取值栈中的对象

由于 OGNL 上下文中的根可以直接获取，而值栈又是 Struts2 框架的根对象，所以可以直接访问值栈中对象的信息。获取对象信息的代码如下：

```
${对象.属性名}
```

注意：如果访问一个对象的属性，在 OGNL 中一般通过 "." 号来指定属性名。

2. 获取 application 中的对象

由于 ActionContext 对象中包含的 application 对象不是 OGNL 上下文的根对象，所以在访问 ServletContext 时需要添加 "#" 前缀。其获取对象信息的代码如下：

```
#application.属性名
```
或者
```
#application["姓名"]
```
上述代码的功能相当于调用了 "application.getAttribute("属性名");"。

3. 获取 session 中的对象

由于 ActionContext 对象中包含的 session 对象不是 OGNL 上下文的根对象，所以在访问 HttpSession 时需要添加 "#" 前缀。其获取对象信息的代码如下：
```
#session.属性名
```
或者
```
session["属性名"]
```
上述代码的功能相当于调用了 "session.getAttribute("属性名");"。

4. 获取 request 中的对象

由于 ActionContext 对象中包含的 request 对象不是 OGNL 上下文的根对象，所以在访问 HttpServletRequest 属性的 Map 时需要添加 "#" 前缀。其获取对象信息的代码如下：
```
#request.属性名
```
或者
```
request["属性名"]
```
上述代码的功能相当于调用了 "request.getAttribute("属性名");"。

5. 获取 parameters 中的对象

由于 ActionContext 对象中包含的 parameters 对象不是 OGNL 上下文的根对象，所以在访问 HTTP 的请求参数时需要添加 "#" 前缀。其获取对象信息的代码如下：
```
#parameters.属性名
```
或者
```
parameters["属性名"]
```
上述代码的功能相当于调用了 "request.getParameter("属性名");"。

6. 获取 attr 中的对象

如果没有指定访问的范围，可以使用 attr 来获取属性的值。获取属性的值要按照 page→request→session→application 的顺序进行搜索。其获取对象信息的代码如下：
```
#attr.属性名
```
或者
```
attr["性名"]
```

注意：在 Struts2 框架中，OGNL 表达式需要配合 Struts 标签才可以使用。

【例 15.7】使用 OGNL 获取 ActionContext 中对象的信息。

步骤 1：创建用户输入信息的页面（源代码\ch15\ognl\WebRoot\index.jsp）。

```jsp
<%@ page language="java" import="java.util.*" pageEncoding="UTF-8"%>
<%@ taglib uri="/struts-tags" prefix="s"%>
<!DOCTYPE HTML PUBLIC "-//W3C//DTD HTML 4.01 Transitional//EN">
<html>
<head>
<title>OGNL 使用</title>
</head>
```

```html
<body>
    <s:form action="ognlAction" namespace="/">
        <s:textfield name="message" label="输入信息" />
        <s:submit value="提交" align="left"/>
    </s:form>
</body>
</html>
```

步骤 2：创建继承 ActionSupport 的类（源代码\ch15\ognl\src\action\OgnlAction.java）。

```java
package action;
import java.util.*;
import com.opensymphony.xwork2.util.ValueStack;
import com.opensymphony.xwork2.ActionContext;
import com.opensymphony.xwork2.ActionSupport;
public class OgnlAction extends ActionSupport {
    private String message;
    public String getMessage(){
        return message;
    }
    public void setMessage(String message){
        this.message=message;
    }
    public String execute()throws Exception {
        //创建值栈,OGNL 的根对象
        ValueStack stack=ActionContext.getContext().getValueStack();
        //创建 Map 容器
        Map<String, Object> map=new HashMap<String, Object>();
        //向值栈中添加数据
        map.put("str1", new String("Map 中第一个数据"));
        map.put("str2", new String("Map 中第二个数据"));
        //将 Map 容器放入值栈
        stack.push(map);
        //application 对象中的数据
        Map<String,Object> application=(Map<String,Object>)ActionContext.getContext().getApplication();
        application.put("appli","application 中属性值");
        //session 对象中的数据
        Map<String,Object> session=(Map<String,Object>)ActionContext.getContext().getSession();
        session.put("sess","session 中属性值");
        //request 对象中的数据
        Map<String,Object> request=(Map<String,Object>)ActionContext.getContext().get("request");
        request.put("req","request 中属性值");
        System.out.println("值栈大小: " + stack.size());
        return "success";
    }
}
```

步骤 3：显示 ActionContext 对象中的信息（源代码\ch15\ognl\WebRoot\show.jsp）。

```jsp
<%@ page language="java" import="java.util.*" pageEncoding="UTF-8"%>
<%@ taglib uri="/struts-tags" prefix="s"%>
<!DOCTYPE HTML PUBLIC "-//W3C//DTD HTML 4.01 Transitional//EN">
<html>
  <head>
    <title>OGNL 使用</title>
  </head>
  
  <body>
     ActionContext 信息:<br/>
```

```
    message=<s:property value="message"/><br/>
    str1=<s:property value="str1"/><br/>
    str2=<s:property value="str2"/><br/>
    appli=<s:property value="#application.appli"/><br/>
    sess=<s:property value="#session['sess']"/><br/>
    req=<s:property value="#request.req"/><br/>
  </body>
</html>
```

步骤 4：在配置文件 struts.xml 中添加 Action 的配置信息。

```
<?xml version="1.0" encoding="UTF-8" ?>
<!DOCTYPE struts PUBLIC "-//Apache Software Foundation//DTD Struts Configuration 2.1
//EN" "http://struts.apache.org/dtds/struts-2.1.dtd">
<struts>
    <package name="default" namespace="/" extends="struts-default">
        <action name="ognlAction" class="action.OgnlAction">
            <result>show.jsp</result>
        </action>
    </package>
</struts>
```

步骤 5：在配置文件 web.xml 中添加 JSP 页面的过滤器，部分代码如下。

```
<!--添加 JSP 的过滤器 -->
    <filter-mapping>
        <filter-name>struts2</filter-name>
        <url-pattern>*.jsp</url-pattern>
    </filter-mapping>
```

部署 Web 项目，启动 Tomcat。在浏览器的地址栏中输入"http://127.0.0.1:8888/ognl/index.jsp"，然后输入信息，运行结果如图 15-20 所示。单击"提交"按钮，显示的信息如图 15-21 所示。

图 15-20　值栈信息

图 15-21　ActionContext 信息

15.5.3　获取属性与方法

在 Struts2 框架中可以使用 OGNL 表达式语言获取属性与方法，获取属性的方法主要有两种，它们的语法格式如下：

对象.属性名

或者

对象[属性名]

OGNL 不仅支持属性的获取，同样也支持方法的调用。其语法格式如下：

对象.方法名()

【例 15.8】获取属性与方法。

步骤 1：创建 Person 类（源代码\ch15\ognl\src\bean\Person.java）。

```
package bean;
public class Person {
    private String name;
```

```
    private int age;
    public String getName(){
        return name;
    }
    public void setName(String name){
        this.name=name;
    }
    public int getAge(){
        return age;
    }
    public void setAge(int age){
        this.age=age;
    }
    public String show(){
        return "类的方法";
    }
}
```

步骤 2:创建输入用户信息的页面(源代码\ch15\ognl\WebRoot\attribute.jsp)。

```jsp
<%@ page language="java" import="java.util.*" pageEncoding="UTF-8"%>
<!DOCTYPE HTML PUBLIC "-//W3C//DTD HTML 4.01 Transitional//EN">
<html>
  <head>
    <title>输入信息</title>
  </head>
  
  <body>
    <form action="attribute.action" method="post">
        姓名:<input type="text" name="person.name"/><br/>
        年龄:<input type="text" name="person.age"/><br/>
        <input type="submit" value="提交"/><br/>
    </form>
  </body>
</html>
```

步骤 3:创建处理用户请求的 Action 类(源代码\ch15\ognl\src\action\AttributeAction.java)。

```java
package action;
import com.opensymphony.xwork2.ActionSupport;
import bean.Person;
public class AttributeAction extends ActionSupport{
    private Person person;
    public Person getPerson(){
        return person;
    }
    public void setPerson(Person person){
        this.person=person;
    }
}
```

步骤 4:在配置文件 struts.xml 中添加如下代码(源代码\ch15\ognl\src\struts.xml)。

```xml
<action name="attribute" class="action.AttributeAction">
    <result>showAttribute.jsp</result>
</action>
```

步骤 5:创建显示属性和方法的页面(源代码\ch15\ognl\WebRoot\showAttribute.jsp)。

```jsp
<%@ page language="java" import="java.util.*" pageEncoding="UTF-8"%>
<%@ taglib uri="/struts-tags" prefix="s" %>
<!DOCTYPE HTML PUBLIC "-//W3C//DTD HTML 4.01 Transitional//EN">
<html>
  <head>
```

```
    <title>访问属性与方法</title>
  </head>
  <body>
    姓名：<s:property value="person.name"/><br>
    年龄：<s:property value="person.age"/><br>
    方法：<s:property value="person.show()"/>
  </body>
</html>
```

部署 Web 项目，启动 Tomcat。在浏览器的地址栏中输入"http://127.0.0.1:8888/ognl/attribute.jsp"，然后输入信息，运行结果如图 15-22 所示。单击"提交"按钮后显示用户信息页面，如图 15-23 所示。

图 15-22　输入信息页面

图 15-23　获取属性与方法

15.5.4　访问静态属性与方法

在 Struts2 框架中，使用 OGNL 表达式同样支持访问静态方法和静态属性，需要使用符号"@"进行标注，访问静态属性的语法格式如下：

```
@包名.类名@属性名
```

访问静态方法的语法格式如下：

```
@包名.类名@方法名()
```

在 Struts2 框架中提供了一个常量"struts.ognl.allowStaticMethodAccess"，用于设置是否允许 OGNL 调用静态方法，该常量的默认值是 false，即默认情况下不允许 OGNL 调用静态方法。如果需要调用静态方法，则必须在配置文件 struts.xml 中加入以下代码：

```
<constant name="struts.ognl.allowStaticMethodAccess" value="true"/>
```

【例 15.9】访问静态属性与静态方法。

步骤 1：在 ognl 项目的 Person 类中添加静态属性和静态方法的代码（源代码\ch15\ognl\src\bean\Person.java）。

```
package bean;
public class Person {
    public static String MESSAGE="sataic 属性";
    private String name;
    private int age;
    public String getName(){
        return name;
    }
    public void setName(String name){
        this.name=name;
    }
    public int getAge(){
        return age;
    }
    public void setAge(int age){
        this.age=age;
```

```
    }
    public String show(){
        return "类的方法";
    }
    public static String staticMethod(){
        return "sataic方法";
    }
}
```

步骤2：在 ognl 项目的 showAttribute.jsp 页面中添加访问静态属性和方法的代码（源代码 \ch15\ognl\WebRoot\showAttribute.jsp）。

```
<%@ page language="java" import="java.util.*" pageEncoding="UTF-8"%>
<%@ taglib uri="/struts-tags" prefix="s" %>
<!DOCTYPE HTML PUBLIC "-//W3C//DTD HTML 4.01 Transitional//EN">
<html>
  <head>
    <title>访问属性与方法</title>
  </head>
  <body>
    姓名：<s:property value="person.name"/><br>
    年龄：<s:property value="person.age"/><br>
    方法：<s:property value="person.show()"/><br>
    静态属性：<s:property value="@bean.Person@MESSAGE"/><br>
    静态方法：<s:property value="@bean.Person@staticMethod()"/><br>
  </body>
</html>
```

步骤3：由于要访问静态方法，所以需要在配置文件 struts.xml 中添加以下代码。

```
<constant name="struts.ognl.allowStaticMethodAccess" value="true"/>
```

部署 Web 项目，启动 Tomcat。在浏览器的地址栏中输入"http://127.0.0.1:8888/ognl/attribute.jsp"，输入用户信息后单击"提交"按钮，显示信息如图 15-24 所示。

图 15-24　静态属性与静态方法

15.5.5　访问数组和集合

在 Struts2 框架中，使用 OGNL 表达式不仅可以访问属性与方法，还可以访问数组与集合中的数据。

1. 数组

使用 OGNL 表达式访问数组中的元素与在 Java 语言中访问数组元素的方法类似，即通过下标访问。使用 OGNL 表达式访问数组的语法格式如下：

```
数组名[下标]
```

使用 OGNL 不仅可以访问数组中的元素，还可以获取数组的长度，其语法格式如下：

```
数组名.length
```

2. 集合

使用 OGNL 表达式同样可以访问集合中的数据。由于不同集合的存储结构不同，所以不同集合的访问方式也存在差异。

1）List 集合

List 集合是一个有序集合，在使用 OGNL 访问该集合时可以通过下标值进行访问，其语法格式如下：

```
list[下标]
```

list 为 List 类型的集合名。

2）Set 集合

Set 集合是一个无序集合，对象在该集合中的存储方式是无序的，因此不能通过下标值的方式访问该集合中的数据。

3）Map 集合

Map 集合中的数据是以 key、value 的方式进行存储的。使用 OGNL 访问 Map 集合一般通过获取 key 值来访问 value，其语法格式如下：

```
map.key
```

或者

```
map.['key']
```

map 为 Map 类型的集合名。

由于 Map 对象是包含 key 与 value 的集合，所以 OGNL 表达式提供了获取 Map 集合中所有 key 与 value 的方法，从而返回 key 与 value 的数组。获取方法如下：

```
map.keys          //获取 Map 集合中的所有 key
map.values        //获取 Map 集合中的所有 value
```

在 OGNL 中提供了两个通用的方法，用于判断集合中的元素是否为空和获取集合的长度，方法的使用语法如下：

```
集合名.isEmpty    //判断集合元素是否为空
集合名.size()     //获取集合的长度
```

【例 15.10】使用 OGNL 访问集合和数组。

步骤 1：创建继承 ActionSupport 的类（源代码\ch15\ognl\src\action\MapAction.java）。

```java
package action;
import java.util.ArrayList;
import java.util.HashMap;
import java.util.Map;
import com.opensymphony.xwork2.ActionSupport;
public class MapAction extends ActionSupport{
    private String[] array;
    private Map<String, Object> map;
    private ArrayList<String> list;

    public String[] getArray(){
        return array;
    }

    public void setArray(String[] array){
        this.array=array;
    }
```

```
    public Map<String, Object> getMap(){
        return map;
    }

    public void setMap(Map<String, Object> map){
        this.map=map;
    }

    public ArrayList<String> getList(){
        return list;
    }

    public void setList(ArrayList<String> list){
        this.list=list;
    }

    @Override
    public String execute()throws Exception {
        array=new String[3];
        array[0]="星期一";
        array[1]="星期二";
        array[2]="星期三";
        map=new HashMap<String, Object>();
        map.put("1", "赤");
        map.put("2", "橙");
        map.put("3", "黄");
        map.put("4", "绿");
        map.put("5", "青");
        map.put("6", "蓝");
        map.put("7", "紫");
        list=new ArrayList<String>();
        list.add("苹果");
        list.add("香蕉");
        list.add("橘子");
        return "success";
    }
}
```

步骤2：使用OGNL访问数组和集合中的数据，并显示（源代码\ch15\ognl\WebRoot\showMap.jsp）。

```
<%@ page language="java" import="java.util.*" pageEncoding="UTF-8"%>
<%@ taglib uri="/struts-tags" prefix="s" %>
<!DOCTYPE HTML PUBLIC "-//W3C//DTD HTML 4.01 Transitional//EN">
<html>
  <head>
    <title>访问数组和集合</title>
  </head>
  <body>
    数组的值：<br/>
    array[0]=<s:property value="array[0]"/><br/>
    array[1]=<s:property value="array[1]"/><br/>
    array[2]=<s:property value="array[2]"/><br/>
    Map集合的值：<br/>
    <s:property value="map['1']"/><br/>
    <s:property value="map['2']"/><br/>
    <s:property value="map['3']"/><br/>
    <s:property value="map['4']"/><br/>
    <s:property value="map['5']"/><br/>
    <s:property value="map['6']"/><br/>
    <s:property value="map['7']"/><br/>
    Map集合所有key值：
```

```
            <s:property value="map.keys"/><br/>
        Map 集合所有 value 值:
            <s:property value="map.values"/><br/>
        ArrayList 集合的值: <br/>
            <s:property value="list[0]"/><br/>
            <s:property value="list[1]"/><br/>
            <s:property value="list[2]"/><br/>
    </body>
</html>
```

步骤 3：在配置文件 struts.xml 中添加 Action 映射 URL（源代码\ch15\ognl\src\struts.xml）。

```
<action name="mapAction" class="action.MapAction">
    <result>showMap.jsp</result>
</action>
```

部署 Web 项目 ognl，启动 Tomcat 服务器。在浏览器的地址栏中输入"http://127.0.0.1:8888/ognl/mapAction.action"，运行结果如图 15-25 所示。

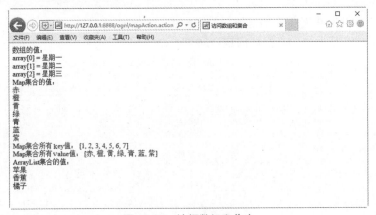

图 15-25　访问数组和集合

15.5.6　过滤与投影

在 Struts2 框架中，OGNL 表达式还可以对集合进行过滤与投影操作。如果将集合中的数据想象成数据库的表中的数据，那么过滤与投影就是对数据库中表的行和列进行的操作。

1. 过滤

过滤也称为选择，指将满足 OGNL 表达式的结果选择出来构成一个新的集合。过滤的语法格式如下：

```
collection.{? expression}        //符合表达式的所有结果
```

或者

```
collection.{^expression}         //符合表达式的第一个结果
```

或者

```
collection.{$expression}         //符合表达式的最后一个结果
```

其主要参数介绍如下。

（1）collection：集合名称。

（2）expression：OGNL 表达式。

OGNL 中的操作符号及说明如表 15-3 所示。

表 15-3　OGNL 中的操作符号及说明

符　号	说　明
?	选取与逻辑表达式匹配的所有结果
^	选取与逻辑表达式匹配的第一个结果
$	选择与逻辑表达式匹配的最后一个结果

2. 投影

投影就是从数据库的表中选取某一列构成一个新的集合。投影的语法格式如下：

```
collection.{expression}
```

其主要参数介绍如下。

（1）collection：集合名称。

（2）expression：OGNL 表达式。

【例 15.11】OGNL 中对集合的过滤与投影操作。

（1）集合对象在值栈中：直接访问集合对象。

步骤 1：创建继承 ActionSupport 的 Action 类（源代码\ch15\ognl\src\action\FilterAction.java）。

```java
package action;
import java.util.ArrayList;
import com.opensymphony.xwork2.ActionContext;
import com.opensymphony.xwork2.ActionSupport;
import com.opensymphony.xwork2.util.ValueStack;
import bean.Person;
public class FilterAction extends ActionSupport{
    private ArrayList<Person> list;
    public ArrayList<Person> getList(){
        return list;
    }
    public void setList(ArrayList<Person> list){
        this.list=list;
    }
    @Override
    public String execute()throws Exception {
        list=new ArrayList<Person>();
        list.add(new Person("Andy",12));
        list.add(new Person("Ben",20));
        list.add(new Person("David",25));
        list.add(new Person("Dylan",28));
        list.add(new Person("Frank",8));
        list.add(new Person("Harry",18));
        list.add(new Person("Jim",22));
        return "success";
    }
}
```

步骤 2：创建显示 Action 处理结果的页面（源代码\ch15\ognl\WebRoot\showFilter.jsp）。

```jsp
<%@ page language="java" import="java.util.*" pageEncoding="UTF-8"%>
<%@ taglib uri="/struts-tags" prefix="s" %>
<!DOCTYPE HTML PUBLIC "-//W3C//DTD HTML 4.01 Transitional//EN">
<html>
  <head>
    <title>投影与过滤</title>
  </head>
  <body>
```

```html
        --- 投影---<br>
        姓名：<s:property value="list.{name}"/><br>
        年龄：<s:property value="list.{age}"/><br>
        --- 过滤---<br>
        age 小于 20 的所有结果：<s:property value="list.{?#this.age<20}"/><br>
        age 小于 20 的第一个结果：<s:property value="list.{^#this.age<20}"/><br>
        age 小于 20 的最后一个结果：<s:property value="list.{$#this.age<20}"/><br>
    </body>
</html>
```

步骤 3：在 Person 类中添加如下代码（源代码\ch15\ognl\src\bean\Person.java）。

```java
public Person(String name, int age){
    super();
    this.name=name;
    this.age=age;
}
@Override
public String toString(){
    return name+":"+age;
}
```

步骤 4：在配置文件 struts.xml 中配置 Action 的映射信息（源代码\ch15\ognl\src\struts.xml）。

```xml
<action name="filterAction" class="action.FilterAction">
    <result>showFilter.jsp</result>
</action>
```

部署 Web 项目 ognl，启动 Tomcat 服务器。在浏览器的地址栏中输入"http://127.0.0.1:8888/ognl/filterAction.action"，运行结果如图 15-26 所示。

（2）集合对象不在值栈中：需要使用"#"获取集合对象。

步骤 1：创建继承 ActionSupport 的类（源代码\ch15\ognl\src\action\FilterAction2.java）。

```java
package action;
import java.util.ArrayList;
import java.util.Map;
import com.opensymphony.xwork2.ActionContext;
import com.opensymphony.xwork2.ActionSupport;
import com.opensymphony.xwork2.util.ValueStack;
import bean.Person;

public class FilterAction2 extends ActionSupport{
    @Override
    public String execute()throws Exception {
        ArrayList<Person> list=new ArrayList<Person>();
        list.add(new Person("Andy",12));
        list.add(new Person("Ben",20));
        list.add(new Person("David",25));
        list.add(new Person("Dylan",28));
        list.add(new Person("Frank",8));
        list.add(new Person("Harry",18));
        list.add(new Person("Jim",22));
        Map<String, Object> session=ActionContext.getContext().getSession();
        session.put("list", list);
        return "success";
    }
}
```

步骤 2：创建显示 Action 处理结果的页面（源代码\ch15\ognl\WebRoot\showFilter2.jsp）。

```jsp
<%@ page language="java" import="java.util.*" pageEncoding="UTF-8"%>
<%@ taglib uri="/struts-tags" prefix="s" %>
```

```
<!DOCTYPE HTML PUBLIC "-//W3C//DTD HTML 4.01 Transitional//EN">
<html>
  <head>
    <title>投影与过滤</title>
  </head>
  <body>
    --- 投影---<br>
     姓名：<s:property value="#session.list.{name}"/><br>
     年龄：<s:property value="#session.list.{age}"/><br>
    --- 过滤---<br>
     age 小于 20 的所有结果：<s:property value="#session.list.{?#this.age<20}"/><br>
     age 小于 20 的第一个结果：<s:property value="#session.list.{^#this.age<20}"/><br>
     age 小于 20 的最后一个结果：<s:property value="#session.list.{$#this.age<20}"/><br>
  </body>
</html>
```

步骤 3：在配置文件中添加如下代码（源代码\ch15\ognl\src\struts.xml）。

```
<action name="filterAction2" class="action.FilterAction2">
        <result>showFilter2.jsp</result>
</action>
```

部署 Web 项目 ognl，启动 Tomcat 服务器。在浏览器的地址栏中输入"http://127.0.0.1:8888/ognl/filterAction2.action"，运行结果如图 15-27 所示。

图 15-26 过滤与投影

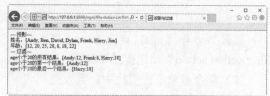

图 15-27 session 存储对象

15.6　新手疑难问题解答

问题 1：Struts1.x 与 Struts2 有什么区别？

解答：Struts2 不是 Struts1 的升级，而是继承 WebWork 的血统，它吸收了 Struts1 和 WebWork 的优势。Struts1.x 和 Struts2 都必须进行安装，只是安装的方法不同。Struts1 的入口点是一个 Servlet，而 Struts2 的入口点是一个过滤器（Filter），因此 Struts2 要按过滤器的方式配置。

问题 2：在 OGNL 上下文中，对于不是根的对象，怎样输出它们中的值？

解答：对于不是根的对象，一般需要使用"#"号来获取指定参数的值，例如用"#request.参数名"或"#request['参数名']"获取参数的值。

15.7　实战训练

实战 1：用 Struts2 框架实现文件的上传。

编写程序，创建 Web 项目 file，使用 Struts2 框架实现文件的上传。由于 Struts2 框架中包含 commons-fileupload-1.2.jar 和 commons-io-1.3.1.jar 两个 jar 包，这就为实现文件的上传提供了基础。

部署 Web 项目 file，启动 Tomcat。在浏览器的地址栏中输入"http://127.0.0.1:8888/file/"，

运行结果如图 15-28 所示。单击"浏览"按钮，选择上传文件为"文件上传.txt"，如图 15-29 所示。

图 15-28　上传页面

图 15-29　选择上传文件

单击"上传"按钮，显示结果如图 15-30 所示。选择格式为 JPG 的文件，单击"上传"按钮，显示结果如图 15-31 所示。

图 15-30　TXT 文件上传成功

图 15-31　JPG 文件上传失败

实战 2：用 Struts2 框架实现数据验证。

编写程序，创建 Web 项目 data，使用 Struts2 框架实现数据验证。在 Struts2 框架中 Action 类一般继承 ActionSupport，而 ActionSupport 又实现了 Validateable 接口，因此一般在 Action 类中重写 validate()方法进行数据验证。

部署 Web 项目 data，启动 Tomcat。在浏览器的地址栏中输入"http://127.0.0.1:8888/data/index.jsp"，运行结果如图 15-32 所示。单击"提交"按钮，将显示错误信息提示，如图 15-33 所示。

图 15-32　注册页面

图 15-33　错误信息提示

输入姓名与年龄（年龄大于 50 将出现错误提示），效果如图 15-34 所示。重新输入 50 以内的年龄，效果如图 15-35 所示。

图 15-34　年龄大于 50

图 15-35　注册成功

第 16 章

Hibernate 框架的应用

Hibernate 框架是一个基于 Java 对象/关系数据库映射的工具,它的源代码是开放的,Hibernate 可以自动生成 SQL 语句,并自动执行,使得 Java 程序员可以方便地使用对象编程的思维来操纵数据库。本章介绍 Hibernate 框架的应用。

16.1 Hibernate 概述

微视频

Hibernate 是一个采用 ORM（Object/Relation Mapping,对象关系映射）机制持久层的开源框架,它的核心思想是面向对象而非面向过程,面向对象就是通过 ORM 实现的。

16.1.1 ORM 概述

ORM 是将表与表之间的操作映射为对象与对象之间的操作,从而实现通过操作实体类来操作表的目的。从数据库中获取的数据自动按设置的映射要求封装成特定的对象,然后通过对对象进行操作来修改数据库中表的数据,在这个过程中操作的数据信息就是一个对象。

Hibernate 将数据表的字段映射到类的属性上,这样数据表的定义就对应于一个类的定义,而每一个数据行将映射成该类的一个对象。因此,Hibernate 通过数据表和实体类之间的映射关系对对象进行的修改就是对数据行的修改,而不用考虑关系型的数据库表,使得程序完全对象化,更符合面向对象思维,同时也简化了持久层的代码,使逻辑结构更清晰。

16.1.2 Hibernate 架构

Hibernate 是 ORM 的映射工具,其作为一个持久层框架,不仅体现了 ORM 的设计理念,还提供了高效的对象到关系型数据库的持久化服务。Hibernate 框架使业务逻辑的处理更加简便,程序间的业务关系更加紧密,程序的开发与维护也更加便利。Hibernate 的架构图如图 16-1 所示,该架构图显示了 Hibernate 框架,利用数据库和配置文件向应用程序提供持久化对象。

图 16-1 Hibernate 架构图

16.2 开发环境配置

在使用集成开发环境 MyEclipse 进行基于 Hibernate 的 Web 应用程序开发时,需要使用 MySQL 数据库。

16.2.1 关联数据库

在使用 MyEclipse 进行基于 Hibernate 的应用程序开发时,首先需要在 MyEclipse 中关联 MySQL 数据库,具体操作如下。

步骤 1:打开 MyEclipse,选择工具栏中的 Window→Show View→Other 菜单命令,如图 16-2 所示。

步骤 2:打开 Show View 对话框,如图 16-3 所示。

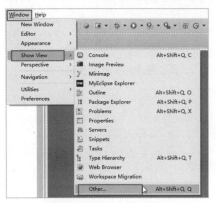

图 16-2 选择 Other 菜单命令

图 16-3 Show View 对话框

图 16-4 输入 "DB Browser"

步骤 3:在 type filter text 文本框中输入 "DB Browser",如图 16-4 所示。

步骤 4:选择 DB Browser 选项,在打开的 DB Browser 窗口中右击,选择 New 菜单命令,如图 16-5 所示。

图 16-5 DB Browser 窗口

步骤 5:打开 Database Driver 对话框,在对话框的 Driver template 下拉列表中选择 "MySQL Connector/J",在 Driver name 文本框中输入 "MySql",在 Connection URL 文本框中输入 "jdbc:mysql://localhost:3306/mydb",在 User name 文本框中输入 MySql 数据库的用户名 "root",在 Password 文本框中输入 MySQL 数据库的密码 "123456",然后单击 Add JARs 按钮,找到 MySQL 数据库的驱动 "mysql-connector-java-5.1.40-bin.jar",选择并添加,在 Driver classname 下拉列表中选择 "com.mysql.jdbc.Driver",如图 16-6 所示。

步骤6：选择 Save password 复选框，单击 Test Driver 按钮，如图 16-7 所示，测试数据库连接是否成功。若数据库连接成功，将出现如图 16-8 所示的信息提示框。

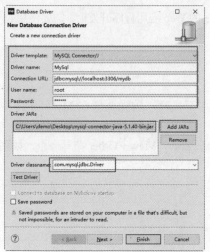

图 16-6　Database Driver 对话框

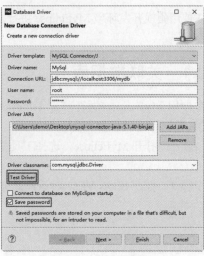

图 16-7　保存密码

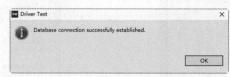

图 16-8　测试成功提示框

16.2.2　配置 Hibernate

在 MyEclipse 中创建 Web 项目，配置 Hibernate，并在项目中通过使用 Hibernate 对数据库进行操作。

步骤1：创建 Web 项目 MyHibernate，右击 Web 项目，选择 Configure Facets→Install Hibernate Facet 菜单命令，如图 16-9 所示。

步骤2：打开 Install Hibernate Facet 对话框，在 Target runtime 下拉列表中选择"Apache Tomcat v10.0"，如图 16-10 所示。

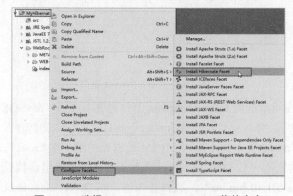

图 16-9　选择 Install Hibernate Facet 菜单命令

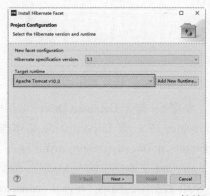

图 16-10　Install Hibernate Facet 对话框

步骤 3：单击 Next 按钮，取消勾选"Create SessionFactory class？"复选框，如图 16-11 所示。

步骤 4：单击 Next 按钮，在 DB Driver 下拉列表中选择"MySql"，有关数据库的信息将自动填充，如图 16-12 所示。

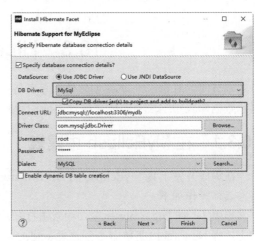

图 16-11　取消勾选　　　　　　　　图 16-12　选择 DB Driver

步骤 5：单击 Finish 按钮，Web 项目完成 Hibernate 配置。

16.2.3　Hibernate 配置文件

在 Web 项目中配置 Hibernate 后会自动生成 hibernate.cfg.xml 文件，该文件在项目的 src 目录下。hibernate.cfg.xml 配置文件的代码如下：

```xml
<?xml version='1.0' encoding='UTF-8'?>
<!DOCTYPE hibernate-configuration PUBLIC
        "-//Hibernate/Hibernate Configuration DTD 3.0//EN"
        "http://www.hibernate.org/dtd/hibernate-configuration-3.0.dtd">
<!-- 由 MyEclipse Hibernate 工具生成. -->
<hibernate-configuration>
    <session-factory>
        <property name="myeclipse.connection.profile">MySql</property>
        <property name="dialect">org.hibernate.dialect.MySQLDialect</property>
        <property name="connection.password">123456</property>
        <property name="connection.username">root</property>
        <property name="connection.url">jdbc:mysql://localhost:3306/mydb</property>
        <property name="connection.driver_class">com.mysql.jdbc.Driver</property>
    </session-factory>
</hibernate-configuration>
```

在配置文件中包含数据库的驱动、URL 地址、用户名、密码和拦截数据库使用的 SQL 方言 DENG，通过<mapping/>标签的 resource 属性指定使用 Hibernate 生成的数据库表对应的 Java 类，即持久化类。

配置文件中<property>标签的常用属性以及说明如下。

（1）connection.driver_class：连接数据库的驱动。

（2）connection.url：连接数据库的 URL 地址。

（3）connection.username：连接数据库的用户名。
（4）connection.password：连接数据库的密码。
（5）dialect：连接数据库所使用的SQL方言。

16.3　Hibernate ORM

微视频

本节使用 Hibernate 框架创建数据库表与实体类的关联，并通过相应的映射文件（*.hbm.xml）展示数据库表中字段与实体类属性之间的对应关系。

16.3.1　在 MyEclipse 中建表

在集成开发工具 MyEclipse 的 DB Browser 窗口中打开与数据库的连接 MySql，创建数据库表，具体操作如下。

步骤 1：在 DB Browser 窗口中双击打开数据库连接 MySql，在数据库 mydb 的表 TABLE 中右击选择 New Table 菜单命令创建表 student，如图 16-13 所示。

步骤 2：在打开的 Table Wizard 对话框的 Table name 文本框中输入表名"student"，然后切换到 Columns 选项卡，单击 Add 按钮，如图 16-14 所示。

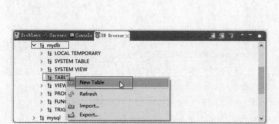

图 16-13　创建表

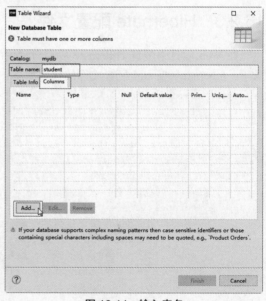

图 16-14　输入表名

步骤 3：打开 Column Wizard 对话框，在 Name 文本框中输入列名"id"，在 Type 下拉列表中选择类型为"INT"，在 Size 文本框中输入列的大小 20，并选择 Primary key 复选框，即将 id 作为表的主键，如图 16-15 所示。

步骤 4：单击 Finish 按钮，id 列添加完成。根据上述操作依次添加 name 和 age 列，name 的类型是 VARCHAR，age 的类型是 INT，添加完成后如图 16-16 所示。

步骤 5：单击 Finish 按钮，student 表创建完成。

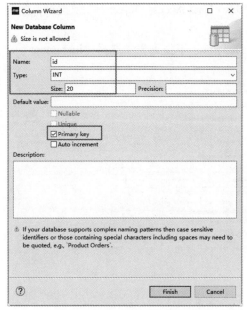

图 16-15　添加 id 列

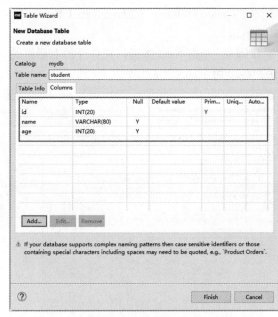

图 16-16　列添加完成

16.3.2　Hibernate 反转控制

在 MyEclipse 中创建数据库表与对象的映射关系，具体操作如下。

步骤 1：在 DB Browser 窗口中打开与数据库的连接 MySql，然后选中 mydb→TABLE→student 表，如图 16-17 所示。

步骤 2：右击 student 表，在弹出的快捷菜单中选择 Hibernate Reverse Engineering 菜单命令，如图 16-18 所示。

图 16-17　选中 student 表

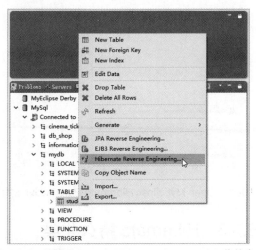

图 16-18　选择 Hibernate Reverse Engineering 菜单命令

步骤 3：打开 Hibernate Reverse Engineering 对话框，单击 Browse 按钮，选择 Java src folder 为"/MyHibernate/src"，然后单击第 2 个 Browse 按钮，选择 Java package 包是"stu.bean"，

并勾选"Create POJO…""Java Data Object…"和"Java Data Access Object…"复选框，如图 16-19 所示。

步骤 4：单击 Next 按钮，在打开的对话框的 Id Generator 下拉列表中选择"increment"，如图 16-20 所示。

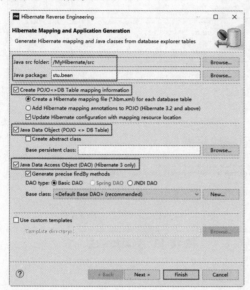

图 16-19　Hibernate Reverse Engineering 对话框

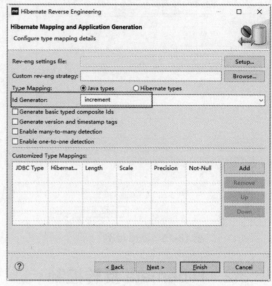

图 16-20　设置 Id Generator

步骤 5：单击 Finish 按钮，完成数据库表与对象的映射。稍等一会将出现如图 16-21 所示的对话框，单击 No 按钮。

步骤 6：对数据库中的表进行反转控制后会自动生成一些文件，如图 16-22 所示。

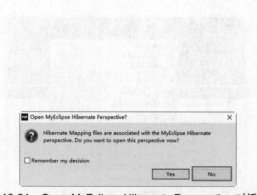

图 16-21　Open MyEclipse Hibernate Perspective 对话框

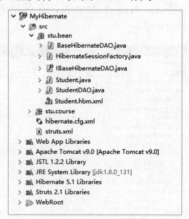

图 16-22　生成文件

16.3.3　Hibernate 持久化类

在 Hibernate 中，将被存储在数据库表中的 Java 类称为持久化类。若该类遵循一些简单的规则，即 Plain Old Java Object（POJO）编程模型，Hibernate 就会处于最佳运行状态。

下面是持久化类的一些规则，具体如下：

（1）所有将被持久化的 Java 类都必须有一个默认的构造函数。

（2）为了使对象能够在 Hibernate 和数据库中被识别，所有类都需要有一个 ID 标识，该属性映射到数据库表的主键列。

（3）把所有将被持久化的属性都声明为 private，并且根据 JavaBean 风格定义 getter 和 setter 方法。

（4）Hibernate 的一个重要特征为代理，它取决于该持久化类是处于非 final 的，还是处于一个所有方法都声明为 public 的接口。

（5）所有类是不可扩展或按 EJB 要求实现的一些特殊的类和接口。

（6）POJO 的名称指定对象是普通的 Java 对象，而不是特殊的对象。

【例 16.1】Hibernate 持久化类。

在创建的 Web 项目 MyHibernate 中对 student 表执行 Hibernate Reverse 后会自动生成一些文件，其中 Student.java 就是一个持久化类，其代码如下（源代码\ch16\MyHibernate\stu\bean\Student.java）：

```java
package stu.bean;
/**
 * Student entity. @author MyEclipse Persistence Tools
 */
public class Student implements java.io.Serializable {
    //字段
    private Integer id;
    private String name;
    private Integer age;
    //构造函数
    /** 默认构造函数 */
    public Student(){
    }
    /** 完整构造函数 */
    public Student(String name, Integer age){
        this.name=name;
        this.age=age;
    }
    //属性访问器
    public Integer getId(){
        return this.id;
    }
    public void setId(Integer id){
        this.id=id;
    }
    public String getName(){
        return this.name;
    }
    public void setName(String name){
        this.name=name;
    }
    public Integer getAge(){
        return this.age;
    }
    public void setAge(Integer age){
        this.age=age;
    }
}
```

16.3.4　Hibernate 类映射

Hibernate 的本质是对象关系映射，而将对象和数据库表关联起来的文件就是映射文件，该文件以 ".hbm.xml" 作为后缀。

【例 16.2】在 Web 项目 MyHibernate 中，生成的 Student.hbm.xml 文件就是一个对象关系映射文件（源代码\ch16\MyHibernate\src\stu\bean\Student.hbm.xml）。

```xml
<?xml version="1.0" encoding="UTF-8"?>
<!DOCTYPE hibernate-mapping PUBLIC "-//Hibernate/Hibernate Mapping DTD 3.0//EN"
"http://www.hibernate.org/dtd/hibernate-mapping-3.0.dtd">
<!--
    由 MyEclipse 持久化工具自动生成的映射文件
-->
<hibernate-mapping>
    <class name="stu.bean.Student" table="student" catalog="mydb">
        <id name="id" type="java.lang.Integer">
            <column name="id" />
            <generator class="increment" />
        </id>
        <property name="name" type="java.lang.String">
            <column name="name" length="80" />
        </property>
        <property name="age" type="java.lang.Integer">
            <column name="age" />
        </property>
    </class>
</hibernate-mapping>
```

对象关系映射文件由<?xml>、<!DOCTYPE>和<hibernate-mapping>三大元素组成，具体介绍如下。

1. <?xml>元素

该元素通过 version 属性指定 XML 的版本号，encoding 属性指定编码格式。

2. <!DOCTYPE>元素

每个 XML 映射文件都需要加上<!DOCTYPE>，用于从上述 URL 中获取 DTD。Hibernate 在搜索 DTD 文件时首先搜索 classpath，如果它是通过 Internet 查找 DTD 文件，则通过 classpath 目录检查 XML 中 DTD 的声明。

3. <hibernate-mapping>元素

该元素是其他元素的根元素，它包含一些可选属性，例如 package 属性指定一个包前缀，如果映射文件的<class>元素中没有指定全限定的类名，则使用 package 属性定义的包作为该类的包名。

1）持久化类与数据库表

使用<class>元素指定数据库表和持久化类的关联。<class>元素的 name 属性指定 JavaBean 类的全限定名，即包含包名和类名；table 属性指定对应数据库中表的名称。<class>元素包含一个<id>元素和多个<property>元素。

2）主键映射

<id>元素是持久化类的唯一标识，通过它的 name 属性指定持久类中属性的名称，type 属性指定类的属性的数据类型。通过<column>元素指定该属性对应数据库表中主键字段的名称；通过<generator>元素的 class 属性指定主键的生成策略。

3）普通字段映射

通过<property>元素的 name 属性指定持久类中属性的名称，type 属性指定类的属性的数据类型。<column>元素指定该属性对应数据库表中的字段名称，length 属性指定该字段的长度。

16.3.5　session 管理

session 是 Hibernate 的核心，有效地管理 session 是 Hibernate 的重点。对象的生命周期、数据库的存取以及事务的管理都与 session 相关。

在创建的 Web 项目 MyHibernate 中，对 student 表执行 Hibernate Reverse 后，会自动生成一些文件，其中 HibernateSessionFactory.java 是一个管理 session 的类，通过该类可以避免多线程之间数据共享的问题。

【例 16.3】使用 ThreadLocal 类的对象管理 session。

该类的具体代码如下（源代码\ch16\MyHibernate\stu\bean\Student.java）：

```java
package stu.bean;
import org.hibernate.HibernateException;
import org.hibernate.Session;
import org.hibernate.cfg.Configuration;
import org.hibernate.service.ServiceRegistry;
import org.hibernate.boot.MetadataSources;
import org.hibernate.boot.registry.StandardServiceRegistryBuilder;
/**
 * Configures and provides access to Hibernate sessions, tied to the
 * current thread of execution.  Follows the Thread Local Session
 * pattern, see {@link http://hibernate.org/42.html }.
 */
public class HibernateSessionFactory {
    /**
     * Location of hibernate.cfg.xml file.
     * Location should be on the classpath as Hibernate uses
     * #resourceAsStream style lookup for its configuration file.
     * The default classpath location of the hibernate config file is
     * in the default package. Use #setConfigFile()to update
     * the location of the configuration file for the current session.
     */
    private static final ThreadLocal<Session> threadLocal=new ThreadLocal<Session>();
    private static org.hibernate.SessionFactory sessionFactory;
    private static Configuration configuration=new Configuration();
    private static ServiceRegistry serviceRegistry;
    static {
        try {
            configuration.configure();
            serviceRegistry=new StandardServiceRegistryBuilder().configure().build();
            try {
                sessionFactory=new MetadataSources(serviceRegistry)
                    .buildMetadata().buildSessionFactory();
            } catch(Exception e){
                StandardServiceRegistryBuilder.destroy(serviceRegistry);
                e.printStackTrace();
            }
        } catch(Exception e){
            System.err.println("%%%% Error Creating SessionFactory %%%%");
            e.printStackTrace();
        }
    }
```

```java
    private HibernateSessionFactory(){
    }
    /**
     * Returns the ThreadLocal Session instance. Lazy initialize
     * the <code>SessionFactory</code> if needed.
     *  @return Session
     *  @throws HibernateException
     */
    public static Session getSession()throws HibernateException {
        Session session=(Session)threadLocal.get();
        if(session == null || !session.isOpen()){
            if(sessionFactory == null){
                rebuildSessionFactory();
            }
            session=(sessionFactory != null)? sessionFactory.openSession()
                    : null;
            threadLocal.set(session);
        }
        return session;
    }
    /**
     *  Rebuild hibernate session factory
     */
    public static void rebuildSessionFactory(){
        try {
            configuration.configure();
            serviceRegistry=new StandardServiceRegistryBuilder().configure().build();
            try {
                sessionFactory=new MetadataSources(serviceRegistry)
                    .buildMetadata().buildSessionFactory();
            } catch(Exception e){
                StandardServiceRegistryBuilder.destroy(serviceRegistry);
                e.printStackTrace();
            }
        } catch(Exception e){
            System.err.println("%%%% Error Creating SessionFactory %%%%");
            e.printStackTrace();
        }
    }
    /**
     *  Close the single hibernate session instance.
     *
     *  @throws HibernateException
     */
    public static void closeSession()throws HibernateException {
        Session session=(Session)threadLocal.get();
        threadLocal.set(null);
        if(session != null){
            session.close();
        }
    }
    /**
     *  return session factory
     *
     */
    public static org.hibernate.SessionFactory getSessionFactory(){
        return sessionFactory;
    }
    /**
     *  return hibernate configuration
```

```
     *
     */
    public static Configuration getConfiguration(){
        return configuration;
    }
}
```

在上述代码中,通过 ThreadLocal 类的变量 threadLocal 对 session 进程进行管理,从而避免多个线程之间使用数据出现冲突的问题。

16.4 操作持久化类

微视频

有了持久化类后,就可以通过 Hibernate 对其进行操作了,通过 session 类或 DAO 来操作数据,间接地将持久化类中的属性值保存到数据库中。

16.4.1 使用 session 操作数据

Hibernate 是对 JDBC 的操作进行了轻量级的封装,开发人员可以使用 session 对象用面向对象的思想实现对关系型数据库的操作,从而实现对数据库的增、删、改、查的操作。

使用 session 对数据库进行查询操作,具体代码如下(源代码\ch16\MyHibernate\stu\bean\HibernateTest.java):

```
package stu.bean;
import java.util.List;
import org.hibernate.Query;
import org.hibernate.Session;
import org.hibernate.SessionFactory;
import org.hibernate.cfg.Configuration;
public class HibernateTest {
    public static void main(String[] args){
        //获取配置文件对象 config
        Configuration config=new Configuration().configure();
        //获取会话工厂对象 factory
        SessionFactory factory=config.buildSessionFactory();
        //获取 session 对象
        Session session=factory.openSession();
        //添加数据到 student 表中
        Student stu1=new Student("张三",20);
        session.save(stu1);
        Student stu2=new Student("李四",18);
        session.save(stu2);
        Student stu3=new Student("王五",26);
        session.save(stu3);
        //提交事务
        session.beginTransaction().commit();
        //查询数据库表 student 中的数据
        Query query=session.createQuery("FROM Student");
        List<Student> stu=query.list();
        System.out.println("---数据库表 student 中数据---");
        for(Student s: stu){
            System.out.println(s.getId()+ ":" + s.getName()+ ":" + s.getAge());
        }
        session.close();
    }
```

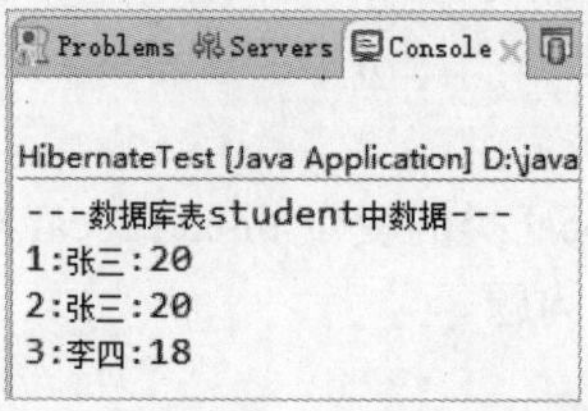

}
```

在 Java 类中右击，选择 Run As→Java Application 菜单命令运行上述类，结果如图 16-23 所示。

图 16-23　用 session 操作数据库

### 16.4.2　使用 DAO 操作数据

使用 session 提供的方法操作持久化类。在实际开发过程中，使用 DAO（Data Access Object）操作数据库，DAO 是持久化对象的客户端，主要负责与数据库操作相关的所有逻辑。

使用 DAO 操作数据，提供更抽象的 API 给高层应用，具体代码如下（源代码\ch16\MyHibernate\stu\bean\HibernateAuto.java）：

```java
package stu.bean;
import java.util.List;
public class HibernateAuto {
    public static void main(String[] args){
        Student stu=new Student("Lucy",25);
        StudentDAO stuDao=new StudentDAO();
        //将数据 stu 添加到数据库表 student 中
        stuDao.save(stu);
        List<Student> allstu=(List<Student>)stuDao.findAll();
        for(Student s: allstu){
            System.out.println("学生 id=" + s.getId());
        }
    }
}
```

在 Java 类中右击，选择 Run As→Java Application 菜单命令运行上述类，结果如图 16-24 所示。

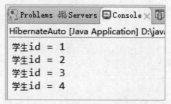

图 16-24　使用 DAO 操作数据库

微视频

16.5　Hibernate 查询语言

Hibernate 查询语言（HQL）是一种面向对象的查询语言，与 SQL 类似，HQL 语言不是对表和列进行操作，而是面向对象及其属性。HQL 查询被 Hibernate 翻译为传统的 SQL 查询，从而对数据库进行操作。
```

16.5.1 HQL 介绍

Hibernate 支持强大并易使用的 HQL 语言，HQL 语言和 SQL 语言类似，但是由于 HQL 语言是面向对象的查询语言，所以它查询目标对象并返回的信息是单个或多个实体对象的集合，而 SQL 语言查询数据库表返回的信息是单条或多条信息的集合。

HQL 的基本语法如下：

```
SELECT 类名.属性名
FROM 类名
WHERE 条件
GROUP BY 类名.属性名 HAVING 分组条件
ORDER BY 类名.属性名
```

☆大牛提醒☆

HQL 语言是面向对象的查询语言，因此它的查询目标是实体对象，即 Java 类。由于 Java 类区分大小写，所以 HQL 也区分大小写。SQL 语句并不区分大小写，但是一些属性（如表名和列名）是区分大小写的。

例如，使用 HQL 语句查询 Student 中的所有学生信息。其代码如下：

```
SELECT * FROM Student;
```

16.5.2 FROM 语句

在 HQL 查询语言中，可以直接使用 FORM 子句对实体对象进行查询。例如，通过 FORM 子句对实体对象 Student 进行查询，代码如下：

```
FORM Student;
```

在查询实体对象时还可以指定一个别名，以方便在查询语句的其他地方引用实体对象。一般使用关键字 AS 指定一个别名，关键字 AS 可以省略，具体代码如下：

```
FORM Student stu;
```

16.5.3 WHERE 语句

WHERE 查询是在查询语句中指定过滤数据库的条件，从而获取对用户有价值的信息。HQL 的条件查询与 SQL 语句的条件查询都是通过 WHERE 子句实现的。

【例 16.4】使用 WHERE 子句实现条件查询（源代码\ch16\MyHibernate\src\stu\bean\HQLTest.java）。

其具体代码如下：

```java
package stu.bean;
import java.util.List;
import org.hibernate.Query;
import org.hibernate.Session;
import org.hibernate.SessionFactory;
import org.hibernate.cfg.Configuration;
public class HQLTest {
    public static void main(String[] args){
        //获取配置文件对象 config
        Configuration config=new Configuration().configure();
        //获取会话工厂对象 factory
        SessionFactory factory=config.buildSessionFactory();
        //获取 session 对象
        Session session=factory.openSession();
```

```
//添加数据到 student 表中
Student stu1=new Student("小花",23);
session.save(stu1);
Student stu2=new Student("小红",16);
session.save(stu2);
Student stu3=new Student("小草",27);
session.save(stu3);
//提交事务
session.beginTransaction().commit();
//查询数据库表 student 中的数据
Query query=session.createQuery("FROM Student stu WHERE stu.age<20");
List<Student> stu=query.list();
System.out.println("---数据库表 student 中数据---");
for(Student s: stu){
    System.out.println(s.getId()+ ":" + s.getName()+ ":" + s.getAge());
}
session.close();
```

在 Java 类中右击,选择 Run As→Java Application 菜单命令运行上述类,结果如图 16-25 所示。

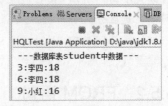

图 16-25 WHERE 子句的使用

16.5.4 UPDATE 语句

Hibernate 框架的查询接口包含一个 executeUpdate()方法,可以执行 HQL 的 UPDATE 语句。使用 UPDATE 语句能够更新一个或多个对象的一个或多个属性,语法格式如下:

```
UPDATE 类名 SET 属性名=修改值 WHERE 语句
```

【例 16.5】UPDATE 语句的使用(源代码\ch16\MyHibernate\src\stu\bean\Update.java)。其具体代码如下:

```
package stu.bean;
import java.util.List;
import org.hibernate.Query;
import org.hibernate.Session;
import org.hibernate.SessionFactory;
import org.hibernate.cfg.Configuration;
public class Update {
    public static void main(String[] args){
        //获取配置文件对象 config
        Configuration config=new Configuration().configure();
        //获取会话工厂对象 factory
        SessionFactory factory=config.buildSessionFactory();
        //获取 session 对象
        Session session=factory.openSession();
        Query query=session.createQuery("UPDATE Student SET name='Lily' WHERE id=3");
        int i=query.executeUpdate();
        if(i>0){
            System.out.println("更新成功! ");
        }
        session.close();
    }
}
```

在 Java 类中右击,选择 Run As→Java Application 菜单命令运行上述类,结果如图 16-26 所示。这里使用 UPDATE 语句更新 id=3 的学生的姓名为 Lily,query 对象调用 executeUpdate()方法执行更新操作。

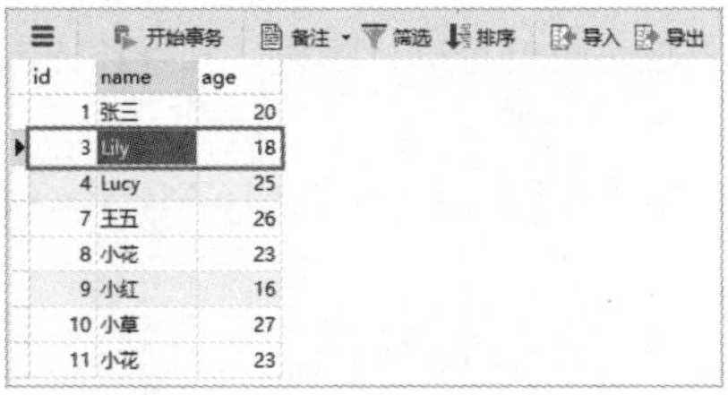

图 16-26　UPDATE 语句的使用

16.5.5　DELETE 语句

Hibernate 框架的查询接口包含一个 executeUpdate()方法,可以执行 HQL 的 DELETE 语句。DELETE 语句可以用来删除一个或多个对象,其语法格式如下:

```
DELETE FROM 类名 WHERE 语句
```

【例 16.6】DELETE 语句的使用(源代码\ch16\MyHibernate\src\stu\bean\Delete.java)。其具体代码如下:

```
package stu.bean;
import org.hibernate.Query;
import org.hibernate.Session;
import org.hibernate.SessionFactory;
import org.hibernate.cfg.Configuration;
public class Delete {
    public static void main(String[] args){
        //获取配置文件对象config
        Configuration config=new Configuration().configure();
        //获取会话工厂对象factory
        SessionFactory factory=config.buildSessionFactory();
        //获取session对象
        Session session=factory.openSession();
        Query query=session.createQuery("DELETE Student WHERE id=12");
        int i=query.executeUpdate();
        if(i>0){
            System.out.print("删除成功! ");
        }else{
            System.out.print("删除失败! ");
        }
        session.close();
    }
}
```

在 Java 类中右击,选择 Run As→Java Application 菜单命令运行上述类,结果如图 16-27 所示。这里使用 DELETE 语句删除数据库表 student 中 id=12 的学生信息记录,由于 id=12 这条记录不存在,所以在控制台中打印"删除失败!"。

图 16-27　DELETE 语句的使用

16.5.6　动态赋值

Hibernate 的 HQL 查询功能支持动态赋值,可以使查询语句与参数赋值分开,这样 HQL 查询功能既可以接受来自用户的简单输入,又不用防御 SQL 注入攻击。

1. 占位符代替参数

在 HQL 语言中提供了使用占位符"?"实现动态赋值的功能,占位符"?"代替具体的参数值,使用 Query 类的 setParameter()方法对占位符进行赋值，其操作方式与 JDBC 中 PreparedStatement 对象的动态赋值方式类似。

【例 16.7】用占位符代替具体的参数（源代码\ch16\MyHibernate\src\bean\HQLParam.java）。其具体代码如下：

```java
package stu.bean;
import java.util.List;
import org.hibernate.Query;
import org.hibernate.Session;
import org.hibernate.SessionFactory;
import org.hibernate.cfg.Configuration;
public class HQLParam {
    public static void main(String[] args){
        //获取配置文件对象config
        Configuration config=new Configuration().configure();
        //获取会话工厂对象factory
        SessionFactory factory=config.buildSessionFactory();
        //获取session对象
        Session session=factory.openSession();
        //查询数据库表student中的数据
        Query query=session.createQuery("FROM Student stu WHERE stu.name=?");
        query.setParameter(0, "小花");
        List<Student> stu=query.list();
        System.out.println("---数据库表student中数据---");
        for(Student s: stu){
            System.out.println("id=" + s.getId());
            System.out.println("name=" + s.getName());
            System.out.println("age=" + s.getAge());
        }
        session.close();
    }
}
```

在 Java 类中右击，选择 Run As→Java Application 菜单命令运行上述类，结果如图 16-28 所示。

在上述代码中，使用 HQL 查询语言查询 Student 类的对象时，在 WHERE 子句中使用占位符"?"代替具体的参数。在通过 query 对象的 setParameter()方法设置顺序占位符的第 0 个参数值是"小花"时，将对象返回到 List 集合 stu 中，再通过增强 for 循环，在控制台中输出符合条件的数据信息。

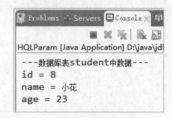

图 16-28 占位符 "?"

2. 引用占位符代替参数

在 HQL 语言中，除了支持顺序占位符"?"外，还支持引用占位符":parameter"，它是占位符号":"和自定义参数名的组合。

【例 16.8】引用占位符代替参数。

修改上述使用占位符的例子，代码如下（源代码\ch16\MyHibernate\src\bean\HQLParam2.java）：

```java
//查询数据库表student中的数据
Query query=session.createQuery("FROM Student stu WHERE stu.name=:name");
query.setParameter("name", "小花");
List<Student> stu=query.list();
```

通过使用引用占位符":参数名"代替具体参数，再通过 query 对象调用 setParameter()方法对指定的参数"name"赋值"小花"，通过 query 对象调用 list()方法返回存放 Student 对象的 List 集合 stu。

16.5.7　排序查询

HQL 语言与 SQL 语言类似，使用 ORDER BY 子句和 ASC、DESC 关键字实现对查询实体对象的属性进行排序的操作，ASC 是正序排列，DESC 是降序排列。

【例 16.9】在 HQL 语言中使用 ORDER BY 子句进行排序查询（源代码\ch16\MyHibernate\src\stu\bean\OrderBy.java）。

其具体代码如下：

```java
package stu.bean;
import java.util.List;
import org.hibernate.Query;
import org.hibernate.Session;
import org.hibernate.SessionFactory;
import org.hibernate.cfg.Configuration;
public class OrderBy {
    public static void main(String[] args){
        //获取配置文件对象 config
        Configuration config=new Configuration().configure();
        //获取会话工厂对象 factory
        SessionFactory factory=config.buildSessionFactory();
        //获取 session 对象
        Session session=factory.openSession();
        //查询数据库表 student 中的数据
        Query query=session.createQuery("FROM Student stu ORDER BY age ASC");
        List<Student> stu=query.list();
        System.out.println("---数据库表 student 中数据---");
        for(Student s : stu){
            System.out.print("id=" + s.getId()+ "  ");
            System.out.print("name=" + s.getName()+ "  ");
            System.out.print("age=" + s.getAge());
            System.out.println();
        }
        session.close();
    }
}
```

在 Java 类中右击，选择 Run As→Java Application 菜单命令运行上述类，结果如图 16-29 所示。这里使用 HQL 语句查询实体对象时，通过 ORDER BY 子句指定查询对象结果集，按照 age 的值 ASC（升序）排列，通过增强 for 循环在控制台打印排序后的数据。

图 16-29　ORDER BY 排序

16.5.8　聚合函数

HQL 语言与 SQL 语言类似，支持一些常用的聚合函数，这些函数的使用方式与其在 SQL 中的使用方式相同，常用的聚合函数如表 16-1 所示。

表 16-1　常用的聚合函数

S.N.	方法	描述
1	avg(name)	name 属性的平均值
2	count(name 或*)	name 属性在结果中出现的次数
3	max(name)	name 属性值的最大值

S.N.	方　　法	描　　述
4	min(name)	name 属性值的最小值
5	sum(name)	name 属性值的总和

【例 16.10】聚合函数的使用（源代码\ch16\MyHibernate\src\stu\bean\Function.java）。

其具体代码如下：

```
package stu.bean;
import java.util.Iterator;
import java.util.List;
import org.hibernate.Query;
import org.hibernate.Session;
import org.hibernate.SessionFactory;
import org.hibernate.cfg.Configuration;
public class Function {
    public static void main(String[] args){
        //获取配置文件对象 config
        Configuration config=new Configuration().configure();
        //获取会话工厂对象 factory
        SessionFactory factory=config.buildSessionFactory();
        //获取 session 对象
        Session session=factory.openSession();
    Query                                           query=session.createQuery("SELECT min(s.age),max(s.age),sum(s.age),avg(s.age)FROM Student s");
        List list=query.list();
        System.out.println("---数据库表中数据---");
        Iterator iter=list.iterator();
        System.out.println("min max  sum  avg");
        while(iter.hasNext()){
            Object[] obj=(Object[])iter.next();
            for(Object o: obj){
                System.out.print(o + "   ");
            }
        }
        session.close();
    }
}
```

在 Java 类中右击，选择 Run As→Java Application 菜单命令运行上述类，结果如图 16-30 所示。这里使用聚合函数 min()、max()、sum()、avg()分别计算学生年龄的最小值、最大值，以及所有学生年龄的和、所有学生年龄的平均值。

图 16-30　聚合函数的使用

16.5.9　联合查询

在 HQL 语言中，与 SQL 语言一样通过 JOIN 关键字实现联合查询，联合查询有内连接（inner join）、左外连接（left join）、右外连接（right join）、全连接（full join）4 种类型。

【例 16.11】联合查询的 HQL 语句（源代码\ch16\MyHibernate\stu\course\Join.java）。

其具体代码如下：

```
package stu.course;
import java.util.Iterator;
import java.util.List;
import org.hibernate.Query;
```

```java
import org.hibernate.Session;
import org.hibernate.SessionFactory;
import org.hibernate.cfg.Configuration;
import stu.bean.Student;

public class Join {
    public static void main(String[] args){
        //获取配置文件对象 config
        Configuration config=new Configuration().configure();
        //获取会话工厂对象 factory
        SessionFactory factory=config.buildSessionFactory();
        //获取 session 对象
        Session session=factory.openSession();
        //查询数据库表 student 中的数据
        String sql="SELECT s.name,c.course FROM Student s INNER JOIN Course c ON s.id=c.stuid";
        Query query=session.createQuery(sql);
        List stu=query.list();
        System.out.println("---数据库表 student 中数据---");
        Iterator it=stu.iterator();
        System.out.println("姓名--课程");
        while(it.hasNext()){
            Object[] obj=(Object[])it.next();
            System.out.println(obj[0] + "--" + obj[1]);
        }
        session.close();
    }
}
```

在 Java 类中右击，选择 Run As→Java Application 菜单命令运行上述类，结果如图 16-31 所示。这里使用内连接实现在 student 表和 course 表之间数据的查询，两表之间通过学生的 id 关联。

图 16-31 内连接查询

16.5.10 子查询

子查询也是应用比较广泛的查询方式之一，在 HQL 中也支持这种方式，但前提条件是底层数据库支持子查询。HQL 中的子查询必须被圆括号包起来，例如：

```
FROM Student s WHERE s.age >(SELECT avg(age)FROM Student)
```

该语句查询年龄大于学生平均年龄的学生的信息。

【例 16.12】查询年龄大于学生平均年龄的学生的信息（源代码\ch16\MyHibernate\src\stu\bean\Select.java）。

其具体代码如下：

```java
package stu.bean;
import java.util.List;
import org.hibernate.Query;
import org.hibernate.Session;
import org.hibernate.SessionFactory;
import org.hibernate.cfg.Configuration;

public class Select {
    public static void main(String[] args){
        //获取配置文件对象 config
```

```
            Configuration config=new Configuration().configure();
            //获取会话工厂对象factory
            SessionFactory factory=config.buildSessionFactory();
            //获取session对象
            Session session=factory.openSession();
            //查询数据库表student中的数据
            Query query=session.createQuery("FROM Student s WHERE s.age >(SELECT avg(age)FROM Student)");
            List<Student> stu=query.list();
            System.out.println("---数据库表student中数据---");
            for(Student s: stu){
                System.out.println(s.getId()+ ":" + s.getName()+ ":" + s.getAge());
            }
            session.close();
        }
    }
```

在 Java 类中右击，选择 Run As→Java Application 菜单命令运行上述类，结果如图 16-32 所示。这里通过 session 调用 createQuery()执行 SQL 语句，这条 SQL 语句是通过 avg()方法查询学生的平均年龄，再通过 WHERE 语句设置 age 大于平均年龄。

图 16-32 子查询

16.6 新手疑难问题解答

问题 1：HQL 与 SQL 语言有什么区别？

解答：在 Hibernate 框架中使用的 HQL 语言，但是在实际运行时还是要转换为 SQL 语句。它们的区别如下：

（1）HQL 语言在所有数据库中是通用的，而 SQL 语言在不同数据库中语法不同。

（2）HQL 语言是面向对象的，而 SQL 语言只是结构化的查询语言。

（3）HQL 语言的大小写敏感。

问题 2：在使用 DAO 操作数据时，调用 save()方法后，为什么数据表中没有数据？

解答：这是由于在 DAO.java 文件中 save()方法没有提交事务，所以需要在保存数据后添加提交事务的代码，代码如下。

```
//添加提交事务的代码
getSession().beginTransaction().commit();
```

16.7 实战训练

实战 1：使用分页查询。

编写程序，创建 Web 项目 MyHibernate，使用 HQL 语言分页查询数据信息。部署 Web 项目 MyHibernate，启动 Tomcat 服务器。在浏览器的地址栏中输入 Action 地址"http://127.0.0.1:8888/MyHibernate/pageAction.action"，运行结果如图 16-33 所示。

图 16-33　分页查询

单击"下一页"超链接，页面显示效果如图 16-34 所示。

图 16-34　下一页

实战 2：分组查询数据。

编写程序，创建水果表 fruit，并创建它的映射实体类以及映射文件，使用 GROUP BY 子句对 Fruit 类进行分组查询。在 Fruit 类中右击，选择 Run As→Java Application 菜单命令运行上述类，结果如图 16-35 所示。

图 16-35　GROUP BY 查询

第 17 章

开发银行业务管理系统

随着信息化的普及应用，电信、银行等窗口单位均采用了日常业务管理系统进行服务支撑。本章通过介绍银行日常业务管理系统的开发使读者掌握该类系统的开发过程。

17.1 系统背景及功能概述

微视频

作为信息化管理的一部分，使用计算机对银行日常用户的开户和存款、取款进行管理具有很大的好处，是传统手工管理无法达到的服务水平，使银行的管理更加科学和规范。

17.1.1 背景简介

银行日常业务管理系统是信息化社会经济生活中的重要组成部分，该系统通过前台应用程序的开发和后台数据库的建立与维护两个方面进行设计。

17.1.2 功能概述

本节介绍银行日常业务管理的主要功能，包括以下几点。

（1）用户登录：基于数据安全和分布式多用户考虑，本系统首先要求操作人员进行登录，只有相应权限人员才可操作。

（2）业务办理：实现银行日常业务办理功能，例如开户、销户等。

（3）系统设置：设置一些系统参数，例如利率、银行。

（4）用户管理：实现用户的增、删、改、查。

17.1.3 开发及运行环境

该系统的开发及运行环境如下。

（1）编程语言：Java。
（2）操作系统：Windows 10。
（3）JDK 版本：14.0.1。
（4）Web 服务器：Tomcat 10.0。
（5）数据库：MySQL。
（6）开发工具：Eclipse。

17.2 系统分析

在日常业务处理中，银行业务系统的作用巨大，节省了大量的人力、物力，提高了业务办理水平，科学合理地设计一套稳定、可靠运行的业务系统势在必行。

17.2.1 系统总体设计

1．系统目标

银行日常业务管理系统应该体积小、操作界面友好、基本功能稳定、运行速度较快，通过计算机技术开发这样的银行管理系统可以方便、快捷地进行信息管理。

2．系统架构图

银行业务可以分为用户管理、系统设置、业务办理三个大的主题，其中用户管理包括用户的添加、删除、查询等；业务办理包含开户、销户、存款、取款、挂失、贷款的申请和偿还贷款等；系统设置包括利率调整。

如图 17-1 所示为银行日常业务管理系统的总体设计功能图。

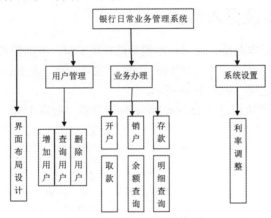

图 17-1　总体设计功能图

17.2.2 系统界面设计

银行日常业务管理系统的界面设计要考虑操作员的使用习惯、颜色搭配稳定、长时间使用不容易视觉疲劳等方面，界面设计包括登录界面（如图 17-2 所示）以及管理中心布局两大板块，其中管理中心按照上、下、左、右进行布局，上部显示公共信息，例如系统名称、当前账号等，左侧显示业务菜单，右侧为功能实现页面，如图 17-3 所示。

图 17-2　登录界面

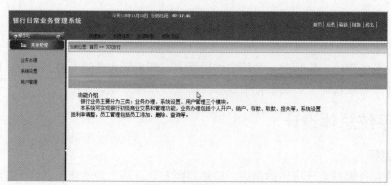

图 17-3　管理中心主界面

17.3　系统运行及配置

微视频

本系统作为一个教学实例，大家可以通过运行程序对程序的功能进行了解。

17.3.1　系统开发及导入步骤

首先要学会如何运行本系统，并对程序的功能有所了解，下面简要叙述运行的具体步骤。

步骤 1：在 Eclipse 工作界面中选择 File→Import 菜单命令，在 Import 对话框中选择 Existing Projects into Workspace 选项，如图 17-4 所示。

步骤 2：单击 Next 按钮，进入 Import Projects 对话框，如图 17-5 所示。

图 17-4　选择项目工作区

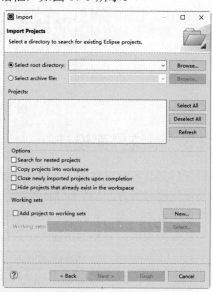

图 17-5　Import Projects 对话框

步骤 3：单击 Select root directory 右边的 Browse 按钮，选择源代码根目录，如图 17-6 所示。

步骤 4：单击"选择文件夹"按钮，返回到 Import Projects 对话框中，可以看到添加的文件夹，如图 17-7 所示。

第 17 章 开发银行业务管理系统

图 17-6 选择源代码根目录

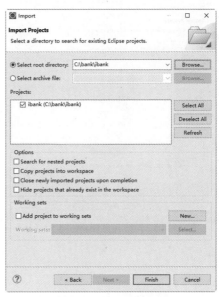

图 17-7 添加项目文件

步骤 5：单击 Finish 按钮，完成项目的导入，展开 ibank 项目包资源管理器，如图 17-8 所示。

步骤 6：在 Server 选项卡下选择 Tomcat v10 并右击，在弹出的快捷菜单中选择 Add and Remove 菜单命令，如图 17-9 所示。

图 17-8 项目包资源管理器

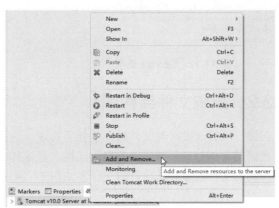

图 17-9 Add and Remove 菜单命令

步骤 7：打开 Add and Remove 对话框，选择左侧窗格中的项目文件 ibank，如图 17-10 所示。

步骤 8：单击 Add 按钮，即可将项目文件 ibank 添加到 Tomcat v10 服务器下，如图 17-11 所示。

步骤 9：单击 Finish 按钮，返回到 Servers 选项卡，可以看到添加的项目文件信息，如图 17-12 所示。

步骤 10：在 Servers 选项卡下选择 Tomcat v10 并右击，在弹出的快捷菜单中选择 Start 菜单命令，即可启动 Tomcat v10 服务器，这样就可以在浏览器中预览项目文件 ibank 中的文件了，如图 17-13 所示。

图 17-10　Add and Remove 对话框

图 17-11　添加项目文件

图 17-12　Servers 选项卡

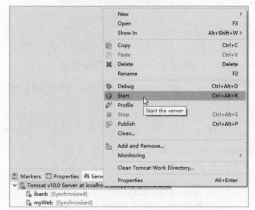

图 17-13　启动 Tomcat v10 服务器

17.3.2　系统文件结构图

在进行项目开发时对文件进行了分组管理，这样做的好处是方便管理和进行团队合作。在编写代码前要规划好系统文件的组织结构，把窗体、公共类、数据模型、工具类、图片资源等放到不同的文件包中。本项目的文件包如图 17-14 所示。

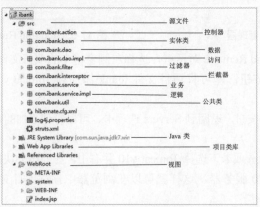

图 17-14　项目文件结构

17.4　系统主要功能的实现

微视频

一个复杂的系统离不开数据库与数据表的设计、实体类的创建、数据访问类的创建、业务数据的处理。下面介绍银行日常业务管理系统的主要功能的实现。

17.4.1　数据库与数据表设计

银行日常业务管理系统是企业管理信息系统，数据库是其基础组成部分，系统的数据库是由基本功能需求制定的。

1．数据库分析

根据银行日常业务管理系统的实际情况，本系统采用一个数据库，数据库名为 ibank。该数据库中包含了系统几大模块的所有数据信息。ibank 数据库共分 7 张表，如表 17-1 所示，使用 MySQL 数据库进行数据的存储管理。

表 17-1　ibank 数据库表设计

表 名 称	说 明	备 注
account	业务用户表	
acchistory	存取款数据表	
actype	银行卡类型表	信用卡、储蓄卡
admin	系统操作用户表	
interest	利率表	
loan	借贷表	
ibank	银行支行表	

2．创建数据库

创建数据库是系统开发的首要步骤，在 MySQL 中创建数据库的具体步骤如下：

（1）连接到 MySQL 数据库。首先打开 DOS 窗口，然后进入目录 mysql\bin，再输入命令 mysql-u root-p，回车后系统会提示用户输入用户名和密码。注意用户名前可以有空格也可以没有空格，但是密码前必须没有空格，否则会让用户重新输入密码。如果刚安装好 MySQL，超级用户 root 是没有密码的，故直接回车即可进入 MySQL 中，如图 17-15 所示。

（2）登录成功后，运行命令"Create Database ibank;"即可创建数据库，如图 17-16 所示。

图 17-15　登录 MySQL

图 17-16　创建 ibank 数据库

3. 创建数据表

在已创建的数据库 ibank 中创建 7 个数据表，这里列出业务用户表的创建，如下：

```
DROP TABLE IF EXISTS 'account';
CREATE TABLE 'account'(
  'id' varchar(20)NOT NULL COMMENT '编号',
  'name' varchar(10)NOT NULL COMMENT '姓名',
  'password' varchar(6)NOT NULL COMMENT '密码',
  'identitycard' varchar(20)NOT NULL COMMENT '身份证',
  'sex' varchar(2)NOT NULL COMMENT '性别',
  'balance' double(20,2)NOT NULL COMMENT '余额',
  'overdraft' double(10,2)NOT NULL COMMENT '可透支额',
  'regtime' datetime NOT NULL COMMENT '注册时间',
  'interesttime' datetime default NULL,
  'typeid' int(2)NOT NULL COMMENT '类别',
  'ibankid' int(2)NOT NULL COMMENT '开户行编号',
  'status' int(1)NOT NULL COMMENT '状态(0 注销 1 正常 2 挂失)',
  PRIMARY KEY('id')
)ENGINE=InnoDB DEFAULT CHARSET=UTF8;
```

为了避免重复创建，在创建表之前先使用 DROP 进行表的删除。这里创建了与业务需求相关的 11 个字段，并创建了一个自增的标识索引字段 id。

由于篇幅所限，这里给出数据表结构。

1）业务用户表

业务用户表用于存储存款和取款用户信息，表名为 account，结构如表 17-2 所示。

表 17-2 业务用户表（account）

字 段 名	数 据 类 型	是 否 主 键	说　　明
id	int	Yes	用户编号
name	varchar		用户姓名
password	varchar		密码
identitycard	varchar		身份证号
sex	varchar		性别
balance	double		余额
overdraft	double		可透支额度
regtime	datetime		注册时间
typeid	int		类别
ibankid	int		开户行编号
status	int		状态（0 为注销，1 为正常，2 为挂失）

2）存取款数据表

存取款数据表用于记录用户的存款和取款过程，表名为 acchistory，结构如表 17-3 所示。

表 17-3 存取款数据表（acchistory）

字 段 名	数 据 类 型	是 否 主 键	说　　明
id	int	Yes	记录编号
time	datetime		交易时间

续表

字 段 名	数 据 类 型	是 否 主 键	说 明
accid	varchar		用户 id
acction	int		业务种类（1 为存款，2 为取款，3 为利息）
money	double		变动金额

3）银行卡类型表

银行卡类型表标识银行卡的种类，表名为 actype，结构如表 17-4 所示。

表 17-4 银行卡类型表（actype）

字 段 名	数 据 类 型	是 否 主 键	说 明
typeid	int	Yes	卡种类编号
name	varchar		卡名称
interestid	int		利率 id

4）系统操作用户表

系统操作用户表用于存储系统操作用户信息，表名为 admin，结构如表 17-5 所示。

表 17-5 系统操作用户表（admin）

字 段 名	数 据 类 型	是 否 主 键	说 明
id	int	Yes	用户编号
name	varchar		用户姓名
password	varchar		密码
identitycard	varchar		身份证号
sex	varchar		性别
ibankid	int		开户行编号
type	int		类别（1 为普通操作员，2 为高级操作员，3 为超级管理员）
status	int		状态（0 为注销，1 为正常，2 为挂失）

5）利率表

利率表用于存储各种卡利率，表名为 interest，结构如表 17-6 所示。

表 17-6 利率表（interest）

字 段 名	数 据 类 型	是 否 主 键	说 明
interestid	varchar	Yes	记录编号
name	varchar		名称
value	double		利率数值

6）借贷表

借贷表存储贷款详细信息，表名为 loan，结构如表 17-7 所示。

表 17-7 借贷表（loan）

字 段 名	数 据 类 型	是否主键	说　明
id	varchar	Yes	记录编号
name	varchar		贷款人姓名
identitycard	varchar		贷款人身份证
begintime	datetime		起始时间
endtime	datetime		结束时间
loanmoney	double		贷款金额
loaninterestid	int		利率 id
refundmoney	double		最后还款金额
loandays	int		贷款天数
status	int		状态（1 表示未还款，0 表示已还款）

7）银行支行表

银行支行表存储银行分支信息，表名为 ibank，结构如表 17-8 所示。

表 17-8 银行支行表（ibank）

字 段 名	数 据 类 型	是否主键	说　明
ibankid	int	Yes	记录编号
name	varchar		银行名称

17.4.2 实体类的创建

实体类是用于对必须存储的信息和相关行为建模的类。实体对象（实体类的实例）用于保存和更新一些现象的有关信息，例如事件、人员或者一些现实生活中的对象。实体类通常都是永久性的，它们所具有的属性和关系是长期需要的，有时甚至在系统的整个生存期都需要。根据面向对象编程的思想，首先要创建数据实体类，这些实体类与数据表设计相对应，例如 account 表实体的代码如下：

```java
public class Account implements java.io.Serializable {
    //字段
    private String id;
    private Actype actype;
    private Ibank ibank;
    private String name;
    private String password;
    private String identitycard;
    private String sex;
    private Double balance;
    private Double overdraft;
    private Timestamp regtime;
    private Timestamp interesttime;       //最后计算利息的时间
    private Integer status;
    private Set<Overdraft> overdrafts=new HashSet<Overdraft>(0);     //借贷
    private Set<Acchistory> acchistories=new HashSet<Acchistory>(0); //存取
    //构造函数
    /** 默认构造函数 */
```

```java
public Account(){    }
/** 最小构造函数 */
public Account(String id, Actype actype, Ibank ibank, String name,
        String password, String identitycard, String sex, Double balance,
        Double overdraft, Timestamp regtime, Integer status){
    this.id=id;
    this.actype=actype;
    this.ibank=ibank;
    this.name=name;
    this.password=password;
    this.identitycard=identitycard;
    this.sex=sex;
    this.balance=balance;
    this.overdraft=overdraft;
    this.regtime=regtime;
    this.status=status;
}
/** 完整构造函数 */
public Account(String id, Actype actype, Ibank ibank, String name,
        String password, String identitycard, String sex, Double balance,
        Double overdraft, Timestamp regtime, Timestamp interesttime,
        Integer status, Set<Overdraft> overdrafts,
        Set<Acchistory> acchistories){
    this.id=id;
    this.actype=actype;
    this.ibank=ibank;
    this.name=name;
    this.password=password;
    this.identitycard=identitycard;
    this.sex=sex;
    this.balance=balance;
    this.overdraft=overdraft;
    this.regtime=regtime;
    this.interesttime=interesttime;
    this.status=status;
    this.overdrafts=overdrafts;
    this.acchistories=acchistories;
}
//属性访问器
@Id
@Column(name="id", unique=true, nullable=false, length=20)
public String getId(){
    return this.id;
}
public void setId(String id){
    this.id=id;
}
@ManyToOne(fetch=FetchType.LAZY)
@JoinColumn(name="typeid", nullable=false)
public Actype getActype(){
    return this.actype;
}
public void setActype(Actype actype){
    this.actype=actype;
}
@ManyToOne(fetch=FetchType.LAZY)
@JoinColumn(name="ibankid", nullable=false)
public Ibank getIbank(){
    return this.ibank;
}
```

```java
        public void setIbank(Ibank ibank){
            this.ibank=ibank;
        }
        @Column(name="name", nullable=false, length=10)
        public String getName(){
            return this.name;
        }
        public void setName(String name){
            this.name=name;
        }
        @Column(name="password", nullable=false, length=6)
        public String getPassword(){
            return this.password;
        }

        public void setPassword(String password){
            this.password=password;
        }
    ...
    }
```

在实体类中可以创建一些数据访问方法，例如 public String searchbalance()方法，它用来执行查询余额操作。

17.4.3 数据访问类

数据访问对象 Dao 用来操作数据库驱动、连接、关闭等数据库操作方法，这些方法包括不同数据表的操作方法。本项目把所有数据操作先抽象为一个基类 IBaseDAO，基类是所有数据表处理的共性操作，即增、删、改、查、分页等，代码如下：

```java
import com.ibank.dao.IBaseDAO;
import com.ibank.util.HibernateSessionFactory;
import java.io.Serializable;
import java.util.List;
import org.hibernate.Session;
public abstract interface IBaseDAO
{
    public abstract boolean create(Object object);
    /**更新一条记录*/
    public abstract boolean update(Object object);
    /**删除一条记录*/
    public abstract boolean delete(Object object);
    /**直接查询出一条结果*/
    public abstract Object find(Class<? extends Object> paramClass, Serializable paramSerializable);
    /**查询一条记录到缓存*/
    public abstract Object load(Class<? extends Object> paramClass, Serializable paramSerializable);
    /**查询组结果*/
    public abstract List<Object> list(String paramString);

    /**分页查询一页记录
     * hql SQL 语句
     * offset 从第几条记录开始
     * length 查询几条记录 */
    public abstract List<?> getListForPage(String hql, int offset, int length);

    /**查询总记录数*/
```

```
    public abstract int getAllRowCount(String hql);
}
```

在本系统中使用了 Hibernate 框架去访问数据，在这里引用了 import com.ibank.util. HibernateSessionFactory，并配置 hibernate.cfg.xml 文件，代码如下：

```xml
<hibernate-configuration>
    <session-factory>
        <property name="dialect">
            org.hibernate.dialect.MySQLDialect
        </property>
        <property name="connection.url">
            jdbc:mysql://localhost:3306/ibank?characterEncoding=UTF-8
        </property>
        <property name="connection.username">root</property>
        <property name="connection.password">root</property>
        <property name="connection.driver_class">
            com.mysql.jdbc.Driver
        </property>
        <property name="myeclipse.connection.profile">Mysql</property>
        <property name="current_session_context_class">thread</property>
        <!--<property name="show_sql">true</property>-->
        <property name="show_sql">true</property>
        <property name="hibernate.jdbc.use_get_generated_keys">
            false
        </property>
        <mapping class="com.ibank.bean.Interest" />
        <mapping class="com.ibank.bean.Account" />
        <mapping class="com.ibank.bean.Ibank" />
        <mapping class="com.ibank.bean.Admin" />
        <mapping class="com.ibank.bean.Overdraft" />
        <mapping class="com.ibank.bean.Loan" />
        <mapping class="com.ibank.bean.Acchistory" />
        <mapping class="com.ibank.bean.Actype" />
        <mapping class="com.ibank.bean.Ibankmoney" />
    </session-factory>
</hibernate-configuration>
```

connection.url 属性定义了要访问的数据库，connection.username 定义数据库用户名，connection.password 定义数据库密码，mapping 定义对应的实体类。

17.4.4 控制分发及配置

本项目基于 Struts 框架进行开发，在 Struts 中 action 是核心功能，使用 Struts 框架的主要开发都是围绕 action 进行的，在 action 类包中定义了各种操作流程，AccountAction 用来控制用户数据流程，下面一段代码控制程序流转到 inputmoney 这个 action 上：

```
if(this.flag == 1){//表示是从存款页面获取的该账户的信息
        ServletActionContext.getRequest().setAttribute("account", ac);
        return "inputmoney";
    }
```

action 要与 struts.xml 文件配套使用，配置 struts.xml 文件如下：

```xml
<struts>
    <constant name="struts.enable.DynamicMethodInvocation" value="false" />
    <constant name="struts.devMode" value="true" />
    <!-- 定义默认包 -->
    <package name="ibank" namespace="/" extends="struts-default">
        <default-action-ref name="index" />          <!-- 定义默认 action -->
```

```xml
    <action name="index">
        <result>/index.jsp</result>
    </action>
</package>
<!-- 定义 system 包 -->
<package name="default" namespace="/system" extends="struts-default">
    <interceptors>                                  <!-- 定义拦截器 -->
        <interceptor name="checklogin"
            class="com.ibank.interceptor.LoginInterceptor" />
    </interceptors>
    <default-action-ref name="index" />         <!-- 定义默认 action -->
    <action name="index">
        <result type="redirect">/system/index.jsp</result>
        <result name="login">/system/login.jsp</result>
        <result name="login">/system/login.jsp</result>
        <interceptor-ref name="checklogin" />   <!-- 使用拦截器 -->
    </action>

    <!-- 定义操作员登录 action -->
    <action name="login" class="com.ibank.action.AdminAction"
        method="login">
        <result name="success" type="redirect">index</result>
        <!-- 跳转到另一个 action -->
        <result name="input">/system/login.jsp</result>
        <result name="error">/system/login.jsp</result>
    </action>

    <!-- 定义操作员注销 action -->
    <action name="logout" class="com.ibank.action.AdminAction"
        method="logout">
        <result name="logout" type="redirect">/system/login.jsp</result>
        <!--跳转到网页 -->
    </action>

    <!-- 定义开户 action -->
    <action name="registaccount" class="com.ibank.action.AccountAction"
        method="regist">
        <result name="success">/system/result_success.jsp</result>
        <result name="error">/system/result_error.jsp</result>
    </action>

    <!-- 定义修改密码 action -->
    <action name="changepwd" class="com.ibank.action.AccountAction"
        method="changepwd">
        <result name="success">/system/result_success.jsp</result>
        <result name="error">/system/result_error.jsp</result>
    </action>

    <!-- 定义存款 action -->
    <action name="inputmoney" class="com.ibank.action.AccountAction"
        method="inputMoney">
        <result name="success">/system/result_success.jsp</result>
        <result name="error">/system/result_error.jsp</result>
    </action>
    <!-- 定义取款 action -->
    <action name="outputmoney" class="com.ibank.action.AccountAction"
        method="outputMoney">
        <result name="success">/system/result_success.jsp</result>
        <result name="error">/system/result_error.jsp</result>
    </action>
```

```
    ...
    </package>
</struts>
```

在该配置中<action name="inputmoney" ></action>是存款的 action。

17.4.5 业务数据处理

Service 包用来进行业务逻辑处理，实现 action 类包的数据调用。在本项目中业务处理分层，先实现抽象业务类，再通过继承进行具体实现，例如业务用户涉及注册用户、注销用户、获取用户信息、更新用户密码等，IAccountService 类，通过 IAccountServiceImp.java 具体实现。

IAccountService.java 的代码如下：

```java
public abstract interface IAccountService {
    /**注册
     * @param account 要注册的账户
     * @param typeid 账户类别
     * @param ibankid 开户支行
     * */
    public abstract boolean regist(Account account, int typeid, int ibankid);

    /**获取账户信息
     * @param accid 账户 id
     * @return Account 返回账户信息
     * */
    public abstract  Account getaccountinfo(String accid);

    /**修改密码
     * @param accid 账户 id
     * @param password 账户密码
     * @param newpassword 账户新密码
     * */
    public abstract  String changepwd(String accid, String password, String newpassword);

    /**存款
     * @param accid 账户 id
     * @param money 存款金额
     * @return String 返回字符串型标志信息
     * */
    public abstract  String inputmoney(String accid, double money);

    /**取款
     * @param accid 账户 id
     * @param money 金额
     * @param password 密码
     * @return String 返回字符串型标志信息*/
    public abstract  String outputmoney(String accid, double money, String password);

    /** 挂失
     * @param accid 账户 id
     * @param password 密码
     * @param identitycard 身份证
     * @param name 姓名
     * @return String 返回字符串型标志信息*/
    public abstract  String reportlost(String accid, String password,
            String identitycard, String name);

    /** 注销账户
```

```
 * @param accid 账户id
 * @param password 密码
 * @param identitycard 身份证
 * @param name 姓名
 * @return Object 返回字符串型标志信息或者返回余额*/
public abstract Object logoff(String accid, String password, String identitycard,
    String name);

/** 查询余额
 * @param accid 账户id
 * @param password 密码
 * @return Object 返回余额或者字符串型标志信息*/
public abstract  Object searchbalance(String accid, String password);

/** 取消挂失
 * @param accid 账户id
 * @param password 密码
 * @param identitycard 身份证
 * @param name 姓名
 * @return String 返回字符串型标志信息*/
public abstract  String cancellost(String accid, String password,
    String identitycard, String name);
/*结算利息
public abstract String updatebalance();
*/
}
```

IAccountServiceImp.java 的代码如下：

```
public class AccountServiceImpl implements IAccountService {
    IinterestService interService;
    AccountDAOImpl dao;
    IIbankMoneyService ibankMoneyServiceImpl;
    IAccHistoryService accHistoryServiecImpl;
    //构造方法,初始化对象
    public AccountServiceImpl(){
        this.dao=new AccountDAOImpl();
        this.ibankMoneyServiceImpl=new IbankMoneyServiceImpl();
        this.accHistoryServiecImpl=new AccHistoryServiecImpl();
        this.interService=new InterestSerivecImpl();
    }
    /**注册
     * @param account 要注册的账户
     * @param typeid 账户类别
     * @param ibankid 开户支行
     * */
    public boolean regist(Account account, int typeid, int ibankid){
        //查找账户类别是否存在
        Actype actype=(Actype)this.dao.load(Actype.class,
            Integer.valueOf(typeid));
        //查找开户支行是否存在
        Ibank ibank=(Ibank)this.dao.load(Ibank.class,
            Integer.valueOf(ibankid));
        //关联account
        account.setActype(actype);
        account.setIbank(ibank);
        account.setRegtime(new Timestamp(new Date().getTime()));
        account.setInteresttime(new Timestamp(new Date().getTime()));
        account.setStatus(Integer.valueOf(1));
        //开户
        boolean flag=this.dao.create(account);
```

```java
            System.out.println("注册时的flag标记"+flag);
            if(flag){
            
                //将余额添加进总额表
                this.ibankMoneyServiceImpl.add(account.getBalance().doubleValue());
                //增加账户记录
                this.accHistoryServiecImpl.addrecord(account.getId(), account
                        .getBalance().doubleValue(), 1);
                return true;         //添加成功
            }
            return false;            //添加失败
}
/**获取账户信息
 * @param accid 账户id
 * @return Account 返回账户信息
 * */
public Account getaccountinfo(String accid){
    Object obj=this.dao.find(Account.class, accid);
    if((obj instanceof Account)){
        return(Account)obj;
    }
    if(((obj instanceof Boolean))&&(!((Boolean)obj).booleanValue())){
        return null;
    }
    return null;
}
/**修改密码
 * @param accid 账户id
 * @param password 账户密码
 * @param newpassword 账户新密码
 * */
public String changepwd(String accid, String password, String newpassword){
    Account ac=(Account)this.dao.find(Account.class, accid);
    if((ac == null)||(0 == ac.getStatus())){
        return "-1";         //账号不存在
    }
    if(2 == ac.getStatus()){
        return "0";          //账号已禁用
    }
    if(!ac.getPassword().equals(password)){
        return "-2";         //密码错误
    }
    ac.setPassword(newpassword);
    boolean flag=this.dao.update(ac);
    if(!flag){
        return "-3";
    }
    return "1";
}
/**存款
 * @param accid 账户id
 * @param money 存款金额
 * @return String 返回字符串型标志信息
 * */
public String inputmoney(String accid, double money){
    //调用更改金额方法,money为正,表示存款
    boolean flag=this.dao.changeMoney(accid, money);
    if(!flag){
        return "-1";
    }
```

```java
        //同时修改银行总金额和添加账户记录
        this.accHistoryServiecImpl.addrecord(accid, money, 1);    //action为1表示存款
        this.ibankMoneyServiceImpl.add(money);
        return "1";
    }
    /**取款
     * @param accid 账户id
     * @param money 金额
     * @param password 密码
     * @return String 返回字符串型标志信息*/
    public String outputmoney(String accid, double money, String password){
        //先查找账户是否存在
        Account ac=(Account)this.dao.find(Account.class, accid);
        double balance=ac.getBalance().doubleValue();
        double overdraft=ac.getOverdraft();
        if(!ac.getPassword().equals(password)){
            return "-1";          //密码错误
        }
        if(balance + overdraft - money < 0.0D){
            return "-2";          //余额不足
        }
        money=0.0D - money;
        //调用修改金额方法,参数为负,表示取款
        boolean flag=this.dao.changeMoney(accid, money);
        if(!flag){
            return "-3";          //操作失败
        }
        //同时添加记录表记录,并修改总金额
        this.accHistoryServiecImpl.addrecord(accid, money, 2);    //action为2表示取款
        this.ibankMoneyServiceImpl.reduce(money);
        //结算利息
        Double interestmoney=interService.intestestMoney(ac.getId());
        if(interestmoney>0){
            this.accHistoryServiecImpl.addrecord(accid, interestmoney, 3);
        //action为3表示利息
            this.ibankMoneyServiceImpl.add(interestmoney);
        }
        return "1";              //操作成功
    }
    /** 挂失
     * @param accid 账户id
     * @param password 密码
     * @param identitycard 身份证
     * @param name 姓名
     * @return String 返回字符串型标志信息*/
    public String reportlost(String accid, String password,
            String identitycard, String name){
        //获取账户信息
        Account ac=(Account)this.dao.find(Account.class, accid);
        if((ac == null)||(0 == ac.getStatus())){
            return "-1";          //账户不存在
        }
        if(2 == ac.getStatus()){
            return "0";           //账户已经挂失中
        }
        if(!ac.getPassword().equals(password)){
            return "-2";          //密码错误
        }
        if(!ac.getIdentitycard().equals(identitycard)){
            return "-3";          //身份证错误
```

```java
        if(!ac.getName().equals(name)){
            return "-4";           //姓名错误
        }
        //修改状态为挂失状态,2表示挂失
        ac.setStatus(Integer.valueOf(2));
        //更新状态
        boolean flag=this.dao.update(ac);
        if(!flag){
            return "-5";           //操作失败,系统错误
        }
        return "1";                //挂失成功
    }
    /** 注销账户
     * @param accid 账户id
     * @param password 密码
     * @param identitycard 身份证
     * @param name 姓名
     * @return Object 返回字符串型标志信息或者返回余额*/
    public Object logoff(String accid, String password, String identitycard,
            String name){
        Account ac=(Account)this.dao.find(Account.class, accid);
        if((ac == null)||(ac.getActype().getTypeid().intValue()== 0)){
            return "-1";           //账户不存在
        }
        if(ac.getActype().getTypeid()== 2){
            return "0";            //账户已经禁用
        }
        if(!ac.getPassword().equals(password)){
            return "-2";           //账户密码不对
        }
        if(!ac.getIdentitycard().equals(identitycard)){
            return "-3";           //身份证错误
        }
        if(!ac.getName().equals(name)){
            return "-4";           //姓名错误
        }
        //余额
        Object money=ac.getBalance();
        ac.setBalance(Double.valueOf(0.0D));
        ac.setStatus(Integer.valueOf(0));
        boolean flag=this.dao.update(ac);
        if(!flag){
            return "-5";           //操作错误,系统错误
        }
        //同时添加记录,并修改总金额
        this.ibankMoneyServiceImpl.reduce(-((Double)(money)).doubleValue());
        this.accHistoryServiecImpl.addrecord(accid,
                -((Double)money).doubleValue(), 2);
        return money;
    }
    /** 查询余额
     * @param accid 账户id
     * @param password 密码
     * @return Object 返回余额或者字符串型标志信息*/
    public Object searchbalance(String accid, String password){
        Account ac=(Account)this.dao.find(Account.class, accid);
        if((ac == null)||(0 == ac.getStatus())){
            return "-1";           //账户不存在
        }
```

```java
            if(2 == ac.getStatus()){
                return "0";          //账户已经禁用
            }
            if(!ac.getPassword().equals(password)){
                return "-2";         //密码错误
            }
            Object money=ac.getBalance();
            return money;
    }
    /** 取消挂失
     * @param accid 账户id
     * @param password 密码
     * @param identitycard 身份证
     * @param name 姓名
     * @return String 返回字符串型标志信息*/
    public String cancellost(String accid, String password,
            String identitycard, String name){
        Account ac=(Account)this.dao.find(Account.class, accid);
        if((ac == null)||(0 == ac.getStatus())){
            return "-1";         //账户不存在
        }
        if((1==ac.getStatus())){
            return "0";          //账户异常,已经挂失中
        }
        if(!ac.getPassword().equals(password)){
            return "-2";         //密码错误
        }
        if(!ac.getIdentitycard().equals(identitycard)){
            return "-3";         //身份证错误
        }
        if(!ac.getName().equals(name)){
            return "-4";         //姓名错误
        }
        //修改状态为1,1表示正常状态,即完成解除挂失
        ac.setStatus(Integer.valueOf(1));
        //更新状态到数据库
        boolean flag=this.dao.update(ac);
        if(!flag){
            return "-5";         //操作失败,系统错误
        }
        return "1";              //操作成功
    }
```